U0187096

"十四五"时期国家重点出版物出版专项规划项目
中国能源革命与先进技术丛书

"双碳"目标下新型电力系统技术与实践

组　编　国网江苏省电力有限公司电力科学研究院
　　　　江苏省电力试验研究院有限公司

主　编　周勤勇　何泽家

副主编　查显光　袁晓冬　唐　锦　崔　林　卫　鹏

参　编　马士聪　吴　凡　史明明　陈　兵　李　庆
　　　　韩家辉　吴　俊　赵俊杰　戴　威　罗珊珊
　　　　张　力　刘　媛　于聪聪　侯玮琳　崔艳妍
　　　　许彦平　魏春霞　白　婕　丁保迪　吉　平
　　　　陈文静　李淑珍　罗　魁　荆逸然　张　超
　　　　王吉利　张　真

机械工业出版社

本书从碳中和背景下国内外的能源转型发展概况出发，介绍了“双碳”目标下新型电力系统的定义和内涵，梳理了新型电力系统的主要特征及其所对应的发展挑战和主要对策，系统阐述了新型电力系统的发展技术，总结了新型电力系统的典型案例与实践经验，并对新型电力系统未来的发展趋势和构建进行了展望。

本书可作为高等院校控制工程、能源动力工程、电气工程、计算机等相关专业研究生与本科生的实践应用性读物，也可作为相关领域科研工作者和工程技术人员的理论参考书。

图书在版编目（CIP）数据

“双碳”目标下新型电力系统技术与实践/国网江苏省电力有限公司电力科学研究院，江苏省电力试验研究院有限公司组编；周勤勇，何泽家主编．—北京：机械工业出版社，2022.11（2024.10重印）
（中国能源革命与先进技术丛书）
“十四五”时期国家重点出版物出版专项规划项目
ISBN 978-7-111-71959-5

Ⅰ.①双… Ⅱ.①国… ②江… ③周… ④何… Ⅲ.①电力系统
Ⅳ.①TM7

中国版本图书馆CIP数据核字（2022）第203640号

机械工业出版社（北京市百万庄大街22号 邮政编码100037）
策划编辑：汤 枫　　责任编辑：汤 枫 赵小花
责任校对：张亚楠 张 薇　　责任印制：李 昂

北京中科印刷有限公司印刷

2024年10月第1版·第6次印刷
169mm×239mm·18.25印张·1插页·306千字
标准书号：ISBN 978-7-111-71959-5
定价：129.00元

电话服务　　网络服务
客服电话：010-88361066　　机 工 官 网：www.cmpbook.com
010-88379833　　机 工 官 博：weibo.com/cmp1952
010-68326294　　金 书 网：www.golden-book.com
封底无防伪标均为盗版　　机工教育服务网：www.cmpedu.com

PREFACE

前言

随着“双碳”时代的到来，各行各业都在谋求和加速绿色低碳转型，电力能源既是事关国计民生和经济发展的领域，也是减碳的主战场。构建以新能源为主体的新型电力系统，是实现碳达峰、碳中和的主要举措之一。电力行业目前正处于转型探索期，能源电力的运行安全如何保证、供需如何平稳过渡，是整个电力系统转型面临的考验；对电力系统未来发展的指导思想和发展路径也缺乏系统性、全面性、权威性的研究。

在此背景下，国网江苏省电力有限公司组织能源电力领域的专家，结合国内外实践编写了本书。针对新型电力系统的基础理论机制和重大核心技术开展系统性、专业性的深入研究，以保障电力安全供应为基础，以低碳化、电气化、数字化为基本方向，探讨“双碳”目标下电力系统的发展技术与路径。

本书共6章：第1章全面梳理并分析碳中和背景下国内外的能源转型发展概况，引出我国“双碳”目标提出的原因、背景和能源转型的路径；第2章系统阐述我国碳达峰、碳中和的基础和实现路径，判断各行业在“双碳”目标实现过程中的耦合作用和相互影响，进而介绍我国在能源供给侧和消费侧实现能源转型的发展目标和主要内容；第3章梳理“双碳”目标下新型电力系统的主要特征，并进一步分析这些特征所对应的发展挑战和主要对策；第4章系统、详细地介绍新型电力系统相关的技术体系，包括系统平衡与电力供应、电力系统安全稳定、电力系统数字化、电力系统深度脱碳与碳评估关键技术的主要内容和发展趋势；第5章广泛收集碳中和背景下高比例新能源电力系统实践案例，提供典型经验的指导借鉴；第6章基于理论分析，结合实践经验，对新型电力系统的未来构建进行展望，总结提出我国构建新型电力系统的技术建议，助力能源转型、“双碳”目标的实现。本书内容充分展示了电力行业关于“双碳”和新型电力系统研究的最新成果和前沿进展，凝结了院士等专家和广大科技工作者的智慧，具有较高的实用性、战略性、前瞻性、权威性、系统性、学术性和科普性。

在本书编写过程中，编写组进行了多方调研，广泛收集相关资料，并在此基础上进行提炼和总结，以期所写内容能够使读者对“双碳”目标下的电力系统有全面、系统的了解，为新型电力系统未来的开发与建设提供技术支撑和理论支持。但建立新型电力系统、实现“双碳”战略，既是一场颠覆性的能源革命，也是全社会的一项系统、长期工程。关键理论的研究在不断发展，技术体系的搭建也在不断完善，书中所介绍的内容可能有所欠缺，恳请读者理解，并衷心希望读者提出宝贵的意见和建议。

编　者

CONTENTS 目录

第1章 概述

1.1 国外碳中和与能源转型发展概况

1.1.1 国外能源转型情况

温室效应是指大气层中多种温室气体阻止再辐射热透过大气层，造成地表与底层大气温度增高的过程。近年来，受温室效应加剧影响，全球多地自然灾害频发，气候变暖问题愈发严重。二氧化碳（CO_2）、氧化亚氮（N_2O）、氟利昂、甲烷（CH_4）等是地球大气中主要的温室气体，碳是导致当前气候变化的主要因素，从工业革命到2019年，二氧化碳对气候变暖的贡献占所有温室气体的66%，主要由人类工业活动排放所致。应对气候变化的关键在于“控碳”，其必由之路是，先实现“碳达峰”，而后实现“碳中和”，这是一个系统工程。碳减排有四个主要途径：能源结构转型，模式升级，能效提升，以及碳捕获、利用与封存（CCUS），其中，能源结构转型对碳减排的贡献率最高。

从全球能源转型历程来看，第一次工业革命时期，即“蒸汽时代”，主要能源是煤炭，带来了巨大的碳排放和环境污染；第二次工业革命时期，人类进入“电气时代”，电力成为主要动力，同时内燃机创制成功后，石油也成为重要能源，美国发动了页岩气革命，页岩气成为美国重要能源，清洁程度相对有所上升。发达国家在保持一定能源消费需求的情况下，能源结构不断优化，单位能耗碳排放持续降低。

以美国为例，1949年以前，美国一次能源消费结构中，煤炭是第一大来源，当年占比为37.48%。从1950年开始，石油成为美国第一大能源并保持至今。美国进入石油时代，比1965年全世界迈入石油时代早了整整15年。1958年，天然气超过煤炭，成为美国第二大能源品类，并一直保持至今。2019年，可再生能源130多年来首次超过煤炭，成为美国第三大能源，加上核能，非化石能源已占美国一次能源消费总量的20%。与此同时，碳排放强度不断下降。

以英国为例，在能源消费总量基本不降低的情况下，二氧化碳排放量在不断降低。相较于1990年，其2018年能源消费总量降低了8%，而二氧化碳排放量降低了39%，碳排放强度降低了65%。主要原因是能源结构调整，发电用煤大幅下降，以及气电和可再生能源占比大幅提升。2019年，零碳能源第一次超过化石能源，成为英国最大的发电能源来源，零碳能源发电量满足了英国近一半的电力需求。

英国、德国、日本等国家注重能源、工业、交通、建筑等领域的减排，各国均发布了一系列战略，以支持相关措施落地，主要措施包括提升能效、终端用能电气化、大力发展新能源、发展循环经济等，如图 1-1 所示。在碳达峰历程上，在能源供给侧，通过能源发展方式的转变，特别是减少煤炭发电，来降低碳排放强度；在消费侧，注重经济产业结构调整。在碳中和路线上，注重能源低碳化发展以及工业、交通、建筑等领域的减排。

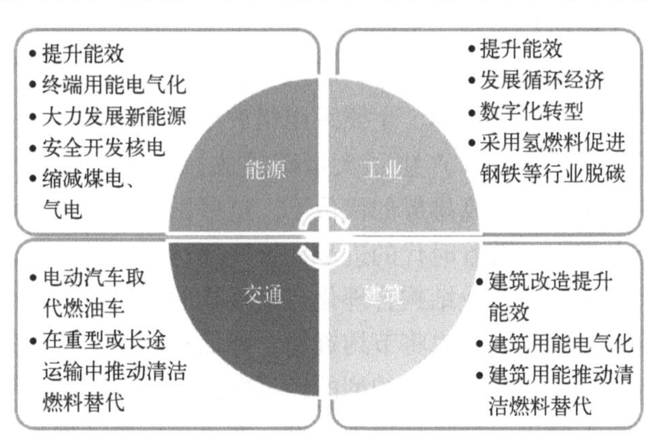

图 1-1　各领域能源转型措施

1.1.2　世界主要国家碳达峰情况

碳达峰是指二氧化碳排放总量在某一个时间点达到历史峰值，这个时间点并非一个特定的时间点，而是一个平台期，其间碳排放总量依然会有波动，但总体趋势平缓，之后会稳步回落。碳达峰是碳排放量由增转降的历史拐点，标志着碳排放与经济发展实现脱钩。企业、团体或个人在一定时间内会直接或间接产生二氧化碳排放，碳中和就是指通过二氧化碳去除手段（如植树造林、节能减排、产业调整等）抵消掉这部分碳排放，达到“净零排放”的目的。当然，碳中和并不意味着零排放，当一个组织或产品在一定时间或空间范围内产生的碳排放与其通过外部减排技术产生的减排量对等时，就可称为碳中和。碳达峰是实现碳中和的基础和前提，达峰时间的早晚和峰值的高低直接影响碳中和实现的时长和难度。

至 2020 年年底，全球已经有 54 个国家实现碳达峰，其碳排放量占全球碳排放总量的40%。1990年、2000年、2010年和2020年碳达峰国家的数量分别为18、31、50和54个，其中大部分属于发达国家，这源于他们严格的气候政策、能源发展方式的转变和经济产业结构的变革。这些国家的碳排放量占当时全球碳排放总量的比例分别为21%、18%、36%和40%。2020年，碳排放情况良好的前15位中，美国、俄罗斯、日本、巴西、印度尼西亚、德国、加拿大、韩国、英国和法国已经实现碳达峰。中国、马绍尔群岛、墨西哥、新加坡等国家承诺在2030年以前实现碳达峰，届时全球将至少有58个国家实现碳达峰，占全球碳排放量的60%。

从国外碳达峰历程来说，英国、法国、美国、日本、丹麦五个碳达峰国家是发达的资本主义国家，均已进入后工业化时代，基本完成了工业化的发展。在它们的工业化发展初期，主要采用粗放型的经济发展方式，经济的快速发展消耗了大量的资源，产生了大量碳排放，同时造成了严重的环境污染。但是，在污染环境及高排放的代价下，这些国家结束了工业化进程，积累了雄厚的资本实力。随着时代的进步，这些发达国家已经逐渐认识到产业结构衍变的局限性，在产业结构合理化与高级化的同时要注意生态化，即产业衍变的低碳化发展，因而也将节约资源、降低排放视为重要目标，逐渐由粗放型的经济发展方式转变为集约型的经济发展方式，提高经济增长的质量水平。经济增长不能再以牺牲环境为代价，而要寻求经济增长与环境保护两者之间的均衡状态，否则环境的破坏会逐渐制约经济的发展。

1.1.3 世界主要国家碳达峰特征

根据数据的可得性，同时考虑对我国的参考和借鉴作用，通过所有已实现碳达峰的发达国家和发展中国家的人均GDP（PPP）、城镇人口占总人口的比例、第三产业占GDP的比重、化石能源消耗占比等分析来介绍已实现碳达峰国家的特征。总体特征如下。

一是大部分发达国家实现碳达峰目标时的人均GDP（PPP）在20000美元以上，但碳达峰后经济增长速度会放缓。目前已达峰的国家主要分为两类：一类主要为东欧国家，人均GDP（PPP）为5000~10000美元，其中有一些国家是因为经济衰退和经济转型而实现碳达峰，这部分国家主要集中在苏联和东欧计划经济国家，这说明尽管经济增长与碳排放峰值关系密切，但依然可以在较低的经济发展水平上实现达峰；另一类为美国、日本、法国等发达国家，人均GDP（PPP）为20000~40000美元，大部分国家达峰时间为1997年后，因为严格的气候政策和经济快速发展实现了碳达峰，通常实现碳达峰后，经济增长速度明显下降，实现了经济发展与能源、碳排放增长的脱钩。

二是大部分发达国家碳达峰时的城市人口占比均超过50%。城市人口规模的扩张以及由于生活水平提高导致的居民消费模式的改变，使得碳减排目标的实现面临巨大压力。不管是自然碳达峰还是受政策驱动实现碳达峰，大部分发达国家碳达峰时的城市人口占比均超过50%，在52.2%~97.0%之间。

三是从产业结构看，除波兰外，1996年以后所有实现碳达峰的发达国家第三产业占GDP的比重达65%以上，美国等国家的比重甚至接近80%。这些国家均处于后工业化阶段，即第三产业占比远超第二产业占比，主导产业大多为高加工制造业和生产性服务业，所以碳达峰时碳排放强度也相对较低。

四是2000年以后多数实现碳达峰的发达国家化石能源消耗占比达60%以上。从能源消耗看，由于法国、瑞典、芬兰、瑞士等国家发展了生物质能等可再生能源，其化石能源消耗占比在60%以下。但是，不同国家的能源结构存在显著差异，一定程度上影响了碳达峰时间的差异。

五是贸易隐含碳占碳排放的一半。对2000年后碳达峰的国家进行分析，发现所有国家在碳达峰后仍存在大量贸易隐含碳。数据显示，这些国家的平均进口隐含碳和出口隐含碳占碳排放（包含LULUCF，即土地利用变化和林业情况）的比重分别为59.85%和45.08%。随着碳达峰后碳排放的持续下降，美国、日本、澳大利亚等在内的碳达峰国家贸易结构向着“低碳”方向持续优化，包括降低高碳排放行业出口、扩大服务行业进出口比重，以及提升净进口隐含碳占国内碳排放需求的比重等，在一定程度上可以说，碳达峰国家依靠碳排放转移降低了国内碳排放。

1.1.4 国外碳中和战略情况

全球变暖问题需要各国一同面对。自1995年起，联合国气候变化大会每年在世界不同地区轮换举行。2015年12月，《巴黎气候协定》正式签署，其核心目标是将全球气温上升控制在远低于工业革命前水平的2℃以内，并努力控制在1.5℃以内。要实现这一目标，全球温室气体排放需要在2030年之前减少一半，在2050年左右达到净零排放，即碳中和。为此，很多国家、城市和国际大企业做出了碳中和承诺并展开行动，应对气候变化的全球行动取得积极进展。

(1) 碳中和目标和行动

越来越多的国家正在将"碳中和"转化为国家战略，提出了无碳未来的愿景。2008年，英国《气候变化法案》正式生效，使其成为全球第一个通过立法明确2050年实现零碳排放的发达国家。在这一法案的影响下，美国、英国、德国、法国、日本、意大利、加拿大等发达国家也陆续承诺在2050年实现零碳排放。2020年，全球已有121个国家承诺2050年实现碳中和，其中也包括智利、埃塞俄比亚等发展中国家。欧盟及日本、美国等国家在政策落实方面较为积极，已出台相关法律以加强政策的执行，见表1-1。

表1-1 欧盟及一些国家的碳中和政策文件、目标与行动

	欧盟	英国	日本	美国
政策文件	《欧洲绿色协议》 《欧洲气候法案》	《绿色工业革命》 《气候变化法案》	《2050年碳中和绿色增长战略》	《清洁能源革命和环境正义计划》
目标与行动	推动欧洲社会向全方位绿色化、产业循环化、碳中和化方向转型，实现可持续发展。2030年温室气体排放比1990减少50%以上，2050年实现碳中和	把2050年实现碳中和纳入法律条款，并提出十方面的计划，包括大力发展海上风电、推动低碳氢的增长等	2050年前实现碳中和，并且每年产生近两万亿美元的绿色增长，包括在21世纪30年代中期以电动汽车取代新型汽油动力汽车的目标	2035年通过向可再生能源过渡实现无碳发电，2050年温室气体排放比2010年减少88%、二气阀经碳净零排放

统计显示，目前苏里南和不丹两个国家已实现碳中和（Achieved），瑞典、英国等六个国家已立法（In Law），欧盟作为整体和加拿大等五个国家处于立法状态（Proposed Legislation），中国、日本等14个国家发布了政策宣示文档（In Policy Document）。英国、法国、美国、日本、韩国、加拿大、南非等200个国家和欧盟把实现碳中和的目标年份定在2050年；乌拉圭（2030年）、芬兰（2035年）、冰岛（2040年）、奥地利（2040年）、瑞典（2045年）五国的碳中和目标年份是2030—2045年；新加坡则承诺在21世纪下半叶实现净零排放。"Ember Global Electricity Review Match 2020"报告提及的全球十大煤电国家中，已有中国、日本、韩国、南非、德国五个国家先后提出碳中和的实现时间。

由于各国能源资源与结构背景不同，能源电力领域的碳中和技术路线也

不尽相同。在路线共性上，推进电源低碳化、大力发展可再生能源、大规模开发储能、退出煤电以及发展 CCUS 等成为主流，并积极探索氢能等新兴替代能源；在路线区别上，各国对核能的发展差异较大，见表 1-2。

表 1-2 能源电力领域碳中和技术路线

	欧 盟	英 国	日 本
技术路线	大力发展可再生能源；退出煤电，发展“天然气+CCUS”	大力发展海上风电和氢能；发展大型核电，研发小型堆	大力发展海上风电；支持发展氢能和氨发电；安全发展核能；适度发展“火电+CCUS”

（2）全球行动表现

一是煤炭产能和投资下滑。在履行《巴黎气候协定》和推进能源转型的双重背景下，各国增加了天然气和可再生能源在发电结构中的占比，全球煤炭产量自 2014 年开始加速下降，煤炭投资也持续收缩。目前已有 80 个国家、地方政府及企业加入“燃煤发电联盟”，承诺逐步淘汰燃煤发电。金融市场上，目前已有 30 多家全球性银行和保险机构宣布将停止为煤电项目提供融资和保险服务；约 1000 家资产超过 6 万亿美元的投资机构也承诺将从化石燃料领域撤资。

二是可再生能源投资持续提升，海上风电投资创历史新高。截至 2019 年年底，可再生能源占全球装机容量的 34.7%，高于 2018 年的 33.3%。2019 年，可再生能源在全球净发电量增量中所占的份额为 72%，90%来自太阳能和风能。全球能源消费已经开始由以石油为主要能源向多能源结构过渡。

三是全球电动汽车年销量呈指数级增长。根据国际能源署（IEA）的报告，2019 年电动汽车的全球销量突破 210 万辆，占全球汽车销量的 2.6%，同比增长 40%。66 个国家、71 个城市或地区、48 家企业已经宣布了逐步淘汰内燃机、改用零排放汽车的目标。中国和挪威等国都发出了强烈的政策信号，要大幅提高电动汽车的比重。

四是绿色及可持续金融市场发展迅速。全球绿色债券规模在 2019 年跃升至 2500 亿美元，约占发行总债券的 3.5%，而五年前这一数字还不到 1.0%。中国贴标绿色债券发行总量居全球第一。作为国际公共气候资金的主要提供者，多边开发银行的气候融资规模不断上升，2019 年达到 616 亿美元，占到其总运营资金的 30%以上，其中 76%用于气候变化减缓项目，近 70%用于中低收入经济体。亚洲基础设施投资银行的气候融资规模在

2019年占到其银行总运营资金的39%。

五是实行碳定价政策的辖区数量翻了一番。碳定价已成为抑制和减缓全球温室气体排放并推动投资向更清洁、更高效替代品转移的关键政策机制。截至2019年年底，已有40多个国家和25个地区政府通过排放交易系统和税收对碳排放进行定价，覆盖了全球超过22%的温室气体排放，各国政府从碳定价中筹集了约450亿美元。

尽管发展阶段与具体国情不同，但发达国家碳达峰的现实历程及碳中和的政策走向对我国推进碳达峰、碳中和仍具有借鉴意义。

1.2 中国“双碳”目标与能源转型发展概况

1.2.1 中国“双碳”目标提出

我国的能源结构为“多煤少油缺气”，油、气都掌握在别人手里，煤炭又极度污染环境，从能源自给自足的角度上来看，“换道升级”需要以碳排放为抓手，推动清洁能源广泛使用。我国在全球分工中处于“世界工厂”的地位，从资源国进口大宗商品，通过加工生产后，输出中低端商品到发达国家，把污染和能耗都留在了国内。从世界分工、产业升级来看，我国需要碳排放这一指标来引导产业逐步升级。在发展模式上，多年以来大多靠以基建、房地产为代表的固定资产投资以及出口拉动实现，这一模式耗费巨大。我国能源结构及产业结构发展具体呈现以下特征。

1）碳排放总量大。我国近些年来碳排放缓慢增长，但总体碳排放量一直居世界首位，而且还未达峰。2019年碳排放占全球排放的29%左右，超过美国与欧盟之和，人均碳排放超过全球平均水平，减排之路任重道远。电力、工业、交通、建筑行业是我国碳排放的主要来源。

2）我国处于高碳发展时期。发达国家的能源结构以石油为主，部分国家逐渐转为以可再生能源为主，而我国的能源结构以煤炭为主，高碳化特征明显，能源转型压力巨大。近年来我国单位GDP碳排放呈下降趋势，但2018年单位GDP碳排放为0.71 kg/美元，仍高于全球平均水平0.41 kg/美元，远高于一些发达国家。

3）产业结构中能耗水平较高。受制于过去的科技水平和经济发展模式，当前我国产业结构中能耗水平较高。我国产业结构由高能耗、高污染、低附加值、劳动密集型向高科技、低碳、高附加值转移是个缓慢的过程，还涉及民生保障等问题，碳减排难度很大。如工业体系中高耗能行业占比较大、交通运输行业中老旧机动车能耗高但保有量多、建筑面积采暖能耗高。

为了推动我国经济结构转型升级，促进经济社会全面进步、高质量发展，推动能源革命，加速能源结构清洁低碳、安全高效转型，增强我国能源自主保障能力；为科技进步提供“弯道超车”的重大战略机遇，拓展“一带一路”在绿色发展方面的合作；为解决共同面临的环境、气候问题提供基础，我国提出了“碳达峰—碳中和”国家战略。

我国在碳中和道路上将面临碳排放量大、能源消费以化石能源为主、碳达峰到碳中和缓冲时间短等诸多挑战。与一些发达国家相比，碳达峰、碳中和对我国而言可能困难更大一些，因为其他发达国家能源需求相对稳定，可再生能源都可以直接替代化石能源，满足能源需求。2030年实现碳达峰，2060年实现碳中和，我国碳排放要从目前每年的近百亿吨降低到近零。我国从碳达峰到碳中和只有短短30年，即碳达峰后需要快速下降，走向碳中和。欧盟承诺的碳达峰到碳中和的时间为60～70年，缓冲时间是中国的两倍，因此我国面临着更大的挑战。具体的挑战包括几个方面：我国能源需求尚未达峰；工业用能占比高；电力供给结构以煤炭为主导，转型难度大；交通、工业、建筑等部门脱碳技术仍待突破；地区与行业发展不平衡等。

我国无法复制国外的碳中和模式，而要制定符合自身资源禀赋及国情的碳中和实施路线。作为全球最大的发展中国家和碳排放大国，更要加强碳达峰、碳中和的顶层设计和战略布局。一方面，立足国情，坚持供给侧结构性改革，通过减排降耗倒逼传统产业转方式、调结构，实现新旧动能转换。在实现碳中和的道路上，我国电力、工业、建筑、农业等领域需要共同努力，减少“黑碳”的排放量和发挥“灰碳”的可利用性。另一方面，面向未来，以新发展理念为引领，建设绿色、低碳的现代化产业体系。

从国际视野看，通过宣示实现碳达峰和碳中和目标，既能展现我国积极应对全球气候变化、建设清洁美丽世界的大国担当，又能不断增强我国在全球气候治理中的主动权和影响力，推动和引领国际社会加速应对气候变化，从而在整体上促进全球生态文明建设。

总之，碳达峰和碳中和并不是简单的减碳问题，而是一项极具挑战的系统工程，已不再限于能源行业。这场与经济社会变革密切相关的战略，已经显现在各行各业中，涵盖能源、经济、社会、气候、环境等众多领域，涉及政府、企业、公众等多个层面，需要站在人类命运共同体的高度，秉持新发展理念，凝聚全社会智慧和力量，团结协作、共同行动。

1.2.2 我国能源转型

为实现“双碳”目标，必须加快能源变革进程。能源行业是推进能源绿色、低碳发展的主战场，能源行业转型升级是实现“双碳”目标的重要路径和必然选择。生产侧用清洁能源替代化石能源，清洁能源目前主要以电能形式开发利用；消费侧通过电能替代，可降低终端用能部门直接碳排放，并降低全社会整体碳排放。

电力将从过去的二次能源转变为其他行业事实上的基础能源，电网将成为能源供应、消费以及传输转换的关键环节，需要支撑高比例清洁能源的消纳，保障多种终端用能需求，形成可支持多种能源品种交叉转换的能源互联网平台。电力在能源结构中的占比将不断提高，作为能源支柱的定位将持续强化，电力安全将成为能源安全的重要内涵和重要保障。受制于电能难以大规模存储的特性，为了提升电力供应的保障程度，还需要实现能源体系供应侧和消费侧的多元化与互通互济。

1.3 新型电力系统的提出

2020 年 9 月 22 日，习近平主席向世界宣布，中国二氧化碳排放力争于 2030 年前达到峰值，努力争取 2060 年前实现碳中和。实现碳达峰、碳中和，事关中华民族永续发展和构建人类命运共同体，中国经济社会将发生广泛而深刻的变革。碳达峰、碳中和是一项系统工程，电力行业肩负着重要的历史使命，任务最重、责任最大，将作为变革的主力军。

构建以新能源为主体的新型电力系统是贯彻和落实我国能源安全新战略、实现“30·60”碳中和气候应对目标的重要环节。2014 年 6 月，习近平总书记在中央财经领导小组第六次会议上提出“四个革命、一个合作”能源安全新战略。党的十九大报告指出，要推进能源生产和消费革命，构建清洁低碳、安全高效的能源体系，进一步明确了新时代能源发展的方向。2021 年 3 月，习近平总书记在中央财经委员会第九次会议上指出，“要构建清洁低碳安全高效的能源体系，控制化石能源总量，着力提高利用效能，实施可再生能源替代行动，深化电力体制改革，构建以新能源为主体的新型电力系统”。目前，我国碳排放量每年约 100 亿 t，占全球碳排放总量的 1/3；能源领域是二氧化碳排放的主体，约占 85%。因此，大力发展以风能、太阳能为代表的新能源技术，构建以新能源为主体的新型电力系统，促进电力领域脱碳，是推动能源清洁低碳转型，实现碳达峰、碳中和目标的必由之路。

大力发展以风能、太阳能为代表的新能源电力，最大化消纳新能源，是构建新型电力系统的主要任务。截至 2020 年，我国风电、光伏发电容量双双突破 2.5 亿 kW，装机规模均居世界首位。预计到 2030 年，我国风光总装机容量将突破 12 亿 kW，装机占比突破 50%，发电量占比将从 2020 年的 9.5%增长到 20%~26%；到 2060 年，风光装机比重将超过 75%，发电量占比预计进一步提升到约 60%。在过去的几十年间，我国实现了风电、光伏等新能源技术的跨越式发展，然而其发电量占比仍然不足 10%，现有电力系统结构形态难以支撑更高比例的新能源并网消纳。未来 40 年，大力发展风电、光伏等新能源，实现煤炭从主体能源向基础能源的重大转变，促进能源电力领域脱碳，是我国碳净排放从当下 100 亿 t 归零的关键。

提升能源终端综合利用效率是推动能源消费模式转型、实现能效提升与保障能源安全的必然选择，是提升能源终端电气化水平、建设新型电力系统的重要措施。一直以来，我国经济增长过多依靠投资和出口拉动，高能耗产业发展过快，一次能源消费总量持续增加，2020 年达 49.8 亿 t 标准煤。尽管我国能源供给侧结构性改革不断向清洁能源转型发展，但能源转化和利用效率偏低，2020 年电能占能源终端消费比重仅为 27%左右，较发达国家存在一定差距。近年来，能源消费环节积极推进“以电代煤、以电代油”的清洁电能替代技术，大力发展新能源汽车、燃料电池、分布式能源、微电网等技术，显著提升了能源终端电气化水平，支撑工业、交通等领域的自动化和智能化发展。为实现碳达峰、碳中和目标，到 2030 年电能占能源终端消费比重需达 40%左右，到 2060 年则至少需占 70%。提高电能在终端能源消费中的比重，实现再电气化，依然任重道远。

适应能源电力生产、传输、消费方式的根本性变革，优化电源与负荷间的能量供需平衡，是新型电力系统建设的重点与难点。未来我国能源结构呈现集中式与分布式发电并举的态势。在我国“西电东送”战略下，直流互联的电力传输格局已经形成，新能源的集中式开发、规模化外送已成为实现我国能源资源大范围优化配置的重要手段；此外，我国中东部地区的海上风电和陆上风光等分布式资源储量巨大，仅海上风电可开发资源就超过 5 亿 kW，预计到 2030 年有望开发 1 亿 kW。同时，由于电能替代技术的推广，诸如电动汽车、屋顶光伏等分布式能源的即插即用使得能源消费随机性显著加剧。由于大规模新能源电力接入电网以及负荷侧的角色转变，电力系统需要在随机的负荷与波动的电源之间实现能量供需平衡，其能量的时空分布特性、生产消费方式与传统电网存在诸多不同甚至本质差异，将对未来电力系统的结构形态、运行控制、资源配置等产生变革性影响，以新能源为主体的新型电力系统面临着空前的转型压力和巨大的技术挑战。

新型电力系统真正进入了国际的“无人区”，亟待攻克“卡脖子”重大基础理论与关键核心技术。党的十九届五中全会指出，坚持创新在我国现代化建设全局中的核心地位，把科技自立自强作为国家发展的战略支撑。能源电力中的大量基础材料、核心器件还依赖进口，攻克“卡脖子”技术装备研发，突破“从 0 到 1”的重大创新，全面提升我国科技创新实力，是实现我国新型电力系统领域科技自立自强的关键。因此，加快新型电力系统技术与产业的研发和部署，对于构建清洁低碳、安全高效的现代能源体系，推进我国能源领域供给侧改革、推动能源供给和利用方式变革，具有重大的基础性、前瞻性和战略性意义。

第2章
碳中和与能源转型

能源转型是我国实现能源革命的关键，实际上就是以可再生能源逐步替代化石能源，建设清洁低碳、安全高效的现代能源体系。在这样的背景下，新型电力系统就是国家提出的一个承载推动能源转型、促进“双碳”目标实现的电力系统发展战略。

2.1 实现碳中和的基础与路径

2.1.1 能源和排放基础与趋势

改革开放以来，我国经济快速发展，成为能源消耗大国。能源，特别是国内煤炭生产和使用的迅速增长既是我国经济发展的驱动力，也是经济发展的结果。我国较大程度依赖能源密集型产业来推动经济发展，而由于对煤炭的依赖，自2005年以来我国都是能源相关二氧化碳的最大排放国。我国近90%的温室气体排放源自能源体系，因此在五条基础原则（详见2.1.2节中描述）之上，能源政策必须推动碳中和转型。虽然经济发展转向能源密集度较低行业、持续提效，以及采用更严格环境标准等努力已经初见成效，抑制了我国许多终端用能部门对化石燃料的大量需求，并引导需求转向电力，但是，在发电和供热用煤增长这一主要因素的推动下，排放量依然继续攀升。目前燃煤发电约占我国发电总量的60%，且新的燃煤电厂还在继续建设，同时我国也是全球第二大石油消费国。不过，我国新增太阳能光伏发电装机总量已超过世界上其他任何国家，拥有占全球70%的电动汽车电池产能。我国对低碳技术的贡献，尤其在太阳能光伏领域，主要由政府的五年计划推动。其所带来的成本下降，改变了世界对未来清洁能源的看法。同时，我国可在目前的清洁能源发展势头上更进一步，在2021年9月的联合国大会上，中国承诺“不再新建境外煤电项目”，并加强对清洁能源的支持。

如图2-1所示，尽管化石燃料继续占据主导地位，但核电、水电、生物能源、其他可再生能源等现代低碳燃料和技术的使用在过去十年间得到了相当大的发展，这些燃料在一次能源需求总量中的份额从2011年的9%上升到2020年的14%。可再生能源电力和核电在2020年占一次能源需求总量的9%以上；水电占2000—2020年间可再生能源总增量的35%；太阳能光伏和风力发电贡献了可再生能源增量的60%。2020年，太阳能光伏和风力发电的装机合计约为540 GW，其中一半以上来自陆上风电机组。其中所用太阳能光伏板大部分是我国生产的，我国已成为世界上最大的太阳能光伏板生产国，推动了全球范围内的成本下降。核电也有明显增加：2000—2020 年间 48 个反应堆投产，将反应堆总数推高到 51 个，并使核电在一次能源需求中的份额从 0.4%上升至 2.7%，在发电量中的份额从 1.2%提高到 5%以上。2020 年，包括水电、核电在内的可再生能源贡献了约 30%的发电量，而 20 年前这一比例只有 18%。

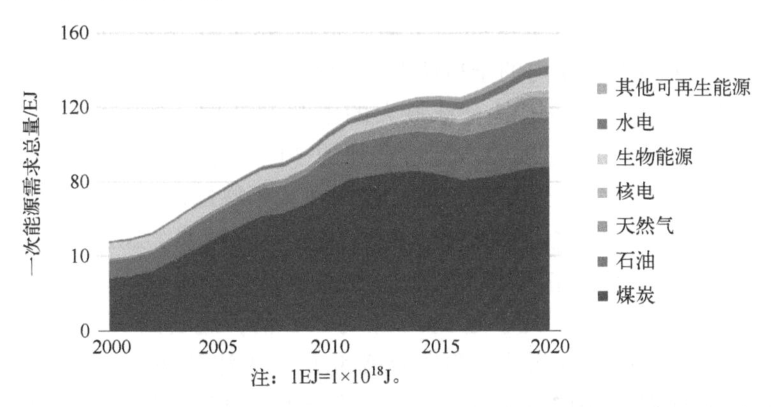

注：1EJ=1×10^{18}J。

图 2-1　我国不同燃料的一次能源需求总量

工业是最大的终端用能部门，占终端能源消费总量的 59%~65%。2020 年我国工业能源使用总量中有 50%来自煤炭，而在世界其他地区这一比例仅为 30%左右，如图 2-2 所示。相比 2010 年，2020 年我国电力用量上涨近 70%，天然气用量增加了一倍多，这两种燃料取代煤炭用于低温供热。天然气也越来越多地用于化工生产。

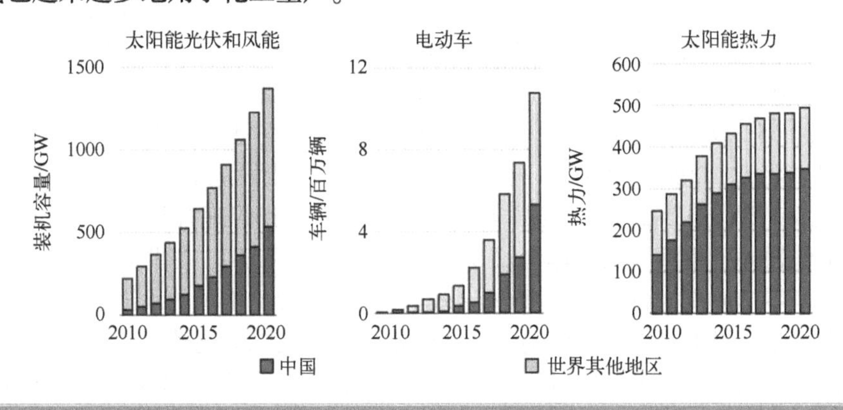

图 2-2　我国部分新能源利用情况及其与世界其他地区的比较

2011—2020年这十年间，交通运输行业的能源需求百分比增幅最大，不过该行业仍然只占我国终端能源使用总量的15%左右。石油产品约占我国交通运输能源需求的85%。电动车近期的飞速发展抑制了道路交通运输领域石油需求的上升。2020年，我国上路行驶的电动汽车超过450万辆，占全球电动车总数的45%，其中近80%是电池电动车，其余则是插电式混合动力车。截至2020年年底，我国上路行驶的58万辆电动巴士和2.4亿辆电动两轮车分别占全球同类车辆总数的98%和78%，取代的石油需求量超过了包括中国在内的全球所有电动汽车取代的石油需求量（国际能源署2021年报告）。中国是全球最大的电池制造国，遥遥领先于其他国家；我国2020年年底已安装产能占全球的70%左右，2020年电动车电池产量占全球的近一半。近年来，建筑部门在我国终端能源消费中的份额基本稳定在略高于五分之一的水平，电力用量上升最快，2020年占建筑用能总量的35%。用于加热的电量比例越来越高，2020年，太阳能集热器的总装机接近350GW，几乎是2010年的2.5倍，这要归功于政府出台政策应对燃煤造成的空气污染，例如涵盖北京、天津和26个其他城市的冬季清洁取暖规划（2017—2021年）。清洁能源建筑技术的部署仍然严重依赖财政激励措施。太阳能热力装机于2013年达到顶峰，之后由于激励措施减少而出现装机量下滑。

2.1.2 实现碳中和的工作原则

2020年9月习近平主席在第七十五届联合国大会讲话中宣布：中国将提高国家自主贡献力度，采取更加有力的政策和措施，二氧化碳排放力争于2030年前达到峰值，努力争取2060年前实现碳中和。同年在气候雄心峰会上进一步宣布：到2030年，中国单位国内生产总值二氧化碳排放将比2005年下降65%以上，非化石能源占一次能源消费比重将达到25%左右，森林蓄积量将比2005年增加60亿m^3，风电、太阳能发电总装机容量将达到12亿kW以上。2021年，我国实现了从战略规划到管理升级：碳达峰碳中和工作领导小组第一次全体会议5月26日在北京召开。在世界各国政府为实现净零排放制定目标的浪潮中，没有任何承诺会比中国的承诺更重要，因为中国是世界上最大的能源消费者和碳排放国，其二氧化碳排放量占全球总量的三分之一。中国的减排步伐将是世界努力将全球升温幅度控制在1.5℃以内的一个重要因素。

以习近平新时代中国特色社会主义思想为指导，全面贯彻党的十九大精神，深入贯彻生态文明思想以及新发展理念，立足新发展阶段，构建新发展格局，坚持系统观念，着手整体和局部、短期和中长期的关系，处理好发展和减排工作，把碳达峰、碳中和纳入经济社会发展全局战略，以经济社会发展全面绿色转型为引领，以能源绿色低碳发展为关键，加快形成节约资源和保护环境的产业结构、生活方式和空间格局，坚定不移地走生态优先、绿色低碳的高质量发展道路，以确保如期实现碳达峰、碳中和。

2021年10月发布的《中共中央　国务院关于完整准确全面贯彻新发展理念做好碳达峰碳中和工作的意见》是为完整、准确、全面贯彻新发展理念，做好碳达峰、碳中和工作而提出的意见，其中提出了实现碳达峰、碳中和的五条基础原则。

第一，全国统筹。全国一盘棋，强化顶层设计，发挥制度优势，实行党政同责，压实各方责任。根据各地实际分类施策，鼓励主动作为、率先达峰。

第二，节约优先。把节约能源资源放在首位，实行全面节约战略，持续降低单位产出能源资源消耗和碳排放，提高投入产出效率，倡导简约适度、绿色低碳生活方式，从源头和入口形成有效的碳排放控制阀门。

第三，双轮驱动。政府和市场两手发力，构建新型举国体制，强化科技和制度创新，加快绿色低碳科技革命。深化能源和相关领域改革，发挥市场机制作用，形成有效激励约束机制。

第四，内外畅通。立足国情实际，统筹国内国际能源资源，推广先进绿色低碳技术和经验。统筹做好应对气候变化对外斗争与合作，不断增强国际影响力和话语权，坚决维护我国发展权益。

第五，防范风险。处理好减污降碳和能源安全、产业链供应链安全、粮食安全、群众正常生活的关系，有效应对绿色低碳转型可能伴随的经济、金融、社会风险，防止过度反应，确保安全降碳。

2.1.3　碳中和的基础目标

到目前为止，在确立了碳中和目标的国家中，中国的碳足迹最大，占2020年全球能源相关二氧化碳排放的30%左右，占净零排放目标所涵盖能源相关排放的约一半。各国实现净零排放的时间框架从2030年到2070年不等，包括美国、欧盟国家、日本、加拿大、韩国和南非在内的大多数国家将

2050年作为目标年。在其他主要新兴经济体中，巴西在国家自主贡献预案中将目标年设定为2060年，并宣布打算将其提前到2050年，而印度尼西亚正在考虑是否有机会在2060年实现净零排放。目标覆盖的排放范围也不尽相同。迄今为止，大多数净零排放目标涵盖全经济领域，包括所有温室气体。中国在实现全球净零排放方面的角色举足轻重。鉴于中国经济和能源体系的规模，中国既定气候目标的实现将大幅推动《巴黎协定》目标的达成。如果中国依照其既定目标实现碳中和，那么到21世纪末，仅中国就可以使全球平均气温降低近0.2℃。

中国设定碳中和目标之举标志着经济发展的转折点。碳中和目标是气候政策新愿景中不可或缺的组成部分，这一愿景呼吁生产和用能方式发生深刻而长期的转变，涉及经济和日常生活的方方面面。对于避免气候变化对整个世界造成最坏的后果，实现此愿景具有重要意义。

在2020年9月的联合国大会前，中国在2016年《巴黎协定》下的国家自主贡献目标是二氧化碳排放在"2030年左右达峰，并尽力提前达峰"，但没有设定长期目标。此后，中国宣布了多项增补的气候目标和更有力的行动，以便为支持碳中和新目标而加速能源转型。

中国还宣布了另一个新目标，即风能和太阳能总装机扩大到1200 GW以上，而2020年为535 GW。2021年3月，中央财经委员会第九次会议提出，要建立以太阳能光伏和风能为主要能源的新型电力系统。此外，习近平主席在2021年4月的领导人气候峰会上宣布："中国将严控煤电项目，'十四五'时期严控煤炭消费增长、'十五五'时期逐步减少。"与以前的气候政策相比，中国新的气候政策除了更有雄心外，还有其他方面的区别。新政策为中国实现碳中和的道路设定了明确的时间表，关键政策问题从"是否、何时"变成了"如何"。

此外，以前的政策侧重于以单位GDP的排放量来衡量碳强度，而新政策在此基础上有所扩大。政府在新政策中说明了碳中和目标的范围。2021年7月，中国气候变化事务特使在一次演讲中指出，中国的碳达峰目标主要涉及能源活动产生的相关二氧化碳排放，而碳中和目标的范围更广，涵盖全经济领域温室气体的排放，包括甲烷和氢氟碳化物等非二氧化碳温室气体。

针对2025年、2030年和2060年的基本目标如下。到2025年，绿色低碳循环发展的经济体系初步形成，重点行业能源利用效率大幅提升。单位国内生产总值能耗比2020年下降13.5%；单位国内生产总值二氧化碳排放比2020年下降18%；非化石能源消费比重达到20%左右；森林覆盖率达到24.1%，森林蓄积量达到180亿m^3，为实现碳达峰、碳中和奠定坚实基础。到2030年，经济社会发展全面绿色转型取得显著成效，重点耗能行业能源利用效率达到国际先进水平。单位国内生产总值能耗大幅下降；单位国内生产总值二氧化碳排放比2005年下降65%以上；非化石能源消费比重达到25%左右，风电、太阳能发电总装机容量达到12亿kW以上；森林覆盖率达到25%左右，森林蓄积量达到190亿m^3，二氧化碳排放量达到峰值并实现稳中有降。到2060年，绿色低碳循环发展的经济体系和清洁低碳安全高效的能源体系全面建立，能源利用效率达到国际先进水平，非化石能源消费比重达到80%以上，碳中和目标顺利实现，生态文明建设取得丰硕成果，开创人与自然和谐共生新境界。

2021年5月，中央政府成立了碳达峰碳中和工作领导小组，以协调跨部委工作，实现气候目标。小组由国务院副总理担任组长，成员包括多个国家关键部门和机构的负责人。该小组正在着手构建碳达峰碳中和“1+N”政策体系，“1”指一个顶层设计的文件，“N”是指关键行动领域的政策系列方案（国家应对气候变化战略研究和国际合作中心，NCSC，2021）。碳达峰碳中和“1+N”政策体系重点关注十个领域的转型和创新：改变能源结构；推动工业现代化；提高资源利用效率；提升能效；建立低碳交通运输体系；促进清洁能源技术创新；发展绿色金融；出台配套经济政策；完善碳定价机制；以及实施基于自然的解决方案。《中共中央　国务院关于完整准确全面贯彻新发展理念做好碳达峰碳中和工作的意见》在碳达峰碳中和政策体系中发挥统领作用，是“1+N”中的“1”，而《2030年前碳达峰行动方案》是“N”中为首的政策文件，有关部门和单位将根据方案部署制定能源、工业、城乡建设、交通运输、农业农村等领域以及具体行业的碳达峰实施方案，各地区也将按照方案要求制定本地区碳达峰行动方案。

2.1.4 碳中和的实施路径

中国工程院在北京发布重大咨询项目成果《我国碳达峰碳中和战略及路径》。其中提出，通过积极主动作为，全社会共同努力，中国二氧化碳排放有望于2027年前后实现达峰，峰值控制在122亿t左右。在此基础上推动发展模式实现根本转变，可在2060年前实现碳中和。《我国碳达峰碳中和战略及路径》主要包括八大战略、七条路径和三项建议。

（1）八大战略

一是节约优先战略，秉持节能是第一能源理念，不断提升全社会用能效率。

二是能源安全战略，做好化石能源兜底应急，妥善应对新能源供应不稳定，防范油气以及关键矿物对外依存风险。

三是非化石能源替代战略，在新能源安全可靠逐步替代传统能源的基础上，不断提高非化石能源比重。

四是再电气化战略，以电能替代和发展电制原料燃料为重点，大力提升重点部门电气化水平。

五是资源循环利用战略，加快传统产业升级改造和业务流程再造，实现资源多级循环利用。

六是固碳战略，坚持生态吸碳与人工用碳相结合，增强生态系统固碳能力，推进碳移除技术研发。

七是数字化战略，全面推动数字化降碳和碳管理，助力生产生活绿色变革。

八是国际合作战略，构建人类命运共同体的大国责任担当，更大力度深化国际合作。

（2）七条路径

一是提升经济发展质量和效益，以产业结构优化升级为重要手段实现经济发展与碳排放脱钩。

二是打造清洁低碳安全高效的能源体系是实现碳达峰碳中和的关键和基础。

三是加快构建以新能源为主体的新型电力系统，安全稳妥实现电力行业净零排放。

四是以电气化和深度脱碳技术为支撑，推动工业部门有序达峰和渐进中和。

五是通过高比例电气化实现交通工具低碳转型，推动交通部门实现碳达峰碳中和。

六是以突破绿色建筑关键技术为重点，实现建筑用电用热零碳排放。

七是运筹帷幄做好实现碳中和“最后一公里”的碳移除托底技术保障。

（3）三项建议

一是保持战略定力，做好统筹协调，在保障经济社会有序运转和能源资源供应安全前提下，坚持全国“一盘棋”、梯次有序推动实现碳达峰碳中和。

二是强化科技创新，为实现碳达峰碳中和提供强大动力，尤其是必须以关键技术的重大突破支撑实现碳中和。

三是建立完善制度和政策体系，确保碳达峰碳中和任务措施落地。加快推动建立碳排放总量控制制度，加速构建减污降碳一体谋划、一体推进、一体考核的机制，不断完善能力支撑与监管体系建设。

碳中和目标带来的能源加速转型情景将带来许多社会经济效益，对我国在全球清洁能源技术价值链中的核心地位和清洁能源的创新都将起到促进作用。从现在到2030年，与清洁能源供应有关的工作岗位将增加360万个，而化石燃料供应和化石燃料发电厂所流失的工作岗位将有230万个。而承诺目标情景下，工作岗位的同期净增额将仅有40万个左右。脱碳进程的加快还将进一步减少污染，带来公共健康效益。但加速转型情景中，一些瓶颈和新兴的经济社会问题预计将在短期内出现，为转型带来重要挑战。长期来看，加速转型的好处是，将以更加有序的方式实现碳中和，为市场、企业及消费者的调整和适应留出更多时间。与承诺目标情景相比，加速转型情景在2030—2060年间的年均减排速度将放缓20%。从现在到2060年，承诺目标情景中，2030年之前新建的电力和工业部门长寿命资产的锁定排放将有超过200亿t在加速转型情景下得到避免，为提前实现碳中和创造了可能。

中国现已跻身能源创新大国的行列。2015—2019年间，我国用于低碳能源研发的公共支出增加了70%，目前占全球总支出的15%。在可再生能源和电动车两个领域，我国的专利数量分别占全球的近15%和10%。近年来，我国的初创企业吸引了全球超过三分之一的能源早期风险投资，尤其值得一提的是，我国对太阳能光伏（PV）成本降低做出了巨大贡献，改变了世界能源创新的思路。

我国要实现碳中和目标，需要大力推动清洁能源创新。承诺目标情景下，2060年二氧化碳减排量中，约有40%来自目前尚处于原型或示范阶段的技术，这一比例在重工业和长途交通运输领域中最高。同时，我国的低碳能源技术高度多样化，包括碳捕捉、利用和储存（CCUS），氢能，生物燃料，以及电气化价值链等。需要针对每项技术的情况，合理运用中国创新体系的不同特点。对于 CCUS、生物精炼等大规模技术以及网络基础设施的某些部分，可以通过我国的主要政策进行有效激励；而对于低碳消费品，我国的制造业优势提供了强大的依托。通过强有力的知识产权治理、公平的市场准入和非政治化的供应链来建立信任，将会减少清洁能源创新国际合作受阻的风险。

当前面临复杂的国内外形势，我国要保持战略定力，应对气候变化要“外树形象、内促发展”，统筹国内与国际、近期和长远，明确不同阶段积极的节能减排目标、政策和措施。对内促进产业转型升级和高质量发展，打造经济发展、能源安全、环境保护与应对气候变化协同治理和多方共赢的局面；对外巩固和扩展应对气候变化领域的外交优势，回应国际社会普遍关切，化解减排和出资等诸多压力，展现对全球共同事业负责任的大国形象。

2.2 碳达峰与碳中和的路径选择

为完整、准确、全面贯彻新发展理念，做好碳达峰、碳中和工作，中共中央、国务院于 2021 年 9 月 22 日联合印发了《关于完整准确全面贯彻新发展理念做好碳达峰碳中和工作的意见》（以下简称《意见》），国务院于 2021 年 10 月 26 日印发了《2030 年前碳达峰行动方案》（以下简称《方案》）。两个文件共同构成贯穿碳达峰、碳中和两个阶段的顶层设计，为各地区、各行业推动碳达峰、碳中和工作指明了方向。

《意见》指出，要把碳达峰、碳中和纳入经济社会发展全局，以经济社会发展全面绿色转型为引领，以能源绿色低碳发展为关键，加快形成节约资源和保护环境的产业结构、生产方式、生活方式、空间格局，坚定不移走生态优先、绿色低碳的高质量发展道路，确保如期实现碳达峰、碳中和。

《方案》提出，重点实施能源绿色低碳转型行动、节能降碳增效行动、工业领域碳达峰行动、城乡建设碳达峰行动、交通运输绿色低碳行动、循环经济助力降碳行动、绿色低碳科技创新行动、碳汇能力巩固提升行动、绿色低碳全民行动、各地区梯次有序碳达峰行动等“碳达峰十大行动”。

工业领域、交通运输领域和电力行业作为我国当前碳排放量的主要来源，在我国实现碳达峰、碳中和目标的过程中也将承担主要责任。其中，因工业领域、交通运输领域的碳中和行动方案中，将电气化作为重要实施路径，与电力行业的碳达峰路径强相关。表2-1结合《意见》《方案》以及这三个领域各自的行动方案，分别给出其碳达峰、碳中和行动路径和方案。

表2-1 各行业低碳减排措施

行　业	可持续需求	低碳发电	电气化	燃料转换	碳封存
农、林、牧、渔业	√				√
采矿业	√	√	√	√	√
制造业	√	√	√	√	
电力、热力、燃气及水生产和供应业		√			√
建筑业	√	√	√	√	
交通运输、仓储和邮政业	√		√	√	

2.2.1 能源电力部门“双碳”行动方案

《意见》指出要加快构建清洁低碳安全高效能源体系。电力部门作为未来能源体系的重要组成，甚至能源体系的基础组成，需要在以下方面做出行动。

1）严格控制化石能源消费。加快煤炭减量步伐，“十四五”时期严控煤炭消费增长，“十五五”时期逐步减少。石油消费“十五五”时期进入峰值平台期。统筹煤电发展和保供调峰，严控煤电装机规模，加快现役煤电机组节能升级和灵活性改造。逐步减少直至禁止煤炭散烧。加快推进页岩气、煤层气、致密油气等非常规油气资源规模化开发。强化风险管控，确保能源安全稳定供应和平稳过渡。

2）积极发展非化石能源。实施可再生能源替代行动，大力发展风能、太阳能、生物质能、海洋能、地热能等，不断提高非化石能源消费比重。坚持集中式与分布式并举，优先推动风能、太阳能就地就近开发利用。因地制宜开发水能。积极安全有序发展核电。合理利用生物质能。加快推进抽水蓄能和新型储能规模化应用。统筹推进氢能“制储输用”全链条发展。构建以新能源为主体的新型电力系统，提高电网对高比例可再生能源的消纳和调控能力。

3）深化能源体制机制改革。全面推进电力市场化改革，加快培育发展配售电环节独立市场主体，完善中长期市场、现货市场和辅助服务市场衔接机制，扩大市场化交易规模。推进电网体制改革，明确以消纳可再生能源为主的增量配电网、微电网和分布式电源的市场主体地位。加快形成以储能和调峰能力为基础支撑的新增电力装机发展机制。完善电力等能源品种价格市场化形成机制。从有利于节能的角度深化电价改革，理顺输配电价结构，全面放开竞争性环节电价。推进煤炭、油气等市场化改革，加快完善能源统一市场。

《方案》指出，能源是经济社会发展的重要物质基础，也是碳排放的最主要来源。要坚持安全降碳，在保障能源安全的前提下，大力实施可再生能源替代，加快构建清洁低碳安全高效的能源体系。具体行动方案如下。

1）推进煤炭消费替代和转型升级。加快煤炭减量步伐，"十四五"时期严格合理控制煤炭消费增长，"十五五"时期逐步减少。严格控制新增煤电项目，新建机组煤耗标准达到国际先进水平，有序淘汰煤电落后产能，加快现役机组节能升级和灵活性改造，积极推进供热改造，推动煤电向基础保障性和系统调节性电源并重转型。严控跨区外送可再生能源电力配套煤电规模，新建通道可再生能源电量比例原则上不低于50%。推动重点用煤行业减煤限煤。大力推动煤炭清洁利用，合理划定禁止散烧区域，多措并举、积极有序推进散煤替代，逐步减少直至禁止煤炭散烧。

2）大力发展新能源。全面推进风电、太阳能发电大规模开发和高质量发展，坚持集中式与分布式并举，加快建设风电和光伏发电基地。加快智能光伏产业创新升级和特色应用，创新"光伏+"模式，推进光伏发电多元布局。坚持陆海并重，推动风电协调快速发展，完善海上风电产业链，鼓励建设海上风电基地。积极发展太阳能光热发电，推动建立光热发电与光伏发电、风电互补调节的风光热综合可再生能源发电基地。因地制宜发展生物质发电、生物质能清洁供暖和生物天然气。探索深化地热能以及波浪能、潮流能、温差能等海洋新能源开发利用。进一步完善可再生能源电力消纳保障机制。到2030年，风电、太阳能发电总装机容量达到12亿kW以上。

3）因地制宜开发水电。积极推进水电基地建设，推动金沙江上游、澜沧江上游、雅砻江中游、黄河上游等已纳入规划、符合生态保护要求的水电项目开工建设，推进雅鲁藏布江下游水电开发，推动小水电绿色发展。推动西南地区水电与风电、太阳能发电协同互补。统筹水电开发和生态保护，探索建立水能资源开发生态保护补偿机制。“十四五”“十五五”期间分别新增水电装机容量 4000 万 kW 左右，西南地区以水电为主的可再生能源体系基本建立。

4）积极安全有序发展核电。合理确定核电站布局和开发时序，在确保安全的前提下有序发展核电，保持平稳建设节奏。积极推动高温气冷堆、快堆、模块化小型堆、海上浮动堆等先进堆型示范工程，开展核能综合利用示范。加大核电标准化、自主化力度，加快关键技术装备攻关，培育高端核电装备制造产业集群。实行最严格的安全标准和最严格的监管，持续提升核安全监管能力。

5）合理调控油气消费。保持石油消费处于合理区间，逐步调整汽油消费规模，大力推进先进生物液体燃料、可持续航空燃料等替代传统燃油，提升终端燃油产品能效。加快推进页岩气、煤层气、致密油（气）等非常规油气资源规模化开发。有序引导天然气消费，优化利用结构，优先保障民生用气，大力推动天然气与多种能源融合发展，因地制宜建设天然气调峰电站，合理引导工业用气和化工原料用气。支持车船使用液化天然气作为燃料。

6）加快建设新型电力系统。构建新能源占比逐渐提高的新型电力系统，推动清洁电力资源大范围优化配置。大力提升电力系统综合调节能力，加快灵活调节电源建设，引导自备电厂、传统高载能工业负荷、工商业可中断负荷、电动汽车充电网络、虚拟电厂等参与系统调节，建设坚强智能电网，提升电网安全保障水平。积极发展“新能源+储能”、源网荷储一体化和多能互补，支持分布式新能源合理配置储能系统。制定新一轮抽水蓄能电站中长期发展规划，完善促进抽水蓄能发展的政策机制。加快新型储能示范推广应用。深化电力体制改革，加快构建全国统一电力市场体系。到 2025 年，新型储能装机容量达到 3000 万 kW 以上。到 2030 年，抽水蓄能电站装机容量达到 1.2 亿 kW 左右，省级电网基本具备 5%以上的尖峰负荷响应能力。

为了更好地落实碳达峰、碳中和发展战略，实现到 2030 年风电、太阳能发电总装机容量达到 12 亿 kW 左右的目标，加快构建清洁低碳、安全高效的能源体系，国家发展改革委、国家能源局发布了《关于促进新时代新能源高质量发展的实施方案》（以下简称《实施方案》）。

《实施方案》指出，近年来，我国以风电、光伏发电为代表的新能源发展成效显著，装机规模稳居全球首位，发电量占比稳步提升，成本快速下降，已基本进入平价无补贴发展的新阶段。同时，新能源开发利用仍存在电力系统对大规模高比例新能源接网和消纳的适应性不足、土地资源约束明显等制约因素。

《实施方案》提出要加快构建适应新能源占比逐渐提高的新型电力系统。传统电力系统是以化石能源为主来打造规划设计理念和调度运行规则等的。实现碳达峰、碳中和，必须加快构建新型电力系统，适应新能源比例持续提高的要求，在规划理念革新、硬件设施配置、运行方式变革、体制机制创新上做系统性安排。

1）全面提升电力系统调节能力和灵活性。充分发挥电网企业在构建新型电力系统中的平台和枢纽作用，支持和指导电网企业积极接入和消纳新能源。完善调峰调频电源补偿机制，加大煤电机组灵活性改造、水电扩机、抽水蓄能和太阳能热发电项目建设力度，推动新型储能快速发展。研究储能成本回收机制。鼓励西部等光照条件好的地区使用太阳能热发电作为调峰电源。深入挖掘需求响应潜力，提高负荷侧对新能源的调节能力。

2）着力提高配电网接纳分布式新能源的能力。发展分布式智能电网，推动电网企业加强有源配电网（主动配电网）规划、设计、运行方法研究，加大投资建设改造力度，提高配电网智能化水平，着力提升配电网接入分布式新能源的能力。合理确定配电网接入分布式新能源的比例要求。探索开展适应分布式新能源接入的直流配电网工程示范。

3）稳妥推进新能源参与电力市场交易。支持新能源项目与用户开展直接交易，鼓励签订长期购售电协议，电网企业应采取有效措施确保协议执行。对国家已有明确价格政策的新能源项目，电网企业应按照有关法规严格落实全额保障性收购政策，全生命周期合理小时数外电量可以参与电力市场交易。在电力现货市场试点地区，鼓励新能源项目以差价合约形式参与电力市场交易。

4）完善可再生能源电力消纳责任权重制度。科学合理设定各省（自治区、直辖市）中长期可再生能源电力消纳责任权重，做好可再生能源电力消纳责任权重制度与新增可再生能源不纳入能源消费总量控制的衔接。建立完善可再生能源电力消纳责任考评指标体系和奖惩机制。

国家电网有限公司经营区域覆盖我国 26 个省（自治区、直辖市），供电范围占国土面积的 88%，供电人口超过 11 亿，是世界上输电能力最强、新能源并网规模最大的电网。国家电网有限公司在国内企业中率先发布了

“双碳”行动方案和构建新型电力系统行动方案（以下简称《行动方案》）。

《行动方案》指出，能源领域碳排放总量大，是实现碳减排目标的关键，电力系统碳减排是能源行业碳减排的重要组成部分，碳达峰是基础前提，碳中和是最终目标。

在能源供给侧，要构建多元化清洁能源供应体系。一是大力发展清洁能源，最大限度开发利用风电、太阳能发电等新能源，坚持集中开发与分布式并举，积极推动海上风电开发；大力发展水电，加快推进西南水电开发；安全高效推进沿海核电建设。二是加快煤电灵活性改造，优化煤电功能定位，科学设定煤电达峰目标。煤电充分发挥保供作用，更多承担系统调节功能，由电量供应主体向电力供应主体转变，提升电力系统应急备用和调峰能力。三是加强系统调节能力建设，大力推进抽水蓄能电站和调峰气电建设，推广应用大规模储能装置，提高系统调节能力。四是加快能源技术创新，提高新能源发电机组涉网性能，加快光热发电技术推广应用。推进大容量高电压风电机组、光伏逆变器创新突破，加快大容量、高密度、高安全、低成本储能装置研制。推动氢能利用，碳捕集、利用和封存等技术研发，加快二氧化碳资源再利用。预计 2025 年、2030 年，非化石能源占一次能源消费比重将达到 20%、25%左右。

在能源消费侧，要全面推进电气化和节能提效。一是强化能耗双控，坚持节能优先，把节能指标纳入生态文明、绿色发展等绩效评价体系，合理控制能源消费总量，重点控制化石能源消费。二是加强能效管理，加快冶金、化工等高耗能行业用能转型，提高建筑节能标准。以电为中心，推动风光水火储多能融合互补、电气冷热多元聚合互动，提高整体能效。三是加快电能替代，支持“以电代煤”“以电代油”，加快工业、建筑、交通等重点行业电能替代，持续推进乡村电气化，推动电制氢技术应用。四是挖掘需求侧响应潜力，构建可中断、可调节多元负荷资源，完善相关政策和价格机制，引导各类电力市场主体挖掘调峰资源，主动参与需求响应。预计 2025 年、2030 年，电能占终端能源消费比重将达到 30%、35%以上。

国家电网有限公司制定了以下具体行动方案。

（1）推动电网向能源互联网升级，着力打造清洁能源优化配置平台

1）加快构建坚强智能电网。推进各级电网协调发展，支持新能源优先就地就近并网消纳。在送端，完善西北、东北主网架结构，加快构建川渝特高压交流主网架，支撑跨区直流安全高效运行。在受端，扩展和完善华北、

华东特高压交流主网架，加快建设华中特高压骨干网架，构建水火风光资源优化配置平台，提高清洁能源接纳能力。

2）加大跨区输送清洁能源力度。将持续提升已建输电通道利用效率作为电网发展主要内容和重点任务。“十四五”期间，推动配套电源加快建设，完善送受端网架，推动建立跨省区输电长效机制，已建通道逐步实现满送，提升输电能力3527万kW。优化送端配套电源结构，提高输送清洁能源比重。新增跨区输电通道以输送清洁能源为主，“十四五”规划建成7回特高压直流，新增输电能力5600万kW。到2025年，公司经营区跨省跨区输电能力达到3.0亿kW，输送清洁能源占比达到50%。

3）保障清洁能源及时同步并网。开辟风电、太阳能发电等新能源配套电网工程建设“绿色通道”，确保电网电源同步投产。加快水电、核电并网和送出工程建设，支持四川等地区水电开发，超前研究西藏水电开发外送方案。到2030年，公司经营区风电、太阳能发电总装机容量将达到10亿kW以上，水电装机达到2.8亿kW，核电装机达到8000万kW。

4）支持分布式电源和微电网发展。为分布式电源提供一站式全流程免费服务。加强配电网互联互通和智能控制，满足分布式清洁能源并网和多元负荷用电需要。做好并网型微电网接入服务，发挥微电网就地消纳分布式电源、集成优化供需资源作用。到2025年，公司经营区分布式光伏达到1.8亿kW。

5）加快电网向能源互联网升级。加强“大云物移智链”等技术在能源电力领域的融合创新和应用，促进各类能源互通互济，源网荷储协调互动，支撑新能源发电、多元化储能、新型负荷大规模友好接入。加快信息采集、感知、处理、应用等环节建设，推进各能源品种的数据共享和价值挖掘。到2025年，初步建成国际领先的能源互联网。

（2）推动网源协调发展和调度交易机制优化，着力做好清洁能源并网消纳

1）持续提升系统调节能力。加快已开工的4163万kW抽水蓄能电站建设。“十四五”期间，加大抽水蓄能电站规划选点和前期工作，再安排开工建设一批项目，到2025年，公司经营区抽水蓄能装机超过5000万kW。积极支持煤电灵活性改造，尽可能减少煤电发电量，推动电煤消费尽快达峰。支持调峰气电建设和储能规模化应用。积极推动发展“光伏+储能”，提高分布式电源利用效率。

2）优化电网调度运行。加强电网统一调度，统筹送受端调峰资源，完善省间互济和旋转备用共享机制，促进清洁能源消纳多级调度协同快速响应。加强跨区域、跨流域风光水火联合运行，提升清洁能源功率预测精度，统筹全网开机，优先调度清洁能源，确保能发尽发、能用尽用。

3）发挥市场作用扩展消纳空间。加快构建促进新能源消纳的市场机制，深化省级电力现货市场建设，采用灵活价格机制促进清洁能源参与现货交易。完善以中长期交易为主、现货交易为补充的省间交易体系，积极开展风光水火打捆外送交易、发电权交易、新能源优先替代等多种交易方式，扩大新能源跨区跨省交易规模。

（3）推动全社会节能提效，着力提高终端消费电气化水平

1）拓展电能替代广度、深度。推动电动汽车、港口岸电、纯电动船、公路和铁路电气化发展。深挖工业供给窑炉、锅炉替代潜力。推进电供冷热，实现绿色建筑电能替代。加快乡村电气化、提升工程建设，推进清洁取暖“煤改电”。积极参与用能标准建设，推进电能替代技术发展和应用。“十四五”期间，公司经营区替代电量达到6000亿kW·h。

2）积极推动综合能源服务。以工业园区、大型公共建筑等为重点，积极拓展用能诊断、能效提升、多能供应等综合能源服务，助力提升全社会终端用能效率。建设线上、线下一体化客户服务平台，及时向用户发布用能信息，引导用户主动节约用能。推动智慧能源系统建设，挖掘用户侧资源参与需求侧响应的潜力。

3）助力国家碳市场运作。加强发电、用电、跨省区送电等大数据建设，支撑全国碳市场政策研究、配额测算等工作。围绕电能替代、抽水蓄能、综合能源服务等，加强碳减排方法研究，为产业链上下游提供碳减排服务，从供给和需求双侧发力，通过市场手段统筹能源电力发展和节能减碳目标实现。

2.2.2 工业、交通运输领域“双碳”行动方案

工业领域方面，《2030年前碳达峰行动方案》指出，要加快绿色低碳转型和高质量发展，力争率先实现碳达峰。

1）推动工业领域绿色低碳发展。优化产业结构，加快退出落后产能，大力发展战略性新兴产业，加快传统产业绿色低碳改造。促进工业能源消费低碳化，推动化石能源清洁高效利用，提高可再生能源应用比重，加强电力

需求侧管理，提升工业电气化水平。深入实施绿色制造工程，大力推行绿色设计，完善绿色制造体系，建设绿色工厂和绿色工业园区。推进工业领域数字化、智能化、绿色化融合发展，加强重点行业和领域技术改造。

2）推动钢铁行业碳达峰。深化钢铁行业供给侧结构性改革，严格执行产能置换，严禁新增产能，推进存量优化，淘汰落后产能。推进钢铁企业跨地区、跨所有制兼并重组，提高行业集中度。优化生产力布局，以京津冀及周边地区为重点，继续压减钢铁产能。促进钢铁行业结构优化和清洁能源替代，大力推进非高炉炼铁技术示范，提升废钢资源回收利用水平，推行全废钢电炉工艺。推广先进适用技术，深挖节能降碳潜力，鼓励钢化联产，探索开展氢冶金、二氧化碳捕集利用一体化等试点示范，推动低品位余热供暖发展。

3）推动有色金属行业碳达峰。巩固化解电解铝过剩产能成果，严格执行产能置换，严控新增产能。推进清洁能源替代，提高水电、风电、太阳能发电等应用比重。加快再生有色金属产业发展，完善废弃有色金属资源回收、分选和加工网络，提高再生有色金属产量。加快推广应用先进适用绿色低碳技术，提升有色金属生产过程余热回收水平，推动单位产品能耗持续下降。

4）推动建材行业碳达峰。加强产能置换监管，加快低效产能退出，严禁新增水泥熟料、平板玻璃产能，引导建材行业向轻型化、集约化、制品化转型。推动水泥错峰生产常态化，合理缩短水泥熟料装置运转时间。因地制宜利用风能、太阳能等可再生能源，逐步提高电力、天然气应用比重。鼓励建材企业使用粉煤灰、工业废渣、尾矿渣等作为原料或水泥混合材。加快推进绿色建材产品认证和应用推广，加强新型胶凝材料、低碳混凝土、木竹建材等低碳建材产品研发应用。推广节能技术设备，开展能源管理体系建设，实现节能增效。

5）推动石化化工行业碳达峰。优化产能规模和布局，加大落后产能淘汰力度，有效化解结构性过剩矛盾。严格项目准入，合理安排建设时序，严控新增炼油和传统煤化工生产能力，稳妥有序发展现代煤化工。引导企业转变用能方式，鼓励以电力、天然气等替代煤炭。调整原料结构，控制新增原料用煤，拓展富氢原料进口来源，推动石化化工原料轻质化。优化产品结构，促进石化化工与煤炭开采、冶金、建材、化纤等产业协同发展，加强炼厂干气、液化气等副产气体高效利用。鼓励企业节能升级改造，推动能量梯级利用、物料循环利用。到2025年，国内原油一次加工能力控制在10亿t以内，主要产品产能利用率提升至80%以上。

6）坚决遏制“两高”项目盲目发展。采取强有力措施，对“两高”项目实行清单管理、分类处置、动态监控。全面排查在建项目，对能效水平低于本行业能耗限额准入值的，按有关规定停工整改，推动能效水平应提尽提，力争全面达到国内乃至国际先进水平。科学评估拟建项目，对产能已饱和的行业，按照“减量替代”原则压减产能；对产能尚未饱和的行业，按照国家布局和审批备案等要求，对标国际先进水平提高准入门槛；对能耗量较大的新兴产业，支持引导企业应用绿色低碳技术，提高能效水平。深入挖潜存量项目，加快淘汰落后产能，通过改造升级挖掘节能减排潜力。强化常态化监管，坚决拿下不符合要求的“两高”项目。

交通运输领域方面，要加快形成绿色低碳运输方式，确保交通运输领域碳排放增长保持在合理区间。

1）推动运输工具装备低碳转型。积极扩大电力、氢能、天然气、先进生物液体燃料等新能源、清洁能源在交通运输领域的应用。大力推广新能源汽车，逐步降低传统燃油汽车在新车产销和汽车保有量中的占比，推动城市公共服务车辆电动化替代，推广电力、氢燃料、液化天然气动力重型货运车辆。提升铁路系统电气化水平。加快老旧船舶更新改造，发展电动、液化天然气动力船舶，深入推进船舶靠港使用岸电，因地制宜开展沿海、内河绿色智能船舶示范应用。提升机场运行电动化智能化水平，发展新能源航空器。到2030年，当年新增新能源、清洁能源动力的交通工具比例达到40%左右，营运交通工具单位换算周转量碳排放强度比2020年下降9.5%左右，国家铁路单位换算周转量综合能耗比2020年下降10%。陆路交通运输石油消费力争2030年前达到峰值。

2）构建绿色高效交通运输体系。发展智能交通，推动不同运输方式合理分工、有效衔接，降低空载率和不合理客货运周转量。大力发展以铁路、水路为骨干的多式联运，推进工矿企业、港口、物流园区等铁路专用线建设，加快内河高等级航道网建设，加快大宗货物和中长距离货物运输“公转铁”“公转水”。加快先进适用技术应用，提升民航运行管理效率，引导航空企业加强智慧运行，实现系统化节能降碳。加快城乡物流配送体系建设，创新绿色低碳、集约高效的配送模式。打造高效衔接、快捷舒适的公共交通服务体系，积极引导公众选择绿色低碳交通方式。“十四五”期间，集装箱铁水联运量年均增长15%以上。到2030年，城区常住人口100万以上的城市绿色出行比例不低于70%。

3）加快绿色交通基础设施建设。将绿色低碳理念贯穿于交通基础设施规划、建设、运营和维护全过程，降低全生命周期能耗和碳排放。开展交通基础设施绿色化提升改造，统筹利用综合运输通道线位、土地、空域等资源，加大岸线、锚地等资源整合力度，提高利用效率。有序推进充电桩、配套电网、加注（气）站、加氢站等基础设施建设，提升城市公共交通基础设施水平。到2030年，民用运输机场场内车辆装备等力争全面实现电动化。

交通运输部于2021年10月29日印发了《绿色交通"十四五"发展规划》（以下简称《规划》），提出要采取更加强有力的措施，大幅提升交通运输绿色发展水平，不断降低二氧化碳排放强度、削减主要污染物排放总量，加快形成绿色低碳运输方式。

《规划》在减污降碳、用能结构、运输结构等方面设置了八个指标，明确提出到2025年营运车辆、营运船舶单位运输周转量二氧化碳排放较2020年分别下降5%、3.5%，全国城市公交、出租汽车（含网约车）、城市物流配送领域新能源汽车占比分别达到72%、35%、20%，集装箱铁水联运量年均增长15%。

《规划》提出七项主要任务：一是优化空间布局，建设绿色交通基础设施；二是优化交通运输结构，提升综合运输能效；三是推广应用新能源，构建低碳交通运输体系；四是坚持标本兼治，推进交通污染深度治理；五是坚持创新驱动，强化绿色交通科技支撑；六是健全推进机制，完善绿色交通监管体系；七是完善合作机制，深化国际交流与合作。

《规划》针对重点领域，提出四项专项行动。一是绿色交通基础设施建设行动，推动绿色公路建设、公路路面材料循环利用、工业固废和隧道弃渣循环利用；二是优化调整运输结构行动，深入推进京津冀及周边地区、晋陕蒙煤炭主产区运输绿色低碳转型，加快推进长三角地区、粤港澳大湾区铁水联运发展；三是绿色出行创建行动，重点创建100个绿色出行城市；四是新能源推广应用行动，实施电动货车和氢燃料电池车辆推广行动、城市绿色货运配送示范工程、岸电推广应用行动、近零碳枢纽场站建设行动。

2.3 供给侧的能源转型

全球能源转型的基本趋势表现如下。一是低碳化。在传统的化石能源中，天然气的使用在过去20年快速增长，作为一种低碳能源，在替代煤炭的过程中显著减少了二氧化碳排放。美国的二氧化碳排放量在过去10年降低了10%左右，其中最主要的贡献就来自页岩气对煤炭的替代。过去10年，风、光等可再生能源的成本快速下降，风电、光伏等新增装机快速增长，已经成为增长最快的能源品类，加速了能源系统低碳化转型的步伐。二是去中心化（分布式），以去中心化为特征的分布式能源正在成为传统集中式能源强有力的补充，改变了原来能源供应金字塔的主体结构。诸如冷热电多能互补系统、电动汽车、屋顶光伏、余热利用、生物质能源和多种消费侧储能等分布式能源，正在改变传统能源系统的价值链，也大大提升了可再生能源并入能源系统的比例。三是数字化。数字技术为能源系统的升级转型赋能，数字化降低了分散、小型化可再生能源的系统接入成本，也能够更加实时和智能地对变动性需求做出响应。数字化使供给侧和需求侧之间的界限变得模糊，一方面为“生产型消费者”的产生提供了条件，另一方面为更加广泛的需求侧响应创造了技术条件。

上述趋势直接导致能源供给侧面临着各方面的转型挑战，包括整体供给方式的转型、能源供给可持续的挑战、能源供给安全稳定问题出现以及能源供给市场的协调。

2.3.1 供给侧能源转型路径

在供给侧，碳中和愿景下的能源系统绿色低碳转型，需要加快调整一次能源结构，大幅度提升非化石能源消费比重。一方面，可再生能源将逐步替代化石能源，可再生能源等清洁能源在一次能源供给和消费中将占更大份额，煤炭等化石能源的消费量将受到控制而逐步减少。另一方面，化石能源的利用方式也会趋于清洁高效，通过电能转化的比重将逐步提高。推动能源转型，建设清洁低碳、安全高效现代能源体系的核心是实现最大限度开发利用可再生能源和最大程度提高能源综合利用效率两大关键目标。

如图2-3所示，为实现上述两大关键目标，能源供给方式需要逐步转型，首先，能源供给系统将转变为高度电气化；其次，清洁低碳化的能源供给技术势必成为重要突破方向；再次，能源供给方式不再受限于单一能源领域，多能互补成为低碳化的重要手段；最后，能源转型的去中心化也体现在了能源供给方面。

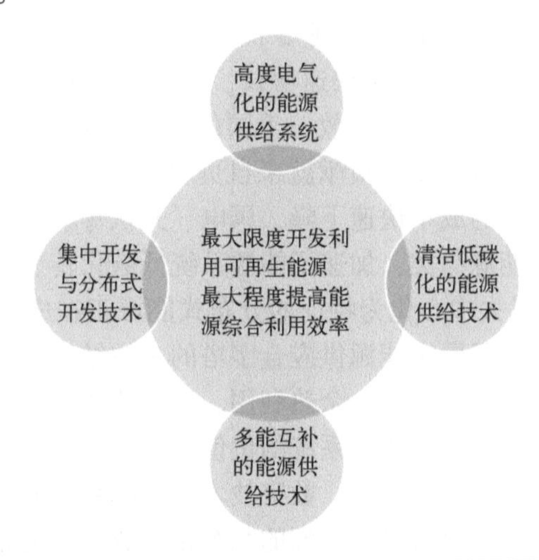

图 2-3　能源供给侧转型路径

1. 高度电气化的能源供给系统

在能源供给侧，不论是可再生能源逐步替代化石能源，还是化石能源的清洁高效利用，都推动着能源供给系统逐步变为高度电气化。近年来，可再生能源在全球能源供给消费中的比重不断提升。据国际能源署（IEA）统计，2020 年可再生能源发电量增加了近 200 GW，约占全球所有新装机容量的 90%。根据 21 世纪可再生能源政策网络（REN21）的数据，全球 2020 年可再生能源在全部发电量中占比达 29%。从 2009 年到 2020 年，全球风电装机容量从 1.5 亿 kW 增加到 7.3 亿 kW，光伏发电装机容量从 2400 万 kW 增加到 7.1 亿 kW。风电在一些地区已经逐步成为最主要的增量能源，太阳能发电在一些地区已成为最具竞争力的电源，新能源革命已经成为全球潮流。

电气化水平在能源供给侧主要体现为一次能源通过电能转化的比重，即一次能源用于发电的比重，在消费侧主要体现为电能占终端能源消费的比重。当前，我国煤炭用于发电的比重为 52%左右，而在美国等发达国家煤炭用于发电的比重超过 90%；我国天然气用于发电的比重为 14%左右，而世界平均水平为 30%左右。

2. 清洁低碳化的能源供给技术

低碳清洁的能源供给技术是能源供给系统的最主要特征。应大力发展煤炭清洁高效灵活智能发电技术、先进风电技术、太阳能利用技术、负碳生物质技术、氢能技术以及核能技术等。以风电、太阳能为代表的非碳基能源将持续快速发展，生物质能是目前已知有望实现负碳的能源供给技术，氢能技术有望与电力并重成为世界能源科技战略竞争焦点之一，核能发电技术则是保障能源安全的战略性技术。

3. 多能互补的能源供给技术

多能互补技术是在传统能源供给上进行的拓展，由于传统能源具有一定的局限性，并且化石能源对环境污染巨大，而多能互补系统使得分布式能源的应用可以由点扩展成面，且多能互补都采用清洁能源，对环境的污染几乎为零。多能互补能源系统利用大型综合能源基地的风能、太阳能、水能、煤炭、天然气等多种能源进行相互补充组合，可以合理地利用资源，构成一个能源的互联网，可以根据各地区的能源使用情况进行合理分配，并统筹安排好各种能源的相互转换与配合，从而缓解个别地区能源需求紧缺的这一现状。多能互补技术包括“火电—风（光）电”互补、“水电—风（光）电”互补等。

4. 集中开发与分布式开发技术

新型能源系统最重要的特征是低碳，主要由风电、光伏等间歇性可再生能源组成，这将与传统化石能源构成的能源系统有很大不同。一方面由于风电和光伏的发电特性受天气影响较大，系统灵活性变得更加重要，这是因为供给侧与需求侧的不确定性都大幅提升了。另一方面与传统的以集中式供能方式为主不同，分布式能源将快速增长并逐渐占据主体地位，包括屋顶光伏、渔光互补及海水淡化装置供电等技术。当然，集中式功能也在许多新的场景下起到至关重要的作用，主要应用场景包括荒漠或戈壁光伏电站、海上或陆上风电站、废弃矿区光伏电站。

2.3.2 供给侧能源转型与系统安全

能源供给系统的高度电气化在推进低碳目标的同时，大量新能源的融入也将传统电力系统转变为新型电力系统。新能源出力的随机波动性将导致系统的运行点快速变化，基于特定平衡点得到的传统 Lyapunov 稳定性分析理论将不再适用。新能源发电与传统机组的同步机制及动态特性，使得经典暂态功角稳定性的定义不再适用。高比例的电力电子设备导致系统动态呈现多时间尺度交织、控制策略主导、切换性与离散性显著等特征，使得对应的过渡过程分析理论、与非工频稳定性分析相协调的基础理论亟待完善。

随着新能源大量替代常规电源，维持交流电力系统安全稳定的根本要素被削弱，传统的交流电网稳定问题加剧。例如，旋转设备被静止设备替代，系统惯量不再随规模增长甚至呈下降趋势，电网频率控制更加困难；电压调节能力下降，高比例新能源接入地区的电压控制困难，高比例受电地区的动态无功支撑能力不足；电力电子设备的电磁暂态过程对同步电机转子运动产生深刻影响，功角稳定问题更为复杂。

新能源机组具有电力电子设备普遍存在的脆弱性，面对频率、电压波动容易脱网，故障演变过程更显复杂，与进一步扩大的远距离输电规模相叠加，导致大面积停电的风险增加；同步电源占比下降、电力电子设备支撑能力不足导致宽频振荡等新形态稳定问题，电力系统呈现多失稳模式耦合的复杂特性。远期来看，更高比例的新能源甚至全电力电子系统将伴生全新的稳定问题。

应当遵循交流电力系统的基本原理和技术规律，探索新的手段、加速措施布局，确保系统运行时的充足惯量常数，保障新能源电力系统的调节能力、支撑能力，实现系统安全稳定运行。一是开展火电、水电机组调相功能改造，鼓励退役火电改调相机运行，提高资产利用效率；二是在新能源场站、汇集站配置分布式调相机，在高比例受电、直流送受端、新能源基地等地区配置大型调相机，保障系统的动态无功支撑能力，确保新能源多场站短路比水平满足运行要求；三是要求新能源作为主体电源承担主体安全责任，通过技术进步来增强主动支撑能力。

2.3.3 供给侧能源转型与可持续发展

传统能源在生产和利用过程中排放了大量的二氧化碳及污染物，引发了全球变暖的气候问题、空气污染问题。粗放型的经济增长方式带来了较为严重的环境问题、不断增加的社会治理成本。在碳中和背景下，能源供给必须高度关注环境与可持续发展。应推进能源清洁高效利用，维护能源安全，保障发展的可持续性。推动建立基于能源利用效率、全生命周期成本及能值可持续指数三个维度的综合评价体系，实现对新型能源供给系统可持续性进行分析。通过推进可再生能源的发展促使新能源系统的发展，表现出较高的可持续发展力。不断加大能源的可持续发展，可推进我国能源可持续发展的政策选择。

在能源供给可持续发展的转型下，应加大国内能源尤其是可再生能源的生产开发力度，建立能源供给新格局，坚定不移地推进我国能源可持续安全，持续降低能源及矿产的对外依赖度。要实现能源供给的可持续性，首先加快推进清洁煤炭的开发和利用，大力发展煤基替代、生物质替代技术，发展石油替代技术；其次加大可再生能源的投入和供应，实现风能、太阳能和地热能等清洁能源供给规模化，由可替代能源的开发利用带动整体能源变革。

随着风电的大力发展，目前大量正在使用的风电机组将要面临退役，且风电装机数量逐年剧增，须深入研究风电机组叶片回收技术，研发高值化回收再利用技术。同时，也应针对风电机组叶片生产过程、材料使用、回收应用等环节不断推陈出新，加快风电机组叶片制造走向可持续发展。在风电机组叶片制造时，应减少高能耗材料（如玻璃纤维、碳纤维和热固性树脂）的使用，让天然纤维材料、可回收复合材料和风能有机结合，顺应能源供给可持续发展方向，具有很高的生态效益和经济效益，使风电产业更加绿色。

伴随着太阳能光伏发电产业的突飞猛进，光伏组件的报废量也急剧增加。光伏组件的回收再利用可以避免污染，并且可以使稀有金属重新用于组件制造，使光伏产业成为双效绿色产业。废弃光伏组件经过合理的回收利用，可重新进入生产流通环节，再次发挥作用，推进太阳能发电的可持续性。

2.3.4 供给侧能源转型与市场协调

随着同时参与多个能源市场的市场主体逐渐增多，能源市场间的交互影响越来越显著。不同类型能源市场基础条件不同，主要体现为交易时间尺度、交易空间尺度、市场流动性方面的差别。在交易时间尺度方面，电力市场包含成熟的中长期、日前、实时平衡市场，近年来还引入了日内交易。新能源电力系统势必会接入更多的可再生能源，也必将增加对各能源市场短期灵活交易的需求，因此须考虑当前市场基础条件，设计针对不同时间尺度交易下各能源市场的协调机制。在交易空间尺度方面，由于各省、各区域能源供给模式及容量的不同，多能源供给市场的协调机制也需要考虑不同空间尺度的能源交易。在市场流动性方面，电力市场发展较为成熟，中长期、日前、实时平衡市场均有较强的流动性，各能源市场流动性的差异可能降低市场效率。市场流动性的差别会影响市场主体行为和市场出清结果，可能削弱多能源系统协同运行的效益。各类能源之间存在互补性和替代性，可以实现灵活的能源供给，在更大的范围内优化配置资源、消纳可再生能源，因此，可在电源侧推进西、北部地区大型新能源基地建设，因地制宜发展东、中部地区的分布式电源，推动海上风电逐步向远海拓展。在新能源电力系统中，风光等新能源出力波动性为电力系统的供需平衡带来挑战，迫切需要扩大可再生能源跨省区市场交易规模、统筹推进电力现货市场，以及辅助服务补偿（市场）机制建设，促进清洁能源更大范围消纳。建设可再生能源跨省区现货交易市场，建立辅助服务补偿机制与分摊机制，逐步实现调频、备用等辅助服务补偿机制市场化。

2.4 消费侧的能源转型

2.4.1 消费侧能源转型路径

能源活动是二氧化碳排放的主要来源，能源领域碳排放控制是实现碳达峰、碳中和目标的最主要领域。要实现“双碳”目标，能源供给侧与消费侧结构调整均十分重要。从碳中和进程上看，发达国家已普遍经历碳达峰，从碳达峰到碳中和一般有 45~70 年的窗口期，而我国碳排放总量仍在增加，实现 2030 年前碳达峰，然后走向 2060 年前碳中和的目标，中间仅有 30 年时间。推进能源绿色低碳转型道阻且长，能源结构亟待调整。

1. 完善配套支持政策措施

我国能源供给侧已经为消费侧低碳转型创造了条件，能源消费侧市场的竞争性条件日趋成熟，市场主体有了更多的自主性选择，但也不同程度地存在市场规则不完善、市场垄断、监管不到位等问题，影响着能源消费侧低碳转型。

政府部门应根据能源替代潜力与空间、节能环保效益、财政支持能力、体制和市场等因素，完善能源消费侧清洁低碳转型配套政策措施。在总结之前工作的基础上，严格落实能耗“双控”制度，制订精准的清洁能源替代政策措施，特别是在更新、改造设备上要给予财政专项经费支持，在替代目标与时间上要予以明确，在替代工作落实上要严格考核。

2. 坚持效率优先、合理替代

电能是清洁的二次能源，但目前主要是一次能源转换而来，全社会用电量约 62%来自煤电，从全产业链看，消费侧电能替代的碳排放量大于天然气，如图 2-4 所示。

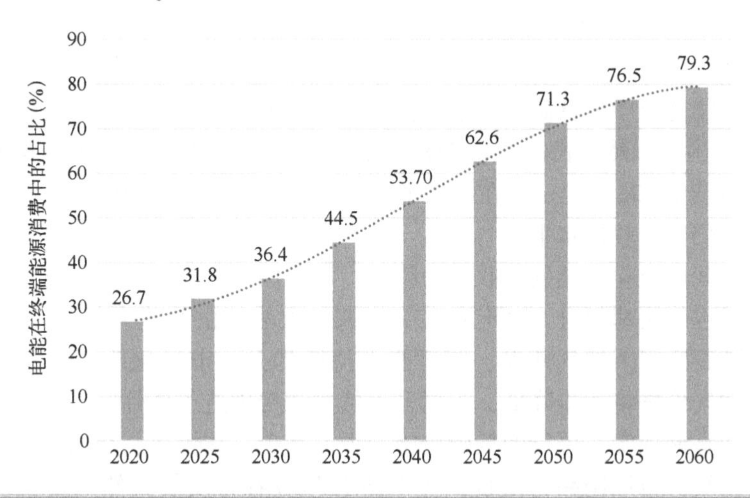

图 2-4 电能占终端能源消费比例

电能替代的前提条件是电力过剩或可再生能源消纳困难。无论是从能源效率，还是从能源经济性与低碳性看，均应当坚持效率优先、梯级利用的原则，不能“高能低用”。用电供热是典型的高能低用，与天然气分布式能源相比，其效率极为低下。用电供热应是不得已而为之，作为热电联产的补充，用于供热管道到不了的地区，但不能以电取代热电联产（包括自备电厂）供热。

分布式天然气电站多联供是能源消费侧转型最有效的技术方式之一，其发展缓慢，除价格因素外，电网接入也是重要因素。

在低温情况下（如小于 0℃），现有电池充放电能力会降低，当气温低于-20℃时，电池基本不能放电或放电较浅。因此，当冬季气温低于零度或更低时，纯电动汽车在行驶性能上难以与燃油车相比，东北和西北等地区发展电动汽车时应因地制宜。

热泵的性能系数 COP 随着热区和冷区之间的温差增大而降低，当外部温度下降时，热泵的热效率会显著降低。当外部温度下降足够大，使得 COP 约等于 1 时，电阻加热器变得更为实用。清洁取暖的技术方式也要因地制宜。

总之，电能应当用到其他能源无法替代、电能可以产生高经济价值的地方。就当前来说，我国能源消费侧应当坚持宜气则气、宜电则电、以气为先的原则实施合理替代，而不能错位替代、低效替代。

3. 加大天然气替代煤炭、石油

天然气燃烧的碳排放是煤炭的50%左右，也低于石油制品燃烧的碳排放，是矿物能源中最低碳、清洁，而且利用效率最高的能源。经济合作组织（OECD）国家天然气占一次能源消费比例为20%～30%。2019年我国天然气表观消费量3067亿m^3，在一次能源消费结构中占比8.4%。可见我国天然气消费仍处于较低水平。

随着我国液化天然气接收能力扩大，加之国内天然气开发力度增大，天然气产量也将快速提升，“十四五”末期，天然气供给能力将达1万亿m^3以上。随着我国天然气开发、储运能力持续提升，市场化改革进程不断深入，天然气价格将逐步降低，为提升天然气消费创造了条件。天然气替代煤炭、石油是最现实、可行的低碳措施选项，其中，在供热、交通领域以天然气替代煤炭、石油制品为最优。“十四五”应着力发展天然气发电供热机组，提高现役天然气机组发电利用小时数；着力在交通领域（汽车、船舶）以天然气替代石油；在城市能源系统中提高天然气消费比例，以加快实现能源消费侧结构低碳化转型。

4. 加快推进碳市场建设

碳交易制度设定的排放目标将明确环境资源容量的有限性和稀缺性，通过碳市场交易进行碳定价，使气候变化成本内部化，激励企业开发和应用低成本治理技术的积极性，增强企业消费侧消费低碳能源的动力，实现企业节能减排。但我国碳排放权交易试点已近十年，总体上市场推进不如预期，在实际碳排放控制中的作用较为有限。尽管发挥碳交易市场作用的过程中部分企业的生产成本会受影响，煤电企业和高能耗企业首当其冲，但从促进能源消费侧低碳转型、实现“30·60”目标大局看，这是最有效，也是必需的不二举措。

5. 加强政府监管

在能源消费侧低碳转型中，一方面要通过市场化竞争使消费者能获得合理价格的低碳能源商品和服务；另一方面，更需要政府加强对能源企业的生产成本、交易价格及服务行为进行监管（包括外部成本内部化监管），防止企业处于垄断优势、消极提供低碳能源商品，以加快推动能源消费侧低碳转型和维护消费者合法权益。

2.4.2 消费侧能源转型的意义

我国能源供给侧结构已经并将继续发生深刻变化，无论是可再生能源还是天然气的快速发展，均展现了能源供给结构转型的丰硕成果与强劲发展动力。但是，目前能源消费侧结构调整，实现低碳转型，还存在不少值得关注的问题。在能源低碳转型的关键时期，应当主动谋划对策、措施，在推进能源供给侧结构转型的同时，脚踏实地地推动能源消费侧结构转型，助力“双碳”目标实现。

1. 能源消费侧转型是应对能源供需新形势的必然要求

当今世界正经历百年未有之大变局，能源市场震荡加剧，供需不稳定、不确定性因素增加。我国能源供需形势也呈现新的特征，一是用能市场规模扩大，能源、电力消费高位增长；二是能源消费结构加速调整，清洁能源消费占比不断提高，能源系统波动性上升；三是用能峰谷差拉大，尖峰负荷攀升，时段性、局地性供需缺口时现；四是电动汽车、数据中心、新型储能等新的需求元素不断涌现，综合、优质、个性化用能需求增加。在这一背景下，亟须更好地发挥能源需求侧的管理作用，对能源消费进行科学合理的引导和调节，与供应侧协调配合，以更好地应对能源供需新形势，维护能源系统安全稳定运行。

2. 能源需求侧管理是推进能源绿色低碳发展的重要抓手

在我国能源发展的不同阶段，供需总量平衡、结构匹配及其与经济社会、生态环境等的关系呈现出不同特点。能源需求侧管理是能源消费革命的重要组成，是全面推进能源消费方式变革，全方位推进“四个革命、一个合作”能源安全新战略走深走实的重要路径。进入新发展阶段，能源领域的碳减排和清洁低碳、安全高效的现代能源体系建设，在坚持以供给侧结构性改革为主线的同时，需要推动需求侧管理与供给侧改革有效协同。能源需求侧管理一方面通过优化能源消费结构和用能方式，完善能源消费总量和强度控制，有效实现节能降耗，减少能源消费环节产生的碳排放；另一方面，通过削峰、移峰、填谷等方式，有效挖掘需求侧资源潜力，提升系统的灵活性和韧性，在保障系统安全的同时助力风、光等新能源消纳，助力能源系统绿色低碳转型。

2.4.3 消费侧能源转型政策体系与发展趋势分析

消费侧是能源领域重要环节，能源消费革命是实现“双碳”目标最重要的原动力之一。促进需求侧管理，促进重点用能领域节能增效，倡导崇尚绿色节约的消费文化，培养用户节约用能意识和习惯，吸引各类用户积极参与“双碳”活动，并确保“双碳”工作成果最终由人民分享，就是坚持以人民为中心发展能源、推进“双碳”工作的核心要义。近年来，在能源消费方面，推进各重点领域节能、增加新能源使用、创新绿色用能场景将成为能源消费侧的重点工作。

1. 提高可再生能源利用比例成为能源消费侧重点任务

2021 年 2 月，国务院公布《关于加快建立健全绿色低碳循环发展经济体系的指导意见》，提出：推动能源体系绿色低碳转型。坚持节能优先，完善能源消费总量和强度双控制度；提升可再生能源利用比例，大力推动风电、光伏发电发展，因地制宜发展水能、地热能、海洋能、氢能、生物质能、光热发电。一次能源消费总量与构成如图 2-5 所示。

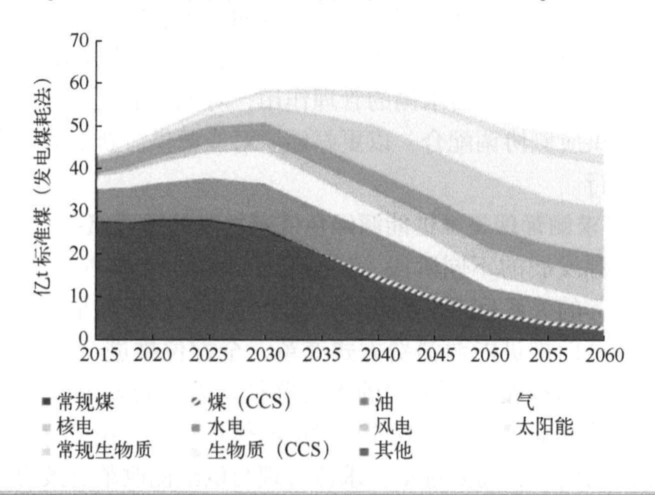

图 2-5 一次能源消费总量与构成

2021 年 5 月，国家发展改革委、国家能源局印发《关于 2021 年可再生能源电力消纳责任权重及有关事项的通知》，规定从 2021 年起，每年初滚动发布各省权重，同时印发当年和次年消纳责任权重，当年权重为约束性指标，各省按此进行考核评估，次年权重为预期性指标，各省按此开展项目储备。

2. 加强重点行业领域节能提效和绿色低碳转型发展

2021年3月，中央财经委员会第九次会议指出，实施重点行业领域减污降碳行动，工业领域要推进绿色制造，建筑领域要提升节能标准，交通领域要加快形成绿色低碳运输方式。

（1）工业领域

2021年10月，国家发展改革委等部门联合印发《关于严格能效约束推动重点领域节能降碳的若干意见》，提出到2025年，通过严格实施分类管理、稳妥推动改造升级和加强数据中心绿色高质量发展等行动，确保钢铁、电解铝、水泥、平板玻璃、炼油、乙烯、合成氨、电石等重点行业和数据中心达到标杆水平的产能比例超过30%。

2021年11月，国家发展改革委等部门联合发布《高耗能行业重点领域能效标杆水平和基准水平（2021年版）》，要求加强绿色低碳工艺技术装备推广应用。对需开展技术改造的项目，各地要明确改造升级和淘汰时限（一般不超过3年）以及年度改造淘汰计划，在规定时限内将能效改造升级到基准水平上，力争达到能效标杆水平；对于不能按期改造完毕的项目进行淘汰。

（2）建筑领域

2022年2月，国家发展改革委和国家能源局印发《关于完善能源绿色低碳转型体制机制和政策措施的意见》，提出：完善建筑可再生能源应用标准，鼓励光伏建筑一体化应用，支持利用太阳能、地热能和生物质能等建设可再生能源建筑供能系统。

2022年3月，住房和城乡建设部印发《"十四五"建筑节能与绿色建筑发展规划》明确，到2025年，城镇新建建筑全面建成绿色建筑，建筑能源利用效率稳步提升；全国新增建筑太阳能光伏装机容量0.5亿kW以上，地热能建筑应用面积1亿平方米以上，城镇建筑可再生能源替代率达到8%，建筑能耗中电力消费比例超过55%等。

（3）交通运输领域

2022年1月，国务院印发《"十四五"现代综合交通运输体系发展规划》明确提出，到2025年，综合交通运输基本实现一体化融合发展，智能化、绿色化取得实质性突破；城市新能源公交车辆占比达到72%，较2020年增长5.8个百分点；重点推进交通枢纽场站、停车设施、公路服务区等区域充电设施设备建设，鼓励在交通枢纽场站以及公路、铁路等沿线合理布局光伏发电及储能设施。

(4) 新型基础设施领域

新型基础设施用电量大，成为新的能耗管理重点之一。近期，国家围绕数据中心用能出台了一系列政策要求。

2021 年 10 月，国家发展改革委等部门印发《关于严格能效约束推动重点领域节能降碳的若干意见》，提出加强数据中心绿色高质量发展，鼓励重点行业利用绿色数据中心等新型基础设施实现节能降耗，新建大型、超大型数据中心电能利用效率不超过 1.3，到 2025 年，数据中心电能利用效率普遍不超过 1.5 等要求。

2021 年 10 月，国务院印发《2030 年前碳达峰行动方案》，提出加强新型基础设施节能降碳，优化新型基础设施用能结构，采用直流供电、分布式储能、“光伏+储能”等模式，探索多样化能源供应，提高非化石能源消费比重等。

2021 年 12 月，国家发展改革委等部门同意贵州、甘肃、内蒙古和宁夏启动建设全国一体化算力网络国家枢纽节点，要求建设内容涵盖绿色低碳数据中心，数据中心电能利用效率控制在 1.2 以下，可再生能源使用率显著提升。2022 年 2 月，国家发展改革委等部门同意京津冀地区、长三角地区、成渝地区和粤港澳大湾区启动建设全国一体化算力网络国家枢纽节点，要求建设内容涵盖绿色低碳数据中心，数据中心电能利用效率指标控制在 1.25 以内，可再生能源使用率显著提升。

3. 重视结合具体场景推进用能绿色转型

2021 年 10 月，国家发展改革委等部门出台《关于严格能效约束推动重点领域节能降碳的若干意见》，提出对能耗较大的新兴产业要支持引导企业应用绿色技术、提高能效水平；加强数据中心绿色高质量发展；根据实际需要，扩大绿色电价覆盖行业范围，加快相关行业改造升级步伐，提升行业能效水平等要求。

2022 年 1 月，国务院印发《“十四五”数字经济发展规划》，提出按照绿色、低碳、集约、高效的原则，持续推进绿色数字中心建设，加快推进数据中心节能改造，持续提升数据中心可再生能源利用水平。

2022 年 1 月，国务院印发《“十四五”节能减排综合工作方案》，明确提出鼓励工业企业、园区优先利用可再生能源；积极推进既有建筑节能改造、建筑光伏一体化建设。

2022 年 2 月，国家发展改革委和国家能源局印发的《关于完善能源绿色低碳转型体制机制和政策措施的意见》提出，鼓励通过创新电力输送及运行方式实现可再生能源电力项目就近向产业园区或企业供电；鼓励各地区建设多能互补、就近平衡、以清洁低碳能源为主体的新型能源系统；大力推进高比例容纳分布式新能源电力的智能配电网建设，鼓励建设源网荷储一体化、多能互补的智慧能源系统和微电网。

4. 能耗控制方面，建立能耗豁免机制，加快由能耗双控向碳双控转变

2021 年 9 月，国家发展改革委印发《完善能源消费强度和总量双控制度方案》，鼓励地方增加可再生能源消费，根据各省（自治区、直辖市）可再生能源电力消纳和绿色电力证书交易等情况，对超额完成激励性可再生能源电力消纳责任权重的地区，超出最低可再生能源电力消纳责任权重的消纳量不纳入该地区年度和五年规划当期能源消费总量考核。

2021 年 12 月召开的中央经济工作会议认为，要科学考核，新增可再生能源和原料用能不纳入能源消费总量控制（以下简称“能耗豁免”），创造条件尽早实现能耗“双控”向碳排放总量和强度“双控”转变等。

2022 年 1 至 2 月，中央国家部委发布了《“十四五”节能减排综合工作方案》《关于印发促进工业经济平稳增长的若干政策的通知》《促进绿色消费实施方案》等文件，都再次强调“十四五”时期认真落实“能耗豁免”政策。

2.4.4 消费侧能源转型重点

（1）深刻理解发展与减排的关系，将减排外部约束转化为发展的内生动力

减排就是划定发展的边界。正确处理发展与减排的关系至少分为两个层次。

首先，正确处理发展与能耗的关系。发展突出以供给侧结构性改革为主线，优化产业结构；能耗方面就是强调节能优先、能效为重，大力实施科技创新与管理创新，提升产业用能水平，挤出不合理用能，特别是要挤出存量用能的不合理部分，加强能效提升改造、绿色工艺改造，尽力实现控规模与调结构同步发展。

其次，正确处理传统能源与新能源的关系。从用能方面看，正确处理传统能源与新能源关系的突破口在于产业的新增用能。坚持对标国际领先能效

标准，在关键行业与领域突出强制性标准或要求的作用，从规划设计、施工运行各环节、各阶段都充分体现提高可再生能源使用率的要求，彻底改变对传统能源的依赖和使用。

（2）我国“双高”行业用能高占比情况还将长期存在，能效控制是关键

工业领域是我国能源电力最大消费者，也是我国“双碳”工作的重点领域。2021年，我国工业领域用电量占全社会用电量的66.3%，其中，制造业用电量占比50.3%，传统“四大高耗能”用电量占比27.3%。工业领域能耗控制如何，将直接关系到我国“双碳”目标能否如期实现。同时必须认识到，我国的产业结构现状以及在全球产业链、供应链中的分工，决定了我国高耗能、高排放行业在用能用电中占比还将较长时期保持高位，降低单位产品能耗、挤出不合理用能的工作任重道远。工业能耗双控与工业发展，乃至国民经济发展息息相关。

（3）能耗豁免政策实现能耗弹性管理，加快从能耗双控向碳排放双控转型

一是该政策增加了我国能耗双控的弹性与灵活性，将增量用能与清洁能源替代紧密结合，将“约束用能”转化为“鼓励用绿能”，促进“能耗双控”转化为“碳排放双控”。这对各地处理好发展与减排，特别是高耗能产业布局等问题将有重大现实指导意义。

二是能耗豁免政策会激发更多的用户参与到用绿电或实现用电绿色化之中。用户可通过挖掘“自己身边”的绿色能源潜力、购买绿色电力或是绿色证书等方式实现用能的绿色化，提升绿色能源消费积极性，做大碳排放权交易市场与绿色电力交易、绿证交易市场规模，增加市场活力。

但是，还需要材料用能与燃料用能之间的市场竞争关系和外溢影响。在产能一定的情况下，这两类用能是此消彼长的竞争关系，经过一定时期过渡后，需要统筹考虑材料用能与燃料用能之间的关系。

（4）重视交通运输、建筑和新型基础设施领域的用能转型

交通运输领域用能转型以电气化和绿色低碳化为主线，至少包含两层内容：第一层是道路、服务区和辅助设施等用能用电要多用绿能绿电，以及建立以节能和能效为基础的用能用电管理系统；第二层是运输工具和代步工具的电气化，减少化石油品的使用，减少直接排放，建立电动汽车与电网之间的协同互动，提高经济、环境和社会效益。

建筑领域用能转型以节能能效、绿色低碳化为主线，至少包含以下内容：一是重视现有建筑的节能改造，特别是墙体保温与门窗密封性改造等；二是重视建筑内暖通、照明等系统的精细化、数字化、智能化控制，首先发挥数据分析、算法优化和流程完善的作用；三是结合各地区气候和建筑用能特点，提倡自然能，宜电则电，绿电优先，制定和完善建筑用能标准等。

新型基础设施用能方面，应该重视以下方面：一是根据对数据分析计算时限的不同要求，将数据中心集聚于可再生能源丰富、能源开发使用成本较低的地区；二是重视新型基础设施（包括数据中心、基站等）布局与分布式能源、配变电规划的协调性，尽量避免“一对一”的供能形式，鼓励“一对多”“多对多”的供能形式；三是加强新型基础设施用能标准体系建设，将其能效、绿能使用与市场准入和信用相关联。

统筹能源消费侧资源，通过政策、市场、技术多种手段，使其由分散、混乱、无序状态转型为具有规模化、可调节性、有序特征的灵活性资源，增加新能源消纳，加快实现能源消费与能源供给的高效联动协同，将是我国构建新型电力系统、现代能源体系的关键举措之一。

第3章

“双碳”目标下新型电力系统的构建

3.1 新型电力系统是"双碳"发展的必然趋势

3.1.1 我国电力系统发展史概述

新型电力系统构建应以史为鉴，立足电力系统客观规律和发展经验。回顾我国电力系统发展历程，电源上从发电量的增长到电源结构变化，从小机组到大机组；电网侧从低压、小范围输配电到高压、省统一电网、跨省电网。整体上可以分为起步发展阶段、省级电网互联阶段、全国电网互联阶段、区域特高压电网发展阶段和新型电力系统建设发展阶段，如图 3-1 所示。

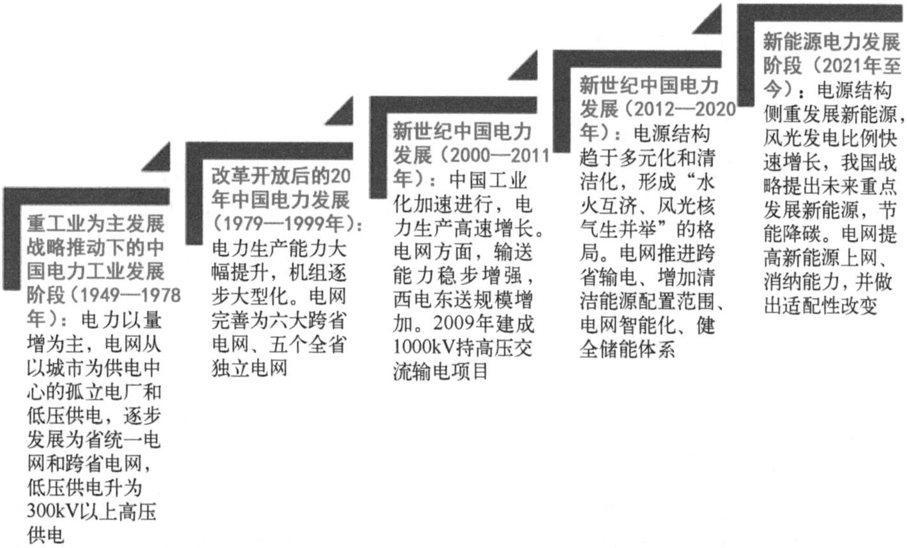

重工业为主发展战略推动下的中国电力工业发展阶段（1949—1978年）：电力以量增为主，电网从以城市为供电中心的孤立电厂和低压供电，逐步发展为省统一电网和跨省电网，低压供电升为300kV以上高压供电

改革开放后的20年中国电力发展（1979—1999年）：电力生产能力大幅提升，机组逐步大型化。电网完善为六大跨省电网、五个全省独立电网

新世纪中国电力发展（2000—2011年）：中国工业化加速进行，电力生产高速增长。电网方面，输送能力稳步增强，西电东送规模增加。2009年建成1000kV特高压交流输电项目

新世纪中国电力发展（2012—2020年）：电源结构趋于多元化和清洁化，形成"水火互济、风光核气生并举"的格局。电网推进跨省输电、增加清洁能源配置范围、电网智能化、健全储能体系

新能源电力发展阶段（2021年至今）：电源结构侧重发展新能源，风光发电比例快速增长，我国战略提出未来重点发展新能源，节能降碳。电网提高新能源上网、消纳能力，并做出适配性改变

图 3-1　我国电力系统发展史

（1）起步发展阶段（1949—1978 年）

新中国成立初期，电力系统主要形态是以小电源和大城市为中心的孤立电网为主，电力就地平衡，系统分散，不均衡发展。全国电力装机容量仅 185 万 kW，位居世界第 21 位，平均单机容量为 7000 kW，发电量为 43 亿 kW · h，位居世界第 25 位。中小城市和农村基本处于无电状态。

该阶段，在计划经济体系下，电力工业发展受国家政策和战略影响较为

显著。电源建设集中在重点工业区，水电增速较快。电力系统按照满足电源外送和保障基本供电要求设计，电网伴随电源建设特点明显，电网结构薄弱，自动化水平较低，电网频繁出现稳定问题。

该阶段为重工业为主发展战略推动下的中国电力工业发展阶段，电力以量增为主，满足工业需求为主；电网从以城市为供电中心的孤立电厂和低压供电逐步发展为省统一电网和跨省电网，低压供电升为 300 kV 以上高压供电。

（2）省级电网发展阶段（1979—1999 年）

改革开放以来，集资办电等一系列政策的实施，极大地促进了电力建设，带动电力系统快速发展。电力工业进入超高压时期，电网互济与互联功能显著提高。电力系统建设以区域内资源配置为主，立足省内平衡，围绕省内负荷中心，重视省网建设。全国形成了东北、华北、西北、华中、华东等五个区域电网、南方联营电网和 10 个独立省区电网的电力系统格局。

2000 年，全社会用电量达到 1.35 万亿 kW·h，人均用电量为 1067 kW·h，总发电装机容量为 3.2 亿 kW，最大单机容量为 80 万 kW，电网最高电压等级为交流 500 kV 和直流 500 kV，单通道最大输送容量为 150 万 kW。

该阶段下电力生产能力大幅提升，机组逐步大型化。电网完善为六大跨省电网、五个全省独立电网。

（3）全国电网互联阶段（2000—2011 年）

进入 21 世纪，电力工业的建设在社会主义市场经济的大背景下飞速发展。国家实施西部大开发和“西电东送”战略，大电源基地、大电网建设进入快速发展阶段，西电东送与全国联网是这一时期电力工业建设的主题。本阶段，电力系统以区域电网为基础，以超高压、特高压交直流电网为载体，发展跨省大跨区的大规模电力资源配置，电网大范围资源配置能力显著增强，形成以东北、华北、西北、华东、华中（东四省、川渝藏）、南方六大区域电网为主体、区域之间异步互联的电网格局。

2012 年，全社会用电量达到 4.97 万亿 kW·h，人均用电量为 3667 kW·h，总发电装机容量仅 11.5 亿 kW，最大单机容量为 108.6 万 kW，电网最高电压等级为交流 1000 kV 和直流 800 kV，单通道最大输送容量为 700 万 kW。

该阶段下中国工业化加速进行，电力生产高速增长；电网方面，输送能力稳步增强，西电东送规模增加，2009 年建成 1000 kV 特高压交流输电项目。

（4）特高压电网发展阶段（2012—2020 年）

党的十八大后，我国进入中国特色社会主义新时代，电力工业开启高质量发展的新征程，逐步完成从以规模扩张为主转向以提高发展质量为主的根本性转变。节能减排、绿色发展成为电力工业发展的重要任务。伴随着华北、华东地区的大气污染防治行动，西电东送与区域特高压电网是这一时期的电力工业建设重点。同时，随着世界能源转型步伐加快，新能源进入规模化发展阶段，风电、太阳能发电并网装机发展到 5.3 亿 kW。围绕新能源开发、输送、利用的电力系统新格局加速形成。

2020 年，全社会用电量达到 7.52 万亿 kW · h，人均用电量为 5331 kW · h，总发电装机容量仅 22 亿 kW，最大单机容量为 175 万 kW，电网最高电压等级为交流 1000 kV 和直流 ± 1100 kV，单通道最大输送容量为 1200 万 kW。

该阶段下电源结构趋于多元化和清洁化，形成“水火互济、风光核气生并举”的格局。电网推进跨省输电、增加清洁能源配置范围、电网智能化、健全储能体系。

（5）新型电力系统建设发展阶段（2021 年至今）

截至 2021 年，我国全社会用电量达到 8.3 万亿 kW · h，各类电源总装机规模为 23.8 亿 kW，总发电量为 8.4 万亿 kW · h。非化石能源发电装机比重达到 48%，新能源装机和电量占比分别达到 27%和 12%。

西电东送规模达到 2.9 亿 kW，形成北、中、南三个通道。其中北通道 7589 万 kW，包括三条特高压交流通道，两条特高压直流通道；中通道 15188 万 kW，包括两条特高压交流通道，12 条特高压直流通道；南通道 7589 万 kW，包括四条特高压直流通道。全国形成以东北、华北、西北、华东、华中（东四省、川渝藏）、南方六大区域电网为主体、区域之间异步互联的电网格局。

该阶段电源结构将会侧重发展新能源，风光发电比例快速增长，我国战略提出未来重点发展新能源，节能降碳。电网提高新能源上网、消纳能力，并做出适配性改变。目前，我国发电装机总容量、非化石能源发电装机容量、远距离输电能力、电网规模等指标均稳居世界第一，有力支撑了国民经济快速发展和人民生活水平不断提高的用电需求。与此同时，我国在发电及输变电装备制造、规划设计及施工建设、科研与标准化、系统调控运行等方面建立了比较完备的电力工业体系。

3.1.2 电力系统转型升级的历史必然性

从宏观层面来看，电力工业发展事关国家安全与国计民生。经过70余年的不懈奋斗，我国电力工业已经从新中国成立初期的小规模、分散供电系统逐步发展为世界上规模最大的全国互联电力系统，经历了由小到大、由弱变强、从落后走向先进的发展历程，有力支撑了国民经济快速发展和人民生活水平不断提高。

回顾这段历史不难发现，电力系统的发展从未停止过变革的脚步。新中国成立初期是我国电网发展的兴起阶段，虽然百废待兴，但是各行各业生机蓬勃。当时的机组容量以10万~20万kW为主，220kV及以下的城市电网、孤立电网和小型电网逐步形成，但客观经济和社会条件决定了电力系统发展有待加强，如小机组、小电网经济性差，电网安全和供电可靠性低，电厂污染排放严重等。经历了50多年的奋斗，到21世纪初期，我国电网进入规模化发展阶段，人民用电基本实现"用得上、用得起、用得好"，电力系统呈现大机组、超高压输电、互联大电网的特征。

电力系统的发展主要为解决我国当时的电力主要矛盾，电网系统发展主要为适应电源侧变化，如图3-2所示。历史上，电源侧为解决供电短缺问题不断发展，电网侧配合电源侧不断加大配送范围形成省独立电网，提高负荷电压和规模；随着电源向大机组趋势发展，电源集中化，电网继续扩大配送范围，以解决电源集中与负荷分散的问题。21世纪以来，新能源革命悄然兴起，接纳大规模可再生能源电力和智能化在世界范围内达成了共识，世界各国的能源和电力发展都面临着空前的应对和转型挑战。我国以煤炭为主的能源结构和电源结构需要逐步改变，可再生能源和核能、天然气等清洁能源电力发展迎来契机。与此同时，我国经济飞速发展，社会民生不断进步，我国社会主要矛盾已经转化为人民日益增长的美好生活需要和不平衡不充分的发展之间的矛盾。内外因共同作用驱动电力系统发展全面提速，电源结构虽然仍然以化石能源为主，但新能源发展异军突起，弃风弃光得到显著改善，特高压交直流混联的大型互联电网格局逐步形成，电网安全水平和供电可靠性位居世界前列，目前我国电力装机总容量、非化石电源装机容量、远距离输电能力、电网规模等指标均稳居世界第一。但也应该清醒地认识到，高比例新能源、高比例电力电子设备的加速发展将给电力系统带来深刻变化，供电保障、新能源消纳、安全性与经济性等一系列问题逐步显现，在这个重要的历史节点，"双碳"目标的提出将为 21 世纪电力系统的发展注入一剂强心针。要实现"双碳"目标，继续推动新能源加速发展，构建新型电力系统迫在眉睫。

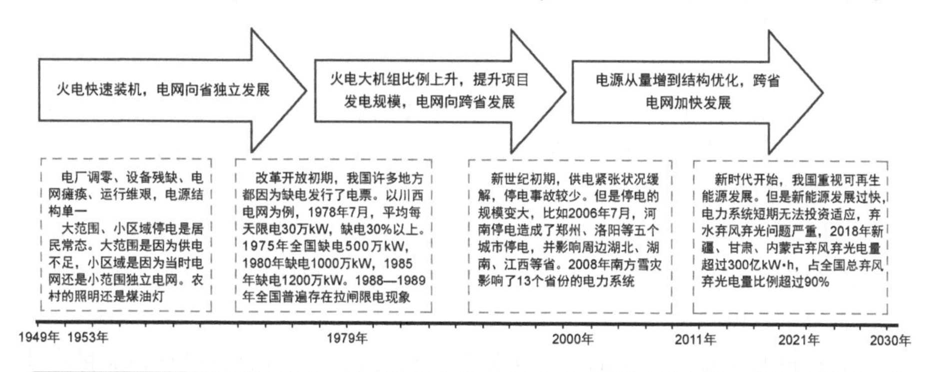

图 3-2 各个阶段电力系统发展面临的问题及改革方向

经历一代代经验传承和持续创新，遵循电力系统每个阶段发展的客观规律，初步推测下一个阶段电力系统的蜕变也需要约 40 年的时间，这与我国 2060 年碳中和的愿景是完全吻合的，"双碳"目标下新型电力系统的构建将成为电力系统升级转型的历史必然。

从技术层面来看，由于新能源等电力电子设备耐受异常电压和频率的能力低，基本不能向电网提供有效的惯量支撑和短路电流支撑，高比例新能源系统低抗扰性、低惯量、低短路容量的"三低"特征已经威胁到电力系统的安全稳定运行，从"2016 年澳大利亚 9.28 停电"和"2019 年英国 8.9 停电"等几起国外大停电事故中可见一斑。

2016 年 9 月 28 日，一股强台风伴随暴风雨袭击了南澳大利亚州，五次线路故障产生的六次电压跌落深度逐次递增，最后一次跌落导致电压反复振荡最终归零。六次电压跌落期间风电机组累计脱网约 50.5 万 kW，Heywood 联络线（最大容量为 60 万 kW）故障前潮流为 52.5 万 kW，风电机组脱网后潮流瞬间增大 85 万~90 万 kW，联络线跳开系统成为孤网随即崩溃，最终演变成 50 小时后才恢复供电的全州大停电。

2019 年 8 月 9 日，由于雷击引起英国电网线路 EatonSocon-Wymondley 单相接地短路故障，线路停运，后续诱发一系列故障，包括风电场出力下降、燃气机组停运、分布式电源脱网，累计功率缺额（169.1 万 kW）超过电网的频率调节能力（100万kW），频率下降到48.8 Hz，触发低频减载动作切除93.1万kW负荷后，系统频率逐步恢复。

事故前，电网均呈现高比例新能源、高比例电力电子设备的“双高”特征。其中，南澳大利亚州电网事故前总发电电力为182.6万kW，风力及太阳能发电电力为88.3万kW，占比48.36%；英国电网事故前发电即时出力中，集中式风电出力占比27%，分布式风光出力占比13%，直流受入占比7%，即无惯量电源占比接近50%。事故的原因主要归咎于“双高”电力系统的“三低”特征，此外还存在涉网保护与控制、机组源网协调、隐性故障、连锁故障等问题。

从国外大停电事故中得到启示，随着新能源开发规模的高速增长，系统安全性约束对新能源消纳水平的影响开始显现，现有电网对高比例新能源的承载能力是有极限的。

随着新能源发电占比的进一步提升，现有技术难以支撑高比例新能源电力系统的发展，需要对电力系统进行全方位的升级改造，构建新型电力系统将成为电力系统升级转型的发展必然。

构建新型电力系统，是中央对新发展阶段我国能源电力事业发展方向的重大判断，主体电源的切换、运行机制的调整、用能模式的改变、市场体系的重塑，现有的电力结构、发展方式、产业形态、体制机制、科学技术等都将发生深刻变革；是“四个革命、一个合作”能源安全新战略的最新实践与发展，是碳达峰、碳中和目标背景下能源革命内涵的深化，明确了电力系统未来发展的目标与方向。具体而言，在能源供给革命方面，新型电力系统将以新能源为供应主体，同时深度替代其他行业的化石能源使用，对建立多元能源供应体系、保障供应安全具有重要意义。在能源消费革命方面，新型电力系统将通过电能替代实现能源消费高度电气化，有助于提高用能效率、控制能源消费总量，加快形成清洁低碳和节能型社会。在能源技术革命方面，新能源发电广泛替代常规电源将深刻改变电力系统技术基础，转型将全面促进电力技术创新、产业创新、商业模式创新，催生产业升级的新增长点。在能源体制革命方面，构建新型电力系统是一项长期的系统性工程，现有电力结构、发展模式、利益格局均面临革命性变化，要求全面深化电力体制改革，进一步发挥市场在能源清洁低碳转型与资源配置中的决定性作用。在能源国际合作方面，我国已成为全球最大的可再生能源市场和设备制造国，新型电力系统的建设将更加有力地推动我国可再生能源技术装备和服务

“走出去”，为全世界绿色低碳发展、打造能源命运共同体贡献中国力量、中国智慧、中国方案。

3.2 新型电力系统概念、功能特征及内涵分析

3.2.1 新型电力系统概念及功能特征

(1) 新型电力系统概念

新型电力系统是在传统电力系统的基础上，承载了能源电力转型使命的新发展阶段，是以实现碳达峰碳中和、贯彻新发展理念、构建新发展格局、推动高质量发展的内在要求为前提，以坚强智能电网为平台，以交流同步运行机制为基础，以高比例可再生能源为供给主体，以常规能源发电为重要组成，以源网荷储协同互动和多能互补为重要支撑手段，深度融合低碳能源技术、先进信息通信技术与控制技术，实现源端高比例新能源广泛接入、网端资源安全高效灵活配置、荷端多元负荷需求充分满足，适应未来能源体系变革、社会经济发展，与自然环境相协调的电力系统。

(2) 新型电力系统的主要功能特征

新型电力系统的功能特征主要体现在稳定可靠、清洁低碳、安全可控、灵活高效、开放互动、智能友好六个方面。

1) 稳定可靠：具备稳定充足的一次能源供应，发挥常规电源支撑调节和托底保障功能，加强大电网资源优化配置和电力跨区跨省余缺互济，保障电力安全可靠供应。

2) 清洁低碳：形成清洁低碳主导、环境友好的电力生产、传输和消费体系，具备新能源高比例接入和充分消纳能力，电源侧实现多元化、清洁化、低碳化，电网侧实现新能源承载能力显著提升，负荷侧实现高效化、减量化、电气化。

① 多元化：指供给侧含风、光、水、火、核、生物质、天然气等多种一次能源形式。

② 清洁化：清洁化是比较外在、感性的说法（清洁是指不排放污染物，如清洁煤燃烧发电是清洁的，但不是低碳的），此处主要指电源结构以清洁能源为主。

③ 低碳化：新型电力系统电源侧的核心要求，即提高风、光、水、天然

气等零碳、低碳发电量比例，常规燃煤电厂通过加装 CCUS 实现净零排放。

④ 高效化：我国作为发展中国家，必须在实现能源消费总量控制的同时保障未来经济持续增长，故必须提高全社会用能效率，降低能源消费强度（单位 GDP 能耗）。

⑤ 减量化：指实现能源消费总量（包括一次能源消费与终端能源消费）的减量控制，但同时值得指出的是，电能消费需求 2020—2060 年间一直在持续增长。

⑥ 电气化：持续推动消费侧电能替代，提升能源利用效率，降低其他行业碳排放，是实现高效化和减量化的重要手段。

3）安全可控：新能源主动支撑和调节能力及故障耐受能力显著提升，可主动支撑系统运行；电力系统应对事故的事前预警、事中防御、事后恢复能力显著提升，韧性能力明显增强，能够有效防范极端事件冲击和大面积停电风险；先进信息通信与控制技术充分利用，系统可观、可测、可控，电力可靠供应、系统运行安全得到充分保障。

4）灵活高效：电源侧具备充足的储能、深度调峰等规模化灵活性调节资源，负荷侧具备充足的需求侧响应、需求侧管理等调节手段，电网侧具备充足的大范围资源配置能力，各类资源互联、互通、互补且高效、经济。

5）开放互动：适应多种新能源开发利用模式，适应各类组网和并网方式的接入，适应微电网、储能、电动汽车等新型负荷大规模接入，虚拟电厂、需求侧响应等广泛应用，源网荷储协同互动，打造共赢生态。

6）智能友好：大数据、人工智能等先进信息通信技术与电力技术深度融合，具备灵敏感知、智能决策、精准控制等能力，能够主动感知并定义系统出现的问题，并具有主动解决问题的能力，系统高度数字化、智慧化、网络化，实现对海量分散发供用对象的智能协调控制，各类发电、用能设施实现“即插即用”，用户多元化需求得到充分满足。

3.2.2 新型电力系统内涵分析

新型电力系统有力支撑能源转型与“双碳”目标，同时，能源转型也驱动电力系统发生深刻变化。“双碳”目标下，能源的生产、消费和利用呈现新的发展趋势，能源结构调整带来电源主体的颠覆性变化，能源深度脱碳带来社会生产生活用能方式的转变，这些都将给电力系统的电源结构、负荷特性、电网形态、技术基础以及运行特性带来深刻的新变化，如图 3-3 所示。

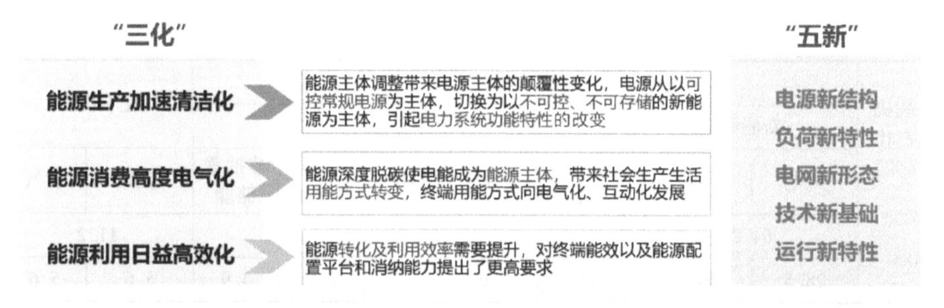

图 3-3　能源转型驱动下的电力系统新变化

（1）电力系统电源新构成

电源构成上由可控连续出力的煤电装机占主导，向强不确定性、弱可控出力的新能源等可再生能源发电装机占主导转变。主要表现在以下方面。

1）电源结构上，从煤电装机和电量占主导，逐步演进为以风光为代表的新能源发电装机占主导，最终实现新能源电量占主导。

2）开发模式上，以集中式开发为主，逐步演进为集中式开发和分布式开发并存。

3）功能定位上，煤电、水电等常规电源从电量和支撑调节责任主体逐步退化为发挥支撑调节功能为主，新能源从提供电量为主逐步演进为电量和支撑调节责任主体。

4）出力特性上，从确定性、可控出力占主导，逐步演进为强不确定性、弱可控出力占主导。

5）并（组）网方式上，新能源发电将从目前跟随电网电压频率和相位的锁相同步电流源并网，转变为自主构造生成电压频率和相位的自同步电压源组网，全面具备主动支撑及组网运行能力。

据测算到2060年，新能源发电装机约占电源总装机容量的65%，电量占比约56%，见表3-1和表3-2。

表 3-1　各类电源装机占比

装机占比（%）	非化石能源							化石能源	
	新能源		其他						
	风电	光伏	常规水电	抽蓄	核电	生物质及其他	非抽蓄储能	燃煤	燃气
2030年	33.1~40.9		23.6~22.0					43.3~37.1	
	15.2~16.9	17.9~24.1	11.2~9.7	3.3~2.9	3.3~2.9	3~2.6	2.8~3.9	37.3~31.3	6.1~5.8

（续）

装机占比（%）	非化石能源							化石能源	
	新能源		其他						
	风电	光伏	常规水电	抽蓄	核电	生物质及其他	非抽蓄储能	燃煤	燃气
2060年	64.8		24.0					11.2	
	28.5	36.3	7.6	2.9	5.7	2.9	4.9	5.6	5.6

表 3-2　各类电源电量占比

发电量占比（%）	非化石能源					化石能源	
	新能源		其他				
	风电	光伏	水电	核电	生物质及其他	燃煤	燃气
2030年	17.4～24.1		26.1			56.4～49.8	
	10.3～13.1	7.1～11.0	13	7.9	5.2	48.7～41.1	7.7～8.4
2060年	56.2		35.6			8.1	
	30.0	26.2	13.0	18.3	4.3	4.2	3.9

（2）电力系统负荷新特性

电力系统负荷特性逐步由传统的刚性、纯消费型向柔性、生产与消费兼具型转变，“被动型”向“主动型”转变。终端能源消费结构从以传统的石油、煤炭等化石能源为主逐步向以清洁能源为主转变，低碳特征逐步显现，终端用能效率持续提升。电能替代深度、广度不断拓展，温升型、冲击型新兴负荷大量涌现，预计到2060年，终端电气化率将达到70%。

源-荷角色转换呈现随机性，运行特性上，消费侧含高比例分布式电源与可调节负荷资源，终端用户源-荷角色转换随机性大，由于受气候等极端天气影响，冬夏季负荷波动性将对电网安全运行带来新的挑战，供需平衡调节难度大幅增加。

电能消费从刚性需求向高弹性柔性需求转变，互动模式上，终端负荷特性逐步从以社会生产生活为主要驱动的“被动型”向具有灵活互动能力的“主动型”转变。随着需求侧价格型、激励型响应机制不断完善，引导终端用户能源消费从刚性需求向具有高弹性的柔性需求转变，网荷互动能力持续提升，预计到2060年，可调节负荷建设规模将达到电网最大负荷的15%。

（3）电力系统电网新形态

电力系统电网形态由单向逐级输电为主的传统电网，向包括交直流混联大电网、微电网、局部直流电网和可调节负荷的能源互联网转变。主要体现在以下方面。

1）电网结构层次：电网外在形态从输配用单向逐级多层次结构网络过渡到输配用+微电网的多元双向混合层次结构网络，电网功能形态将从电力资源优化配置平台逐步演进为能源转换中枢。

2）源端汇集接入组网形态：从单一的工频交流汇集接入过渡到工频、低频交流汇集组网、直流汇集组网接入等多种形态。

配电网从接受并分配电能的形态，逐步演进为分布式电源与负荷部分平衡、交直流混合供电、以分布式消纳为主的自治形态。当分布式电源渗透率极高时，局部配电网将进一步演进为以电源密集为场景、大量电能送至上级电网的上送型为主的新形态。

微电网将呈现分散式布局、集群化管控、交直流混联、多能流耦合的形态特征，并网型与离网型微电网协调发展，电网、微电网和用户间柔性交互，为高比例分布式新能源接入电网提供有效的技术缓冲。

新能源汇集组网从工频交流汇集组网逐步演进为与低频交流汇集组网和直流汇集组网并存，考虑直流变压器及直流电网技术的成熟，可在送端形成广域大规模集中式新能源通过直流汇集外送的直流电网，如东北、西北和深远海风电送出系统。

3）输电网形态：大电网从交直流远距离输电、区域交流电网互联为主，逐步演进到交直流互联电网和局部直流电网并存，从单向输电为主逐步演进到单向输电和双向互济并存。

4）终端网络形态：实现电力供应网络与能源网络互联互通。

（4）电力系统技术基础新变化

一是体现在由同步发电机为主导的机械电磁系统，向由电力电子设备和同步机共同主导的混合系统转变。

二是物理形态将从以同步发电机为主导的机械电磁系统，转变为由电力电子设备与同步机共同主导的功率半导体/铁磁元件混合系统。

三是动态特征将从机电暂态和电磁暂态过程弱耦合向强耦合转变。

四是稳定特性将从工频稳定性为主导向工频和非工频稳定性并存转变。

(5) 电力系统运行新特性

电力系统运行新特性主要体现在从以充裕度确保发电与用电平衡的方式，转变为“发电从优、用电可调、发用联动”的运行方式。

一是电力系统运行特性由源随荷动的实时平衡模式、大电网一体化控制模式，向源网荷储协同互动的非完全实时平衡模式、大电网与微电网协同控制模式转变。

二是储能作为电网一种优质的灵活性调节资源，同时具有电源和负荷的双重属性，可以解决新能源出力快速波动问题，提供必要的系统惯量支撑，提高系统的可控性和灵活性。在新型电力系统下，储能是支撑高比例可再生能源接入和消纳的关键技术手段，在提升电力系统灵活性和保障电网安全稳定等方面具有独特优势。储能将成为电力系统不可或缺的电力要素，传统电力发供用同时完成的特性正在部分被改变，创造了电力电量平衡的新模式。电力系统平衡模式将从源随荷动的源荷实时平衡模式，转变为由规模化储能、可调负荷以及多能转换等共同参与缓冲的，更大时间和空间尺度的非完全源荷实时平衡（日内平衡、长周期平衡）模式，发电与负荷从强耦合逐步转变为弱耦合。

三是由于风光等新能源发电全部来源于气候资源，系统运行将高度依赖于气象条件，气象条件影响范围涵盖发电、输电、用电全环节。

3.2.3 对新型电力系统的基本认识

1. 新型电力系统仍是交流同步的电力系统

据测算，2030年同步机组（水、火、核等）的出力占总负荷之比全年（8760 h）均大于50%，同步机组出力全年占据主导地位，见表3-3；2060年，同步机组出力占总负荷的比重仍在25%~79%之间，出力占比大于40%的累计时段仍达全年时长的84%，出力占比大于50%的累计时段仍达全年时长的53%，如图3-4所示；而且风光新能源机组也都是锁相同步电流源，或为更先进的自同步电压源形式。以上因素都充分说明未来新型电力系统的基础仍是交流同步运行机制，新能源等通过电力电子设备并网的电源需要承担与其出力占比（占总负荷的21%~187%）相匹配的支撑与调节能力责任主体地位。

表 3-3　2030/2035 年同步机组出力小于对应负荷占比的累计持续小时数

同步机组出力占负荷的标幺化比值	同步机组出力大于或等于相应比值的累积持续小时数（2030 年）	同步机组出力大于或等于相应比值的累积持续小时数（2035 年）
0	8760	8760
0.2	8760	8760
0.4	8760	8760
0.5	8760	8703
0.6	8667	7919
0.8	5326	4735
1	0	0

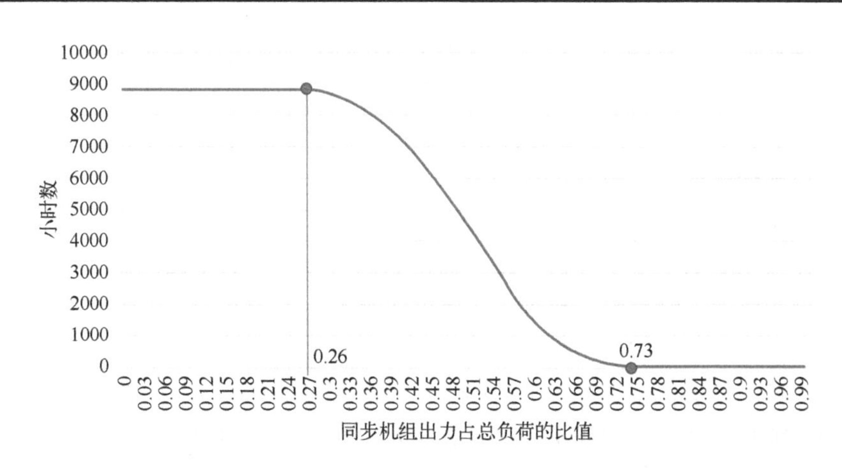

图 3-4　2060 年同步机组出力大于对应负荷占比的累积持续小时数

2. 新型电力系统中大电网仍将发挥重要作用

1）大规模清洁能源同步机组接入需要大电网。水电、核电作为清洁电源，仍将在新型电力系统中发挥重要作用，截至 2020 年底，我国已建和在建装机超过 500 万 kW 的水电站就有 7 个，最大核电站规模（田湾）超过 900 万 kW，从电力系统安全稳定考虑，水电、核电、火电的单机和单厂规模巨大，"大机（厂）"需要匹配接入"大网"才能保障系统安全稳定运行和电力充分消纳。

2）西部、北部的新能源集中式大规模开发，需要跨区互联大电网才能满足其新能源外送消纳需求。初步测算，到2060年，风、光资源禀赋突出的西北、东北地区装机、发电量将分别达到13亿kW、2万亿kW·h和5.6亿kW、7800亿kW·h，除本区域消纳外，分别约1/3、1/4的新能源发电量需要通过互联大电网外送。

3）从电力供应保障的角度看，大电网互联有助于提高新能源发电的最小出力水平。新能源发电具备随机性、波动性和间歇性，但其地域分布越广、聚合规模越大，由于风光自然资源的天然互补特性，新能源发电的随机性、波动性和间歇性就越弱。因此，充分利用自然资源的时差和互补性，可以有效提升新能源发电的最小出力水平。据统计测算，2060年国网经营区各区域的风电最小日均出力水平为2%~5%，但整个国网经营区的风电最小日均出力水平可提升至约10.5%。

4）西部的大库容水电是全国性的长时间尺度调节资源，需要通过大电网实现其电力电量的优化配置。具有大量库容的水电站将成为重要的调节电源，是新型电力系统突破电量日调节（电化学储能基本只能实现日平衡调节），实现周、月乃至季调节的重要保障，而我国水电集中在西南、西北地区，仍然需要通过大电网优化配置。

3. 新型电力系统是一个开放包容的系统

在新型电力系统中，源、网、荷、储等多要素、多主体协调互动，交直流混联大电网、微电网、局部直流电网等多形态电网并存，新能源发电等电力电子设备与常规同步机组协调运行，物理设备一次系统、信息通信二次系统、市场交易运营系统等多层系统并存，电力系统与氢、气、冷、热等多种能源系统互联互动，构成了一个开放包容、充满活力的健康生态系统，将吸引社会各界广泛参与。

4. 新型电力系统是新型数字技术与传统技术深度融合的电力系统

新型电力系统既是与新型数字化技术深度融合的智能电网平台，也是灵活、高效、广泛的市场资源配置平台。通过加快构建坚强骨干网架，深化“大云物移智链”等先进信息通信技术、先进控制技术和能源技术深度融合应用，为能源资源优化配置、源网荷储多要素互动打造高效互动的社会信息物理系统（CPSS）基础平台，不断提升系统承载能力、资源配置能力、要素交互能力和安全防御能力，有效支撑新能源大规模消纳，有力承载和支持电力市场及碳市场运营，充分发挥以电为中心的能源交换枢纽平台作用。

5. 新型电力系统构建是一个渐进过渡式发展过程

我国从20世纪80年代开始建设大容量化石能源机组（60万kW以上）和大电网互联为主体的现代化电力系统，至今经历了40年左右时间。以新能源为主体的新型电力系统建设同样要经历转型期、建设期和成熟期，其需要的关键技术也需要经历从研发、试点到推广的较长周期，因此新型电力系统构建必然是一个长时间的渐进式发展过程。

3.3 电力系统发展面临的技术挑战

3.3.1 电力供应安全

1. 电力供应安全面临的挑战

我国新能源最小出力处于较低水平，对电力平衡支撑能力不足。2019年，各省、各区域、国网公司经营区新能源最小日平均出力水平分别为3.6%、8.0%和10.7%，新能源最小瞬时出力水平分别为0.2%、1.1%和5.0%。近30年各省、各区域、国网公司经营区新能源最小瞬时出力平均水平分别为1.78%、2.94%和4.07%。可以看出，随着区域范围的扩大，新能源最小瞬时出力和日平均出力呈上升趋势，但出力仍然较低。当某区域出现新能源最小日平均出力时，其他区域新能源有一定的互补作用，但新能源出力水平仍低于国网公司经营区年平均值（19.32%）。随着新能源装机占比的不断提升，新能源对电量平衡的支撑作用明显，但对电力的平衡支撑能力较弱，不足以保障高比例新能源接入电力系统的供电可靠性。

现有火电等常规电源装机规模不足以保证未来电力供应需求。随着经济运行持续稳中向好、电能替代力度明显加大，“十五五”期间全社会用电量与最大负荷将高速增长，新能源装机容量大幅增长，但新能源出力主要取决于资源，部分时段大范围风光资源匮乏难以可靠保障供电需求。

寒潮等极端气候发生过程中电力供应需求显著增加，电力供应风险增大。我国中东部非供暖区域过去35年共发生寒潮43次，单次最大影响面积为110万km^2，气温最高下降14℃，负荷最大增长可达2亿kW。寒潮期间，风电机组可能会因冰冻而无法发电，进一步加剧电力供应难度。2020年末寒潮期间，湖南超八成风电机组因冰冻无法发电，最低出力降至 20 万 kW，电网保供压力巨大。

新能源发电与用电季节性不匹配，存在季节性电量平衡难题。从负荷需求特性来看，我国负荷表现为夏、冬高峰，而电源侧风电为春、秋高峰，光伏发电为夏、秋高峰。虽然风电、光伏发电月度电量分布具有一定的互补性，按电量平衡分析，风光互补可在一定程度上减少新能源季节性的影响，但新能源月度电量分布与负荷需求不匹配，夏季负荷电量高，而新能源发电量低，存在季节性电量平衡难题。

2. 保障电力供应安全的措施

一是提高新能源供电保障能力。采用高塔筒、长叶片的低风速风电机组，降低风电机组起动风速，有效提高风电机组捕捉风能的能力，提高风电发电水平；光伏电站合理配置一定容量的储能，提升晚负荷高峰时的电力支撑作用；扩大低温型风电机组的应用范围，提高寒潮等极端天气下风电机组的运行可靠性。

二是配置更多灵活调节电源。考虑水电、核电正常增速，为保证常规电力平衡和应对寒潮等极端气候下的新增电力供应需求，未来还需要在东中部地区增加具有灵活调节特性的火电等常规电源作为托底保障电源，但将导致火电利用小时数进一步降低；也可以配置抽水蓄能或者电化学储能等灵活调节电源，来替代应对极端气候下电力供应的新增火电，在平抑尖峰负荷、保障电力供需平衡的同时提高系统的经济性。

三是加强极端气候中长期预测手段。建立我国极端强降温过程中长期预测模型，在新能源功率预测中充分考虑寒潮等极端天气影响，不断提升极端天气下功率预测的准确性，提前采取防范应对措施，科学合理安排电网运行方式，保障电力供给安全。

3.3.2 高比例新能源消纳

1. 高比例新能源消纳面临的挑战

系统调峰能力存在缺额，不足以支撑高比例新能源消纳。2030 年，若保证新能源 100%全额消纳，国家电网经营区的调峰能力缺额为 3.98 亿 kW；若保证新能源利用率 95%，国家电网经营区的调峰能力缺额为 1.96 亿 kW。

新能源电量渗透率与利用率之间相互制约，高比例的新能源电量占比必然造成利用率的下降。电力系统低碳转型的关键在于提升新能源发电量占比，但新能源的电量渗透率和利用率之间存在相互制约，“双碳”目标下，兼顾碳减排和新能源消纳的新能源装机布局难度大，亟待推动新能源消纳模式从追求新能源利用率到提高新能源发电量占比的转变。

现有新能源并网技术无法满足高比例新能源接入电网的需要。一是随着大规模新能源机组多点并入交直流电网，主要新能源汇集站接入点的新能源机端短路比将持续下降，对电压的支撑能力变弱，易导致系统产生宽频带振荡等问题；二是局部高比例分布式光伏接入，电网下网潮流变轻，甚至出现倒送及反向超载现象，影响供电可靠性。随着大规模分布式电源广泛接入电网，分布式电源将进行荷-源角色转换，能源供需平衡将变得更加复杂。由于分布式电源目前不具备可观、可测、可控能力，故电网接入容量受限，严重制约其发展。

跨区直流运行方式灵活性欠缺，新能源跨区消纳难度大。传统特高压直流通道多按受端负荷“高峰-低谷”二段式运行，不能有效跟随送/受端新能源特性和受端电网负荷特性，增加了新能源跨区消纳的难度。碳中和目标推动新能源进入“倍速”发展阶段，送/受端电网新能源消纳问题进一步突出，在送/受端电网新能源同时受限的消纳格局下，电网跨区互济作用凸显，对跨区直流通道运行方式的灵活性提出了更高的要求。

2. 促进高比例新能源消纳的措施

一是统筹规划灵活性资源。为适应高比例新能源友好接入，电力系统需要统筹规划电化学储能、抽蓄、需求侧响应、火电机组灵活性改造等灵活性资源，协调各类电源充分发挥作用，保证电力系统容量的充裕性。

二是引导新能源装机合理布局。针对“双碳”目标下的新能源消纳模式，为提高新能源发电量及占比，应逐步实现新能源消纳模式从追求新能源利用率到提高新能源发电量占比的转变，并调整新能源新增装机在各省区的布局策略。“十四五”期间仍应以新能源利用率最大为目标，新能源新增装机应优先向消纳空间较大的省区布局；2025—2030年，应以新能源发电量最大为目标，各区域新能源新增装机应向风光资源较好区域倾斜。

三是提升新能源并网技术。开展电磁暂态和机电暂态仿真计算，校核新能源并网系统安全稳定水平，将新能源多场站短路比指标纳入安全稳定计算和新能源并网相关标准。推动分布式电源控制模式由锁相跟踪型向自同步电压源型转变，提升分布式电源弱网的适应性；加强分布式电源信息监测，实现户用光伏可观、可测、可控，并在省级范围内与集中式新能源一同参与电力平衡；修订完善分布式电源并网标准，提升分布式电源并网性能，引导分布式电源均衡有序发展。

四是采取多种方式提升直流运行灵活性。在提升跨区直流运行方式灵活性方面，发挥市场配置资源作用，完善跨省跨区电力市场化交易价格机制，推进跨省跨区电力市场化交易，政企合力推动区域电力市场，建立全国统一电力市场，打破省间壁垒；结合送/受端资源条件、负荷特性、调峰能力和输电通道能力，优化跨区直流运行方式，提升电网跨省跨区互济调节能力，促进新能源在更大范围内消纳。

3.3.3 电网安全稳定运行

1. 电网安全稳定运行面临的挑战

碳中和背景下，我国能源电力行业将从以化石能源为主向以可再生能源为主转变，新能源发展驶入快车道、跨区直流送电需求旺盛，电力系统向"双高"转型成为必然趋势。然而，系统特性复杂，电网安全稳定运行面临诸多挑战。

频率、电压问题凸显，系统支撑调节能力难以满足高比例新能源接入需求。一是频率调节和频率稳定问题凸显，直流及新能源替代常规电源装机，系统惯量、调频能力持续下降，单一大容量直流故障、多回直流同时换相失败对电网造成巨大冲击；新能源机组高、低电压穿越能力不足，系统故障时易导致大量连锁脱网，加大故障冲击，系统安全面临频率失稳风险。二是电压控制和电压稳定问题突出，新能源调压能力不足，大规模新能源并网地区电压控制困难；高比例受电地区动态无功支撑能力不足，系统电压调节能力持续下降，系统安全面临电压失稳风险，需大量配置动态无功补偿装置。

同步稳定和新形态稳定问题共存，认知、控制与故障防御技术难以满足安全稳定运行的需要。大容量直流、直流群故障易在送/受端大范围传导，冲击薄弱交流断面，引发同步稳定问题；新能源接入电压支撑较弱、短路比不足的交流系统，无法实现锁相同步；电力电子装置的快速响应特性，带来宽频振荡等与电力电子相关的新稳定形态。新疆哈密、河北沽源、蒙东等地区均发生过新能源次同步振荡，2015 年新疆发生了世界首例由新能源振荡引起火电跳闸的事件。控制基础发生重大变化，电力电子类电源不具备传统发电机的控制特性，控制规模大幅度增长，控制对象从几千台扩展到数十万台设备，从以源为主扩展到源网荷储各环节；系统状态不确定性增加，脆弱性元件增多，故障形态、路径、特征复杂化，第一道防线配合整定困难，传统事件触发型的第二道防线面临不确定性、故障连锁反应的考验，第三道防线措施部署需要应对配电网有源化的挑战。

跨区输电及新能源规模存在天花板。鉴于我国新能源资源与需求的逆向分布，未来远距离大规模输电必然还将进一步发展，送出或受入直流的规模将受制于“双高”电力系统的安全稳定性。跨区直流受端电网中发生单一交流故障，会造成多回直流同时换相失败，严重情况下可能发生多回直流连续换相失败。大规模功率扰动会通过直流传导到送端，引起事故影响范围的扩大和连锁反应。为了保证系统稳定，常规机组开机需要保持一定的安全水平，使系统调峰能力下降，新能源承载规模进一步受到限制。

2. 保障电网安全稳定运行的措施

加强系统支撑与调节能力建设。在电源侧，推进退役火电机组改“拆”调相机运行；加强水电调节能力建设，推动梯级水电站通过加装水泵实现抽水蓄能功能，并实现水电机组调相运行能力；提升新能源机组的抗扰动耐受能力，通过虚拟同步等技术以及加装分布式调相机等措施，大幅提高新能源场站的支撑和调节能力。在电网侧，提高抽蓄电站建设规模，推动抽蓄电站调相运行，进一步提高抽蓄电站的支撑与调节能力；发挥电化学储能系统的支撑和调节能力；广泛配置调相机等动态无功补偿装置，提升系统电压支撑和调节能力。在负荷侧，保证负荷具备一定的故障扰动耐受能力，避免不必要的负荷损失和故障范围的扩大；增加可中断负荷、提供频率响应负荷的比例，提升系统的频率稳定性。

加强“双高”电力系统认知、控制与故障防御体系建设。在认知体系建设方面，深入开展新能源、新型电力电子设备的多时间尺度实测建模工作，大力发展机电-电磁混合、数模混合、全电磁仿真技术，实现电力系统精细化仿真，掌握“双高”电力系统稳定机理、故障形态和演变过程。在控制体系建设方面，研究适应“双高”电力系统的广域分散协调优化控制理论，充分利用云计算、大数据、人工智能、区块链等新技术，构建多时间尺度配合、多类元件协同、就地与全局结合的控制体系。在故障防御体系建设方面，创新故障防御理论，兼顾常规与非常规风险的综合防御，重构电力系统三道防线，构建“双高”电力系统的安全防御体系。

3.3.4 适应减碳目标的市场机制

1. 减碳目标下电力系统经济运行面临的挑战

一是现行上网电价机制无法维持火电机组生存。考虑“增容减量”的发展模式，火电机组利用小时数不断降低。预计到2030年，煤电机组年利用小时数低于4000h，2060年低于2000h，按照当前的电价机制，火电机组无法回收成本。

二是辅助服务费用仅在发电侧分摊，并未疏导至用户侧。目前辅助服务成本通过电源侧分摊，进一步挤压了电源侧的生存空间。电源经济承受能力不足，不利于未来电力系统的长期稳定运行。同时公司承担保障用户稳定供电的责任，电源侧压力会逐步传导至电网侧。

三是现行需求侧响应补偿机制难以为继。为降低火电机组的装机容量，提高火电机组的利用小时数，可采取需求侧响应降低负荷峰值。据测算，需求侧响应量与火电机组装机的降低量相当。但实施需求侧响应需要向用户提供大量补偿，将推高系统运行成本。

四是规模化储能的应用将推高供电成本。为了实现大规模新能源消纳，系统中需要配置大量储能设备。预计到2025年，锂离子电池、液流电池等技术的性能会进一步提升，使用寿命可达15年，应用成本将降低到当前的20%~40%，其中锂离子电池的综合投资成本（包括安装运维）将降低至1500~2000元/kW·h，平均单次充放度电使用成本约折合2角，将推高供电成本，在电价机制中应对此统筹考虑。

五是现行交叉补贴电价政策不利于调动用户侧资源。居民、农业用电长期享受大规模交叉补贴，但其资金来源近年逐渐下降，现行交叉补贴方式难以为继。由于可再生能源大规模接入，各类用户须承担更多成本。绝大多数省份的居民目录电价近十年未涨，而城镇居民可支配收入十年之间上涨了125.2%。同时，低电价也不利于调动用户提高用能效率的积极性。

2. 构建适应减碳目标的市场机制的措施建议

现有市场机制难以支撑高比例新能源电力系统的经济运行，亟须探索构建适应碳减排目标的市场机制，健全能源电力价格形成和成本疏导机制，健全辅助服务市场交易机制，引导各类电源充分参与系统调节。

1）完善输配电价核价办法。一是争取将投资金额与电量增速脱钩，保证电网服务可再生能源接入产生的投资可以足额回收；二是将部分接网成本向电源侧回收，从而利用价格信号优化电源选址规划，提升社会效益；三是提前布局，提前研究对各类用户收取容量电费或对分布式“自发自用”部分收取电网支撑费用等方式，提前与政府主管部门做好沟通工作，从而保证各项措施可以顺利推进。

2）推进市场建设，逐步完善辅助服务市场、容量市场的市场规则。一是加速推进辅助服务成本向用户侧回收，形成合理的价格传导模式，并借此尝试重构用户对电价认知；二是推进容量市场建设，保证电源侧稳定运行并争取将抽水蓄能、需求侧响应电源等灵活电源纳入容量市场范围，缓解电网压力，保证系统平稳运行。

3）向发改委争取居民电价调整。用户在现行能源大背景和市场机制下需要逐步承担更多责任，电网企业须重构居民对电价的认知。明确居民用电承担的责任和义务，提升居民电价并适当降低一般工商业及大工业电价，从而部分缓解交叉补贴压力以及满足国家对降低生产要素成本的要求。

3.4 新型电力系统的构建原则及发展阶段

3.4.1 新型电力系统的构建原则

本节以“双碳”目标为约束，统筹考虑发展与安全、电力供应与清洁转型、存量与增量的关系，从电源结构主体、源网荷储协同发展、保障电力供应与系统安全、技术创新驱动等方面提出新型电力系统的构建原则。

1）坚持以清洁低碳能源为主体的能源供应体系。以沙漠、戈壁、荒漠地区为重点，加快推进大型风电、光伏发电基地建设，对区域内现有煤电机组进行升级改造，探索建立送/受两端协同为新能源电力输送提供调节的机制，支持新能源电力能建尽建、能并尽并、能发尽发。各地区按照国家能源战略和规划及分领域规划，统筹考虑本地区能源需求和清洁低碳能源资源等情况，在省级能源规划的总体框架下，指导并组织制定市（县）级清洁低碳能源开发利用、区域能源供应相关实施方案。各地区应当统筹考虑本地区能源需求及可开发资源量等，按就近原则优先开发利用本地清洁低碳能源资源，然后根据需要积极引入区域外的清洁低碳能源，形成优先通过清洁低碳能源满足新增用能需求并逐渐替代存量化石能源的能源生产消费格局。鼓励各地区建设多能互补、就近平衡、以清洁低碳能源为主体的新型能源系统。

2）坚持源网荷储统一规划。推动源网荷储的互动融合。健全、完善市场化调节和补偿机制，按照优先就地就近平衡的原则布局电源，加快调峰电源建设。挖掘负荷侧和储能系统的调节潜力，实现多方面灵活性资源参与电力系统调节。统筹送端电源、受端市场和沿途走廊，按照风光煤储输一体化原则，科学规划新建跨区输电通道。统筹各类电源协同发展，继续发挥煤电兜底保障作用，提高化石能源的使用效率和调节能力，多元化发展核电、常规水电、抽水蓄能等其他清洁能源，循序渐进地推动以新能源为主体的电源结构演变。统筹多种电网形态相协调，进一步完善主网架建设，提升配电网协调运行控制水平，促进多元化源荷的即插即用与分布式新能源的就地消纳，逐步实现从“以大电网为主”向“大电网、分布式、微电网多种电网发展形态并举”的方向转变，充分发挥电网的灵活资源优化配置平台作用。

3）坚持保障电力供应和保障系统安全的底线。提高电网安全稳定运行水平和电力供应保障能力。构建规模合理、分层分区、安全可靠的电力系统，要求电网具备对高比例新能源、直流等电力电子设备的承载能力，要求电源装机的类型、规模和布局合理，并具有足够的支撑和调节能力，要把新能源的波动性、间歇性特点通过系统的灵活调节变成友好的、确保用户供应的新型系统。要完善“三道防线”，防范大面积停电风险。应强化电力安全和抗灾能力，扎实提升电力工业本质安全水平。

4）坚持高效与创新并举。①利用综合资源盘活效率。提高跨省区输电通道利用水平，充分考虑需求侧响应、备用共享等措施，加强跨区域风光水火联合调度和省间调峰互济，发挥多元化负荷的集群规模效应，参与电网调峰与优化运行。供给侧实现多能互补优化，消费侧要电热冷气多元深度融合，实现高比例新能源充分利用与多种能源和谐互济，提升电力系统的整体效率。②利用核心技术驱动创新。加强能源电力重大关键技术和装备的集中攻关、试验示范、推广应用。促进人工智能、大数据、物联网等现代信息通信技术与先进能源电力技术的深度融合，持续提升电网自动化、数字化、信息化、智慧化水平，推动电网与其他能源系统广泛互联、互通互济，形成具有我国自主知识产权的新型电力系统关键技术体系。

5）坚持循序渐进原则。技术进步与新型电力系统发展齐头并进。能源电力行业技术资金密集，存量系统庞大，转型对路径高度依赖，必然是渐进过渡式发展。短期来看，新能源快速发展迫在眉睫，急需成熟、经济、有效的方案应对当前面临的问题和挑战。中长期来看，当前电力系统物质基础和技术基础不足以支撑以新能源为主体的新型电力系统实现，必须在颠覆性技术上取得突破。颠覆性技术发展成熟需要较长时间，同时存在众多候选，不同技术将导向不同的电力系统形态，未来发展路径存在较大的不确定性。因此，近期应重点挖掘先进成熟技术潜力，支撑新能源快速发展，并同步开展颠覆性技术攻关，为未来构建新型电力系统做好技术储备。远期颠覆性技术取得突破后，电力系统逐步向适应颠覆性技术的新形态转型。

3.4.2 新型电力系统的发展阶段

从21世纪初开始，随着新能源的快速发展，电力系统开始进入转型期，经过20年的发展，人们对于新能源快速发展带来的问题和挑战已经有了较为深入的认识，一些基本的技术铺垫已经完成，并积攒了一定的系统运行经验。随着碳中和目标和“以新能源为主体的新型电力系统”目标的提出，各行业的电能替代和新能源的发展都进入加速期，2021—2060年，新能源的建设平均速度将达到1亿kW/年，电力系统发展目标较之以前更加明确。

按照国家“双碳”目标和电力发展规划，预计到2035年基本建成新型电力系统，到2050年全面建成新型电力系统。2021—2035年是建设期，新能源装机成为第一大电源。电力系统总体维持较高转动惯量和交流同步运行特点，交流与直流、大电网与微电网协调发展。大规模配置系统储能，负荷侧广泛参与系统调节，常规电源逐步转变为调节性和保障性电源，发电机组出力和用电负荷初步实现解耦。2036—2060年是成熟期，新能源成为电力电量供应主体。分布式电源、微电网、交直流组网与大电网融合发展。储能在源网荷各环节全面应用，负荷侧全面深入参与系统调节、双向互动，火电通过CCUS技术实现净零排放，成为长周期调节电源，发电机组出力和用电负荷全面实现解耦。

2021—2060年，电力系统的驱动力、新能源的定位不断变化，随着技术的发展，电力系统平衡模式、电网形态等都将随之出现阶段性特点。总体上，新型电力系统构建过程可分为三个阶段，即第一阶段（2021—2030年）、第二阶段（2031—2045年）、第三阶段（2046—2060年），各阶段主要特征见表3-4。

表 3-4　2021—2060 年新型电力系统发展三个阶段的主要特征

<table>
<tr><th colspan="2"></th><th>第一阶段
（2021—2030 年）</th><th>第二阶段
（2031—2045 年）</th><th>第三阶段
（2046—2060 年）</th></tr>
<tr><td colspan="2">驱动因素</td><td>需求、新能源双轮驱动</td><td>新能源广泛接入，驱动为主</td><td>技术驱动</td></tr>
<tr><td rowspan="5">建设目标</td><td>新能源规模</td><td>超过 12 亿 kW，2 万亿 kW · h</td><td>29 亿 kW，5.2 万亿 kW · h</td><td>50 亿 kW，9.3 万亿 kW · h</td></tr>
<tr><td>新能源定位</td><td>装机规模第一</td><td>电量供应第一</td><td>电力、电量、责任的主体</td></tr>
<tr><td>电力碳排放</td><td>45 亿 t</td><td>31 亿 t</td><td>0（CCUS 中和情况下）</td></tr>
<tr><td>平衡模式</td><td>实时平衡为主，部分地区日平衡</td><td>日平衡</td><td>长周期平衡</td></tr>
<tr><td>电网结构</td><td>交直流大电网为主干，有源配电网、微电网快速发展</td><td>配电网、微电网、新能源交直流组网广泛存在</td><td>电网与能源网络互联互通</td></tr>
<tr><td colspan="2">依托技术</td><td>常规电源改造、分布式调相机、新能源主动响应、虚拟电厂、源网荷储一体化控制技术、数字化技术等推广应用</td><td>新能源电压源型接入及控制、大容量储能、电制氢、灵活直流组网、CCUS 等技术集成应用</td><td>可控核聚变发电、超导输电、管廊输电（输氢）试点应用</td></tr>
<tr><td colspan="2">建设重点</td><td>自然条件好的地区开展低碳/零碳示范区建设并推广</td><td>形成共性地区的新型电力系统建设标准，并推广建设</td><td>全面建成</td></tr>
<tr><td colspan="2">市场环境</td><td>辅助服务市场成熟</td><td>碳-电市场融合</td><td>全方位的成熟能源市场</td></tr>
<tr><td colspan="2">建设主体</td><td>电力企业</td><td>能源企业</td><td>全社会</td></tr>
</table>

各阶段具体情况详述如下。

第一阶段（2021—2030 年），新能源和电能替代需求双轮驱动发展。从源侧看，新能源装机超过 12 亿 kW，成为第一大装机电源，发电量超过 2 万亿 kW · h，电力生产碳排放约 45 亿 t。从网侧看，跨省跨区电力交换需求呈增长趋势，交直流输电网骨干网架作用进一步突出，分布式电源开发促使微电网、综合能源网络快速发展。从平衡特性看，“双高”电力系统特征进一步显现，系统平衡模式仍以实时平衡为主，储能在部分地区发展较快，可以实现日内平衡。从技术发展看，电源改造技术全面实施是保障新能源消纳的主要措施；分布式调相机、新能源主动响应技术是维持系统安全稳定的主要措施，新能源发电自同步电压源技术逐步成熟；虚拟电厂等数字化技术是提升负荷响应能力的主要技术手段，电力辅助服务市场进入成熟阶段。从工程实施看，在具备良好自然条件的西藏、青海、南疆等地开展低碳/零碳示范区建设，电网公司、发电集团、储能电厂等共同参与建设，形成可推广的商业合作模式。

第二阶段（2031—2045年），新能源的广泛接入和高效利用是发展的主要动能。从源侧看，新能源装机达到29亿kW，发电量达到5.2万亿kW·h，成为第一大电量供应电源，电力生产碳排放约31亿t。从网侧看，新能源电压源型接入技术和直流灵活组网等技术成熟，新能源组网形态多样化，有源配电网、微电网和综合能源网络广泛存在，就近消纳分布式电源。从平衡特性看，经济的大容量电化学储能广泛应用，可以普遍实现日内平衡。从技术发展看，自同步电压源技术得到全面推广应用，电制氢、电力与其他能源形式的互联互通进一步提升负荷响应能力，碳市场与电市场交易通道建成。从工程实施看，低碳/零碳从示范区域向同性质区域推广。各类能源企业在供给侧和消费侧与电力系统企业深度合作，将全面参与到新型电力系统建设中。

第三阶段（2046—2060年），新技术的成熟和应用成为新的驱动主因素。从源侧看，新能源装机达到50亿kW，发电量达到9.3万亿kW·h，随着CCUS技术的推广应用，电力系统中各类电源的占比进入稳定期，电力生产达到净零排放，新能源充分发挥支撑作用，成为电力、电量、责任"三位一体"的主体。从网侧看，微电网、综合能源网络进一步发展，与大电网融为一体，与能源网络互联互通，各种类型、规模和分布的电源，以及各种用能形式的负荷均实现即插即用。从平衡特性看，水电等常规电源转化为调节和辅助支撑电源，系统可以实现从周到季的长周期平衡。从技术发展看，CCUS、电制氢全面成熟应用，可控核聚变等颠覆性技术可能获得突破并应用于能源供应领域，推动电力系统进入新的发展阶段。从工程实施看，全方位的能源市场体系成熟将推动全社会参与新型电力系统建设，新型电力系统全面建成。

3.4.3 新型电力系统建设初期的重点任务

2021年，国家电网有限公司发布《构建以新能源为主体的新型电力系统行动方案（2021—2030年）》（以下简称为《国网行动方案》）、中国南方电网有限责任公司发布《建设新型电力系统行动方案（2021—2030年）》（以下简称为《南网行动方案》）。本节重点梳理《国网行动方案》和《南网行动方案》中新型电力系统的定义和建设目标，明确新型电力系统建设初期（2021—2030 年）的重点任务。

1. 新型电力系统的定义

1）《国网行动方案》。新型电力系统承载着能源转型的历史使命，是清洁低碳、安全高效能源体系的重要组成部分，是以新能源为供给主体、以确保能源电力安全为基本前提、以满足经济社会发展电力需求为首要目标，以坚强智能电网为枢纽平台，以源网荷储互动与多能互补为支撑，具有清洁低碳、安全可控、灵活高效、智能友好、开放互动基本特征的电力系统。

2）《南网行动方案》。建设新型电力系统是应对持续可靠供电、电网安全稳定运行、电网公司运营模式等挑战的必然选择。构建以新能源为主体的新型电力系统，将促进全行业产业链、价值链上下游紧密协同，推动新能源技术创新发展和产业持续变革，是能源电力行业实现跨越式发展的重大战略机遇。中国南方电网有限责任公司将牢牢把握建设新型电力系统的重大机遇，立足新发展阶段、贯彻新发展理念、构建新发展格局，实施创新驱动战略，加快数字化转型，通过数字技术与公司业务、管理深度融合，全面推动公司战略转型和高质量发展。

2. 建设目标

《国网行动方案》提出的总体目标是，到 2035 年，基本建成新型电力系统，到 2050 年全面建成新型电力系统。

2021—2035 年是建设期。新能源装机逐步成为第一大电源，常规电源逐步转变为调节性和保障性电源。电力系统总体维持较高转动惯量和交流同步运行特点，交流与直流、大电网与微电网协调发展。系统储能、需求响应等规模不断扩大，发电机组出力和用电负荷初步实现解耦。

2036—2060 年是成熟期。新能源逐步成为电力电量供应主体，火电通过 CCUS 技术逐步实现净零排放，成为长周期调节电源。分布式电源、微电网、交直流组网与大电网融合发展。系统储能全面应用、负荷全面深入参与调节，发电机组出力和用电负荷逐步实现全面解耦。

为此，《国网行动方案》提出要实现三个方式和三个模式的转变。在公司发展方式上，按照“一体四翼”发展布局，由传统电网企业向能源互联网企业转变，积极培育新业务、新业态、新模式，延伸产业链、价值链。在电网发展方式上，由以大电网为主，向大电网、微电网、局部直流电网融合发展转变，推进电网数字化、透明化，满足新能源优先就地消纳和全国优化配置需要。在电源发展方式上，推动新能源发电由以集中式开发为主，向集中式与分布式开发并举转变；推动煤电由支撑性电源向调节性电源转变。在营销服务模式上，由为客户提供单向供电服务，向发供一体、多元用能、多态服务转变，打造“供电+能效服务”模式，创新构建“互联网+”现代客户服务模式。在调度运行模式上，由以大电源大电网为主要控制对象、源随荷动的调度模式，向源网荷储协调控制、输配微网多级协同的调度模式转变。在技术创新模式上，由以企业自主开发为主，向跨行业、跨领域合作开发转变，技术领域向源网荷储全链条延伸。

《南网行动方案》提出的总体目标是，2025 年前，大力支持新能源接入，具备支撑新能源新增装机 1 亿 kW 以上的接入消纳能力，初步建立以新能源为主体的源网荷储体系和市场机制，具备新型电力系统基本特征。

2030 年前，具备支撑新能源再新增装机 1 亿 kW 以上的接入消纳能力，推动新能源装机处于主导地位，源网荷储体系和市场机制趋于完善，基本建成新型电力系统，有力支持南方五省区及港澳地区全面实现碳达峰。

2060 年前，新型电力系统全面建成并不断发展，全面支撑南方五省区及港澳地区碳中和目标实现。

3. 建设初期的重点任务

重点任务一：提升清洁能源优化配置和消纳能力

《国网行动方案》提出，加快特高压电网建设，“十四五”期间 500 kV 及以上电网建设投资约 7000 亿元，2025 年，华北、华东、华中和西南特高压网架全面建成；提高跨省跨区输送清洁能源力度，2025 年，公司经营区跨省跨区输电能力约 3.0 亿 kW，2030 年约 3.5 亿 kW，输送清洁能源占比达到 50%以上；加大配电网建设投入，“十四五”期间配电网建设投资超过 1.2 万亿元，占电网建设总投资的 60%以上。

《南网行动方案》提出，加快新能源接入电网建设。重点推进广东、广西海上风电，云南滇中地区新能源，贵州黔西、黔西北地区新能源等配套工程建设；建设“强简有序、灵活可靠、先进适用”的配电网，支持分布式新能源接入。通过努力，到 2025 年，具备支撑新能源新增装机 1 亿 kW 以上的接入消纳能力，非化石能源占比达到 60%以上；到 2030 年，具备支撑新能源再新增装机 1 亿 kW 以上的接入消纳能力。

重点任务二：加强调节能力建设，提升系统灵活性水平

（1）《国网行动方案》

1）加快建设抽水蓄能电站。落实公司加快抽水蓄能开发建设 6 项重要

举措，推动抽水蓄能电站科学布局，向社会开放抽水蓄能项目，引导社会资本投资建设，多开多投。加快已开工的4133万kW抽水蓄能电站建设，“十四五”期间新开工2000万kW以上抽水蓄能电站，2025年公司经营区抽水蓄能装机超过5000万kW，2030年达到1亿kW。

2）全力配合推进火电灵活性改造。推动各省明确改造规模、具体项目、进度安排，2025年力争“三北”（即东北、华北北部和西北）地区累计完成2.2亿、东中部地区累计完成1亿kW改造任务。推动各省全面启动调峰辅助服务市场建设，尽快建立健全调峰、调频辅助服务机制，调动火电参与灵活性改造和调峰积极性。

3）支持新型储能规模化应用。按照国家政策要求，大力支持电源侧储能建设，积极服务用户侧储能发展，提供技术咨询和并网服务。对符合国家规定的项目优先并网、充分利用。积极推动并参与制定新型储能规划设计、建设安装、并网调试、运行监测等全环节标准体系。2025年，公司经营区新型储能容量超过3000万kW，2030年1亿kW左右。

4）扩大可调节负荷资源库。开展可调节负荷资源普查。建成27家省级智慧能源服务平台，聚合各类资源，积极参与需求响应市场、辅助服务市场和现货市场。推动各省出台需求响应支持政策和市场机制，通过市场机制合理分配成本和收益。配合政府编制有序用电方案，达到最大负荷20%以上且覆盖最大电力缺口。到2025年、2030年，可调节负荷容量分别达到5900万kW、7000万kW。

（2）《南网行动方案》

1）大力发展抽水蓄能，加快推进广东惠州、肇庆及广西南宁等抽水蓄能前期工程，“十四五”和“十五五”期间分别投产500万kW和1500万kW抽水蓄能，2030年抽水蓄能装机达到2800万kW左右。

2）研究制定新型储能配置系列标准，编制南方区域储能规划，推动按照新增新能源的20%配置新型储能，明确各地区规模及项目布局，“十四五”和“十五五”期间分别投产2000万kW新型储能。

3）推动火电灵活性改造及具备调节能力的水电扩容，具备改造条件的煤电机组最小技术出力达到20%~40%，龙滩等具备调节能力的水电站扩建机组，充分发挥常规电源的调节潜力。通过加快提升调节能力建设，合理优化电源结构，有力保障新能源消纳利用率在95%以上。

重点任务三：源网协调发展，提升新能源开发利用水平

（1）《国网行动方案》

1）做好新能源接网服务工作。针对新能源与送出工程建设周期不匹配的问题，开辟风电、太阳能发电等新能源配套电网工程建设“绿色通道”，加快接网工程建设，确保电网电源同步投产。深化应用新能源云，为新能源规划、建设、并网、消纳、补贴等全流程业务提供一站式服务，实现全环节工作高效化、透明化。到2025年，公司经营区风电、太阳能发电总装机容量将达到8亿kW以上，2030年达到12亿kW以上。

2）支持分布式新能源和微电网发展。配合政府部门做好分布式电源规划，明确分省、分地市、分县的开发规模。完善公司服务分布式新能源发展指导意见，继续做好一站式全流程免费服务，实现“应并尽并、愿并尽并”。研究微电网功能定位、发展模式、运行机制，完善标准体系，制定典型设计，提供“三零”“三省”并网服务。到2025年，公司经营区分布式新能源装机达到1.8亿kW以上，2030年达到3.5亿kW以上。

3）不断扩大清洁能源交易规模。“十四五”期间，推广中长期交易+现货交易+应急调度的新能源消纳模式，开展绿电交易、发电权交易、新能源优先替代等多种形式交易，强化市场协同运营。2025年、2030年，公司经营区新能源发电量占总发电量的比例分别超过15%、20%。

（2）《南网行动方案》

1）全力推动新能源发展。完成南方电网“十四五”电力发展规划研究，支持新能源大规模接入。到2025年，具备支撑新能源新增装机1亿kW以上的接入消纳能力，非化石能源占比达到60%以上；到2030年，具备支撑新能源再新增装机1亿kW以上的接入消纳能力，推动新能源成为南方区域第一大电源，非化石能源占比达到65%以上。

2）完善新能源接入流程。制定新能源入网、并网、调试、验收、运行、计量、结算等管理制度，强化新能源接入的全流程制度化管理，做到“应并尽并”；完善新能源风机防凝冻能力、宽频测量等技术标准，全面满足新能源广泛接入需求。

3）加强新能源并网技术监督。研究制定新能源技术监督流程、制度，充实配置网省两级专业技术力量，组织开展新能源型式试验、现场测试等涉网相关专项技术监督工作，大力提升新能源涉网安全性能，满足大规模新能源安全并网需求。

重点任务四：加强电网数字化转型，提升能源互联网发展水平

（1）《国网行动方案》

1）提升配电网智慧化水平。加大中压配电网智能终端部署、配电通信网建设和配电自动化实用化，并向低压配电网延伸，大幅提高可观性、可测性、可控性。推动应用新型储能、需求侧响应，通过多能互补、源网荷储一体化协调控制技术，提高配电网调节能力和适应能力，促进电力电量分层、分级、分群平衡。2025年，基本建成安全可靠、绿色智能、灵活互动、经济高效的智慧配电网。

2）打造电网数字化平台。加快信息采集、感知、处理、应用等环节建设，构建连接全社会用户、各环节设备的智慧物联体系，推广人工智能、国网链、北斗等共性平台和创新应用，提高全息感知和泛在互联能力，实现电网、设备、客户状态的动态采集、实时感知和在线监测。加快国网云平台建设，推广网上电网等业务应用，打造数字孪生电网，加快推动电网向能源互联网升级。

3）构建能源互联网生态圈。推动新能源云成为国家级能源云，完善新能源资源优化、碳中和支撑服务、新能源工业互联网、新型电力系统科技创新四大平台。建设能源大数据中心，推动能源数据统一汇聚与共享应用。建设能源工业云网，为产业链上下游企业提供"上云用数赋智"服务。依托电网平台，加大数据共享和价值挖掘，拓展新业务、新业态、新模式。

（2）《南网行动方案》

1）提升数字技术平台支撑能力。开展南网公有云建设运营，基本完成南方能源数据中心建设；选取新能源接入比例较高的区域电网，开展数字电网承载新型电力系统先行示范区建设；全面建成数据资产管理体系，持续推进数据资产化、要素化，完成数字电网标准与管控体系建设，形成配套管理制度及运行机制；持续完善全域物联网平台采集终端建设，提升新型电力系统边缘感知能力。

2）提升数字电网运营能力。基于大数据、人工智能技术，开展电源、电网规划、工程建设选址选线等业务；在公司统一电网管理平台建设基础上，推动电网规划、建设、运维、物资、调度、营销等多专业高效协同，确保面向千万级新能源客户的高效服务水平，支撑以海量新能源为主体的新型电力系统运行管理及控制。

《国网行动方案》提出，加强电网调度转型升级，提升驾驭新型电力系统的能力。

1）构建新型电力系统安全稳定控制体系。攻克新型电力系统基础理论和稳定机理，建设以多时间尺度、平台化、智能化为特征的电网仿真平台，掌握“双高”电力系统运行特性。构建新型电力系统故障防御体系，建设自主可控新一代变电站二次系统，推动安全自动装置标准化应用，巩固完善“三道防线”。结合IT新技术，建设“人机融合、群智开放、多级协同、自主可控”的新一代调度技术支持系统。

2）建设适应电力绿色低碳转型的平衡控制和新能源调度体系。提高新能源预测精度，推广长周期资源评估和功率预测技术。研究适应分布式新能源大规模接入的负荷预测技术及标准。加强电网统一调度，充分发挥源网荷储各类资源的调节作用，保障电力可靠有序供应。2025年，省级电网负荷、新能源、分布式日前预测准确率整体提升至97%、90%、85%以上。

3）建设适应分布式电源发展的新型配电调度体系。建设贯穿国分省地县的分布式电源调度管理系统，构建全景观测、精准控制、主配协同的新型有源配电网调度模式。推广5G+智能电网调控应用，满足海量分布式电源调度通信需求，实现广域源网荷储资源协调控制。研究基于先进通信的配电网保护配置、主动配电网运行分析及协调控制等技术，全面升级配电网二次系统，实现方式灵活调节和故障快速隔离。

《南网行动方案》提出，建设新型电力系统智能调度体系。一是提升新能源调度运行管理能力，制定南方电网新能源调度运行管理提升工作方案，建设南方区域气象信息应用决策支持系统、新能源运行数据管理分析平台和综合信息平台；二是提升新型电力系统的安全调控能力，完成“云边融合”智能调度运行平台示范应用，建设网/省/地新一代新能源功率预测系统、系统调节能力监控系统、大电网频率稳定在线智能分析系统等。

重点任务六：关于节能提效，提升终端消费电气化水平

《国网行动方案》提出，加强全社会节能提效，提升终端消费电气化水平。

1）推动低碳节能生产和改造。落实国家能源双控政策，密切跟踪重点省份“两高”企业调整和转移情况，严格实施用户并网审核，严禁不符合环保要求的项目并网，严格执行差别性电价政策。开展“两高”企业用能

监测和分析，为政府监管考核提供支撑。全面实施电网节能管理，开展绿色采购和绿色建造。加强六氟化硫气体数字化管控。

2）持续拓展电能替代广度、深度。在工业、建筑、交通等领域，大力推进以电代煤、以电代油、以电代气。推动1000 t及以上码头岸电设施全覆盖、长江船舶靠港使用岸电常态化。推动燃煤自备电厂清洁替代，科学稳妥推进北方“煤改电”清洁取暖。做好充换电网络布局规划，形成高效、稳定、可持续的车网互动业务模式和市场运作机制。2021—2030年，累计替代电量超过1万亿kW·h。

3）开展综合能源服务。聚焦公共建筑、工业企业和农业农村等领域，积极拓展综合能源实体项目和增值服务。以能效提升、分布式新能源开发利用为重点，开展楼宇建筑能源托管、供冷供暖、智能运维等业务。依托省级智慧能源服务平台，定期向客户推送用电能效账单、综合能效诊断报告。“十四五”期间力争实现10 kV及以上高压供电客户能效服务能力全覆盖。

《南网行动方案》提出，推动能源消费转型。

1）全力服务需求侧绿色低碳转型。严格落实国家能源消费总量和强度双控要求，配合国家坚决遏制高耗能、高排放项目盲目发展；开展多能耦合、灵活用能的综合能源服务解决方案研究与应用，为用户提供灵活的用能解决方案，打造多能互补综合能源服务示范项目，着力提升能源使用效率。

2）深化开展电能替代业务。研究在交通、工业、建筑、农业等领域推进“新电气化”的政策、机制和实施路径。在粤港澳大湾区、海南自贸港等重点区域推广港口岸电、空港陆电、油机改电技术，在交通领域推进以电代油，在工业、建筑等领域持续提高电加热设备的应用比例。到2030年，推动南方五省区电能占终端能源消费比重提升至38%以上。

3）推进需求侧响应能力建设。深入挖掘弹性负荷、虚拟电厂等灵活调节资源，推动政府建立健全电力需求响应机制，激励各类电力市场主体挖掘调峰、填谷资源，引导非生产性空调负荷、工业负荷、充电设施、用户侧储能等柔性负荷主动参与需求响应。到2030年，实现全网削减5%以上的尖峰负荷。

重点任务七：关于开展电力技术创新，对系统运行安全和效率的支撑

《国网行动方案》提出，加强能源电力技术创新，提升运行安全和效率水平。

1）实施科技攻关行动计划。制定并加快实施“新型电力系统科技攻关

行动计划”，以“三加强”（加强源网荷储协同发展、绿色低碳市场体系构建、电力系统可观可测可控能力建设）、“三提升”（提升新能源发电主动支撑、系统安全稳定运行、终端互动调节）为攻关方向，统筹推进基础理论研究、关键技术攻关、标准研制、成果应用和工程示范。联合能源电力行业上下游高校院所、企业协同攻关，深化产研用协同，打造开放共享创新平台。2021—2030年，安排研发经费投入3000亿元以上。

2）加快关键技术攻关。重点突破新能源发电主动支撑、智能调度运行控制、市场运营协同、多能互补运行等技术，开展多尺度电力电量平衡、源网荷储协调规划等理论研究，推进大容量电化学储能、需求侧互动响应、柔性输电等技术进步和规模化应用，试验示范直流组网、氢能绿色制取与高效利用、超导输电等技术。

3）开展关键装备和标准研制。制定国家电网技术成熟度评价体系，遴选出一批前景广阔、成熟度高的新技术、新产品，加快推广应用。编制“新型电力系统技术标准体系框架”，重点开展新型电力系统构建及运行控制、分布式新能源及微电网、新能源和储能并网、需求响应等的标准制定。超前布局标准国际化方向。

4）推进新型电力系统示范区建设。选择西藏藏中、新疆南疆、河北张家口作为地区级示范区，重点研究送端高比例新能源电力系统构建方案，推广“新能源+储能+调相机”发展模式。选择福建、浙江、青海作为省级示范区，重点研究送/受端大电网与分布式、微电网融合发展方案，以及适应新能源发展的政策和市场机制。

《南网行动方案》提出，加强科技支撑能力。

1）深入开展新型电力系统基础理论研究。设立重大科技专项，深入研究新型电力系统构建理论、源网荷储协调规划理论、经济运行理论及政策，研究数字电网推动构建新型电力系统的体系架构、运行机理与控制理论等；深入开展系统运行控制理论研究，重点研究新型电力系统建模仿真、稳定机理、运行控制及优化调度理论。

2）加快关键技术及装备研发应用与示范。深入研究大规模新能源并网消纳技术，重点开展全时间尺度电力电量平衡方法研究，完成网、省及重点城市虚拟电厂平台部署及应用；深入研究新型电力系统运行控制技术，重点开展新能源精细化建模与测试、频率电压控制、大电网谐波谐振机理及防治等技术；引导、推进新型电力系统先进电气装备研究，重点开展柔性直流海上换流平台、直流配用电装备、先进储能设备研制，推进可变速抽水蓄能机组国产化、规模化应用。

3）探索建立新型电力系统产业联盟。以建设新型电力系统为契机，积极推进上下游产业互动对接，建立产学研创新联合体，探索建立新型电力系统产业联盟，促进形成国际一流的新型电力系统相关装备、运营、服务产业链，充分发挥平台型企业优势，将公司打造成为原创技术策源地、现代产业链链长。

重点任务八：关于市场机制建设，电力价格形成机制

《国网行动方案》提出，加强配套政策机制建设，提升支撑和保障能力。

1）推动健全电力价格形成机制。研究新型电力系统构建新增成本和疏导问题，配合政府部门健全价格体系，按照“谁受益、谁承担”原则，由各市场主体共同承担转型成本。通过输配电价合理疏导电网建设运营成本，还原电力商品价值属性。研究碳价体系，计算其他行业向电力行业转移的减碳成本，推动建立向受益行业合理分摊、传导电力系统成本的机制。

2）推进全国统一电力市场建设。加快推动建设竞争充分、开放有序的统一电力市场，在全国范围内优化配置清洁能源。完善中长期、现货和辅助服务衔接机制，探索容量市场交易机制，开展绿色电力交易，推动可再生能源参与电力市场。研究电力市场和碳市场协同机制、碳价格与电价联动机制。建立公司碳管理体系，促进绿色低碳产业发展，拓展碳金融、绿色金融业务。2030 年，初步建成适应新能源为主体的全国统一电力市场。

3）构建能源电力安全预警体系。预判重点行业用电需求增长，滚动分析未来两年电力供需和电网安全形势，及时向政府部门汇报和预警。推动建立政府、企业和社会各负其责的燃料供应储备体系，确保极端情景下的电力供应。开展客户安全在线诊断，完善重要输电通道、关键信息基础设施安全预案，强化市场运营风险管控，建设全场景网络安全防护体系。

《南网行动方案》提出，完善市场机制建设。

1）建立健全南方区域统一电力市场。按计划完成南方区域统一电力市场建设，为新能源的充分利用提供市场支撑；推动制定适应高比例新能源市场主体参与的中长期、现货电能量市场交易机制，推动开展绿色电能交易，建立电能量市场与碳市场的衔接机制。

2）深化南方区域电力辅助服务市场建设。完善调频、调峰、备用等市场品种，研究制定适应抽水蓄能、新型储能、虚拟电厂等新兴市场主体参与的交易机制，有效疏导系统调节资源成本；设计灵活多样的市场化需求响应交

易模式，推动南方五省区完成需求响应市场建设，促进用户侧参与系统调节。

3）推动建立源网荷储利益合理分配机制。研究优化电力市场价格机制、储能价格机制、输配电价机制，充分利用未来新能源发电成本下降空间，研究电源、电网、储能之间的利益分配机制，合理疏导调节资源和输配电网成本；推动建立健全峰谷电价、尖峰电价、可中断负荷电价等需求侧管理电价机制，激励用户侧参与系统调节；积极推动相关政策落地，做好政策实施的执行保障。

3.5 构建新型电力系统的相关建议

1）构建新型电力系统，需要推动关键核心技术突破。需要在电制氢、CCUS、碳排放评估、电力数字化、储能、电力电子设备主动支撑技术、需求响应、电力市场等方面加大技术研发，但上述技术绝大部分还处于成熟度不高、稳定性不足的状态，无法大规模推广应用。

2）构建新型电力系统，要解决好安全问题。在碳达峰、碳中和目标下，随着生产和消费侧电能占比的提高，电力作为基础能源的作用和地位愈加重要，而电力生产又以强不确定性的风光为主，各时空尺度的能源安全（主要体现在电力）挑战巨大，从毫秒级的设备安全、秒/分的运行控制安全、小时/天的调度安全、周/年的供给安全，以及物理、功能、跨行业和社会等广义空间尺度的安全，需要从全社会的视角审视电力安全问题，需要通过创新来解决电力安全问题。

3）构建新型电力系统，要多行业、多主体统筹推进。在建设新型电力系统的过程中保证电力安全，是一项复杂的系统工程，需要各级政府、各行各业协同，通过政策、法规和体制机制创新，业态、市场和电价机制创新，以及技术创新来共同解决。

4）构建新型电力系统，要明确阶段、分步实施。从能源电力系统的发展来看，近期是能源转型期，任务是市场、法规、技术的研发；中期是新型电力系统形成期，完善政策法规和市场电价机制，解决新型电力系统构建和安全运行问题；远期是新一代能源系统形成期，解决能源近零排放和能源电力安全问题。因此，建设新型电力系统一定要遵循科学规律，做到规划上由远及近、措施上全面具体，分阶段统筹实施。

第4章

新型电力系统关键技术

4.1 系统平衡与电力供应

4.1.1 电力电量平衡关键技术

1. 电力电量平衡的定义和运用

研究整个电力系统中各电站如何运行，供电的年、月、日变化情况，以及各电站机组进行年计划检修的时间安排和负担全系统的负荷备用、事故备用等情况，这些设计工作称为运行方式的电力电量平衡。电力系统的电力电量平衡主要是研究系统中各电站如何满足用户的电力和电量要求，即研究电力电量的供求关系。编制电力系统电力电量平衡的目的，是根据系统负荷要求，对已建（包括新设计的）和待建水、火电站的容量与发电量进行合理安排，使它们在规定的设计负荷水平年中达到容量和电量的全面平衡。

编制电力电量平衡一般针对整个电力系统，但在下述情况时尚须考虑编制分区的电力电量平衡。

1）系统中有若干电站分区供电的情况。

2）若干原有地区系统联合成新的统一的大区电力系统。

电力系统电力电量平衡的原则是：在满足电力系统出力和电量要求的前提下使系统中燃料的消耗最经济，且使电力系统工作的保证率达到设计要求。设计阶段的系统电力电量平衡是以设计负荷水平年进行编制的，同时需要考虑各种可再生能源随气象、节气和时令变化的特点。

随着工农业的发展，电力系统的用电负荷逐月、逐年都在增加。为了满足用户的需要，系统中所有电站装机容量的总和必须大于系统的最大负荷。

装机容量：指系统中各类电厂发电机组额定容量的总和。

工作容量：指发电机负担电力系统正常负荷的容量，在电力平衡表中的工作容量是指电力系统最大负荷时的工作容量。对于负担基荷的电厂出力就是其工作容量，负担峰荷和腰荷的发电厂以日负荷最大时刻的出力作为其工作容量。水电厂的工作容量是指按保证出力运行时所能提供的发电容量，一般按水电的日电量在冬季日负荷曲线上所能承担的最大容量确定，其大小与其保证出力及其在电力系统日负荷曲线上的工作位置有关。

必需容量（或需装机容量）：指维持电力系统正常供电所必需的装机总容量，即工作容量和备用容量之和。

备用容量：指为了维持电力系统正常运转、保证系统不间断供电，并保持在额定频率下运行而设置的部分装机容量。它包括负荷备用、事故备用和检修备用容量三部分。负荷备用容量是指负担电力系统一天内瞬时的负荷波动和计划外的负荷增长所需要的发电容量，在规划设计中，一般取为系统最大负荷的5%。事故备用容量是指电力系统中发电设备发生偶然事故时为保证正常供电所需要的发电容量，其大小与系统容量的大小、发电机组台数的多少、单机容量的大小、系统中各类发电厂的比重、系统供电可靠性的要求等有关。在规划设计中，它一般取最大负荷的10%，但不小于系统中最大机组的容量。系统事故备用容量在水火电之间的分配，一般可按水火电工作容量的比例。检修备用容量是指在电力系统一年内的低负荷季节不能满足全部机组按年计划检修而必须增设的发电容量；在系统中，必须使所有机组有可能进行周期性的停机检修，只有当季节性负荷低落时所空出的容量不足以保证全部机组检修时，才需要设置检修备用容量。

电力电量平衡的基本关系式为

$$E_{需}=E_{系}=E_{水}+E_{火}+E_{其他} \tag{4-1}$$

式中，$E_{需}$为电力系统需要的电量（kW·h）；$E_{系}$为电力系统总发电量（kW·h）；$E_{水}$、$E_{火}$、$E_{其他}$为水、火电站和其他电站的发电量（kW·h）。

电力电量平衡一般以月为单位时段，故以月平均出力表示月发电量。电力系统电力电量平衡是以平衡图表来表示的，它阐明电力系统的全年供电情况、各种电站装机的利用程度、规划设计的水电站在电力系统中的作用及运行方式，并且确定了机组进行年度检修的条件和系统中备用容量的保证程度。通过编制电力电量平衡图表可以对某些不合适的安排进行调整，甚至修改选定的装机容量。

新型电力系统的电力电量平衡非常复杂，面临系统调峰与供电保障的双重困境，传统方法难以全面反映多变的多时间尺度平衡场景，且储能时序平衡难以计及，故亟须8760 h的时序生产模拟工具支撑。

2. 常规电力电量平衡原则和方法

（1）发电总容量的确定

电力电量平衡是电力电量供应与需求之间的平衡。根据预测的电力负荷在电力电量平衡基础上可确定规划期内应该达到的发电设备总容量。在由传统电源构成的电力系统中，在考虑到负荷预测的误差以及应对运行中可能出现的事故，规划电源容量中不仅需要具有工作容量，还需要具备充足的备用容量。

传统电源既具有容量价值，为满足发电可靠性做出贡献，又具有能量价值，为满足长期电能需求做贡献。

（2）发电规划准则

在电力电量平衡基础上确定的电源规划方案，能否满足电力系统安全要求，应依据电源规划准则、通过发电可靠性分析进行评估。

衡量发电系统可靠性的标志是发电系统的充裕度。发电系统充裕度，是在发电机组电压水平限度内，考虑机组的计划和非计划停运及出力限制，向用户提供总的电力和电量需求的能力。电源系统可靠性准则有两种：确定性准则和概率性准则。

1）确定性准则采用确定性指标。通常用系统最大负荷 P_{max} 的百分数表示。我国采用确定性指标，一般要求工作容量应达到最大负荷水平，而系统总备用容量不低于系统最大负荷的20%。

2）概率性准则采用概率性指标，主要有电力不足期望值（Loss of Load Expectation，LOLE）、电力不足概率（Loss of Load Probability，LOLP）、电量不足期望值（Expected Energy Not Supplied，EENS）等。

概率性准则在国外获得广泛应用，各国提出的概率性准则不同，美国采用 LOLE 为1天/10年，也就是说，10年中电力不足时间不得超过1天。

3. 间歇式能源参与电力电量平衡的方法

间歇式能源，由于其存在的波动性和不确定性特点，其容量价值，也即为发电可靠性所做的贡献通常被忽略，所以，间歇式能源通常并不参与电力电量平衡，即被看作仅具备能量价值、不具备容量价值的电源，在运行中作为只有能源价值的发电机组参与电能生产。但是，随着间歇式能源规模的增加，如其容量价值仍被忽略，就会给系统规划和运行阶段的分析评估，特别是经济性评估带来较大的误差。因此，近年来规划部门开始关注风力发电和光伏发电等间歇式能源参与电力电量平衡的方法。目前共形成以下三种方法。

1）忽略间歇式能源的容量价值，按照预测负荷采用传统的电力电量平衡方法进行分析计算。

2）将间歇式能源的出力看作负负荷（Negative Load），由此得到的净负荷（Net Load）作为电力电量平衡的依据，然后采用传统的电力电量平衡方法进行分析计算。

3）计及间歇式能源的容量价值，确定间歇式能源的置信容量，以此容量参与电力电量平衡。

前两种方法简单易行，也是现阶段比较常见的两种方法，仅就电力电量平衡而言，和传统方法并没有本质区别。但多数情况下，间歇式能源与负荷具有一定的相关性，可发挥削峰作用。第一种方法忽略了间歇式能源的容量价值，将导致严重的资源浪费，较低的经济价值也阻碍了风力发电和光伏发电的大规模发展。第二种方法将间歇式能源出力看作负负荷，从一定程度上体现出了间歇式能源的容量价值，但却忽略了间歇式能源的不确定性，增加了发电系统的运行风险。因此，这两种方法虽然操作简单，但并不值得推荐。越来越多的电力规划部门开始采用第三种方法，即计及间歇式能源的容量价值，确定间歇式能源的置信容量，以此容量参与电力电量平衡。

4. 源网荷储协同的电力电量平衡计算方法

新型电力系统需要同时面对供需两端的巨大变化，风光出力的强随机性、波动性和用电负荷的日益尖峰化都给电力电量平衡带来了巨大的挑战，传统的源荷实时平衡模式难以为继，需要在更大的时间尺度和空间范围内，重新构建源荷储三者参与的电力电量平衡模式。

通过研究源网荷储各类资源主体的调节特性模型，人们提出了跨区源荷双向响应的分层协调时序电力电量平衡计算方法，采用分层分区可控互济求解方法，实现基于实际电网拓扑的源网荷储生产模拟仿真，求解算法流程如图 4-1 所示。

基于该方法，中国电力科学研究院研发了 8760 h 源网荷储协同一体化时序生产模拟系统，目前第一代系统已应用于国家电网公司“十四五”电网规划供需平衡分析，可支持万节点级电网规划与运行计算，计算耗时达分钟级，能够一揽子给出 8760 h 电力电量平衡结果、新能源利用率、可再生能源消纳责任权重完成度等关键指标，显著提升源网荷储协同规划与运行水平。系统结果展示界面如图 4-2 所示，系统计算得到的开机出力位置展示界面图 4-3 所示。

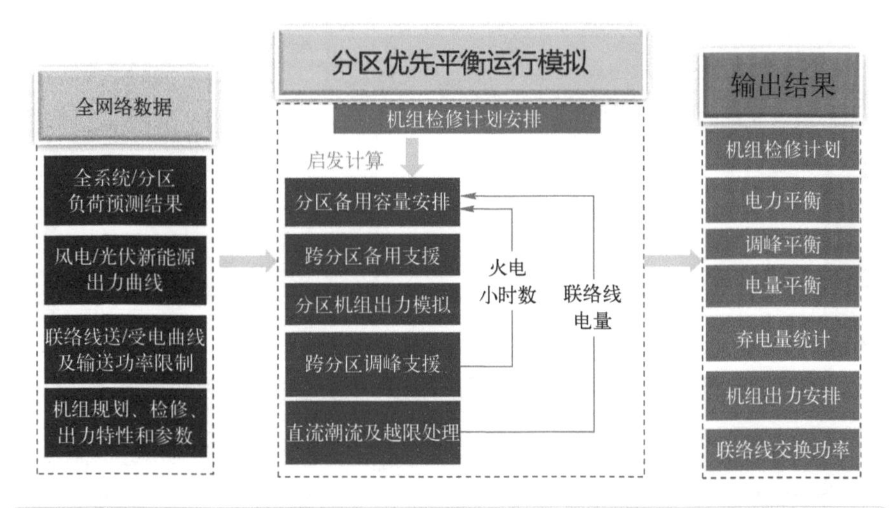

图 4-1 时序生产模拟模型的启发式求解算法流程

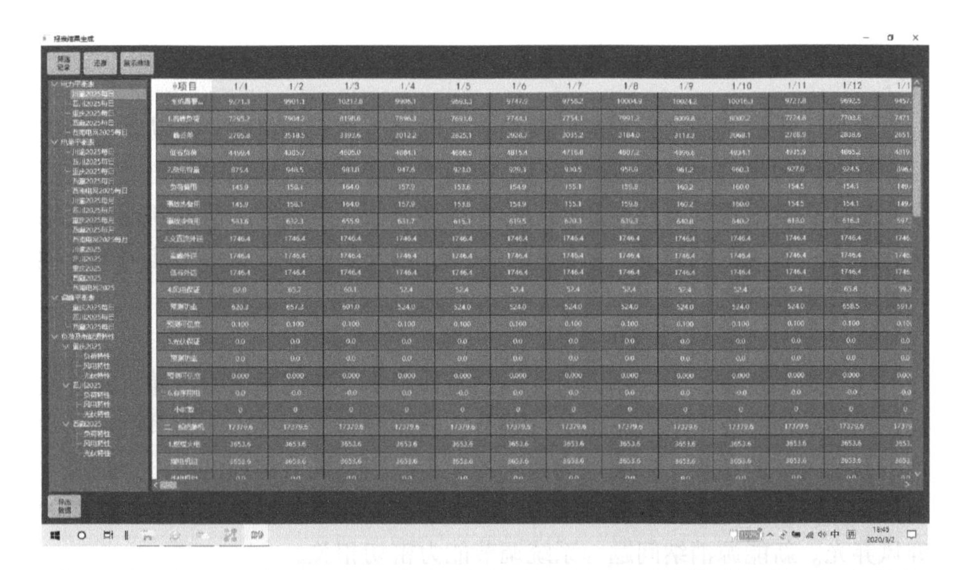

图 4-2 源网荷储协同一体化时序生产模拟工具输出结果

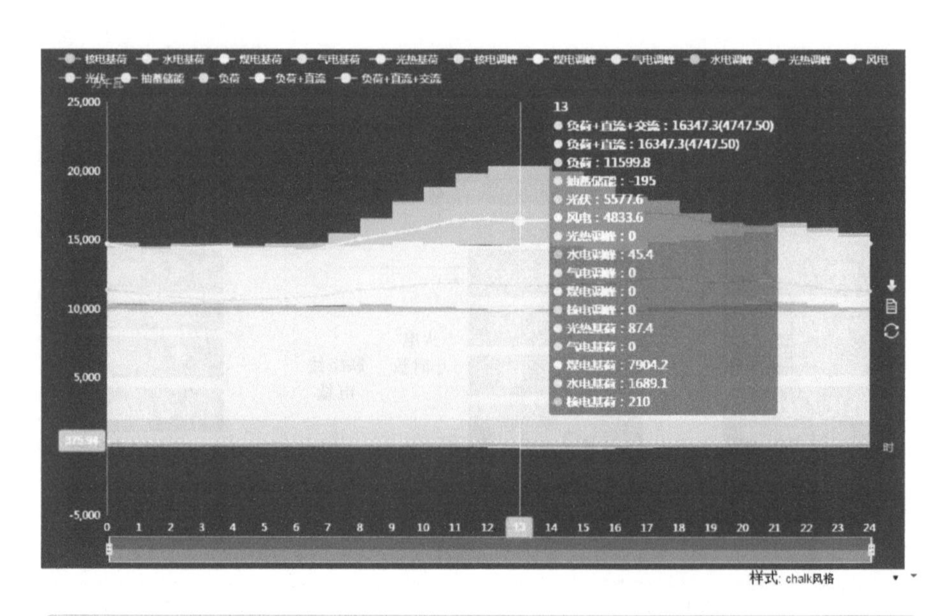

图 4-3　开机出力位置展示界面

4.1.2　新能源消纳评估关键技术

受风、光的资源特性影响，新能源发电出力具有随机性、波动性和间歇性，在新能源出力无法大规模存储的前提下，新能源消纳能力受电力系统互联互通水平、电源调节性能和负荷特性等多方面因素制约。研究新能源消纳运行机理、系统消纳间歇式新能源的原则，以及影响新能源消纳能力的关键因素具有重要意义。

（1）新能源消纳运行机理

受电力系统发、供、用同时完成的特性影响，新能源出力的随机性、波动性和间歇性需要由电力系统统一调节，新能源高比例接入电力系统后，增加了系统调节的负担。传统电力系统的平衡原则是调节常规电源出力跟踪负荷变化，维系电力系统的动态平衡，电力系统调节能力不足将导致新能源的弃风弃光。新能源消纳问题与系统调节能力密切相关。

在一定规模的传统电力系统中，系统调节能力与电源结构相关，主要由电源调节性能决定，不同类型电源的调峰深度有很大差异。从不同电源类型来看，凝汽燃煤机组和供热火电机组调节性能较差；燃气、抽水蓄能、水电等电源能够快速启停、大幅调节，可灵活参与平衡；核电机组通常作为基荷运行，较少参与系统调节。我国电源结构以火电为主，电源总体调节性能主要取决于火电调峰深度和灵活调节电源比例。

对于内部无网络约束的电力系统，新能源消纳只需满足发、用电动态平衡和系统调节能力下限约束，“负荷+外送电力”曲线与系统调节能力下限之间的系统调节空间，即理论上的新能源最大消纳空间，如图4-4所示。

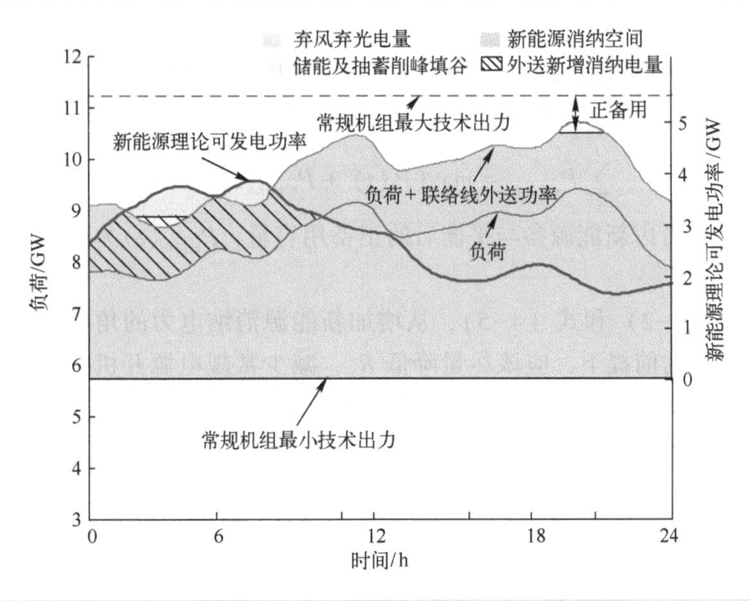

图4-4 新能源消纳空间示意图

系统t时刻最大可消纳新能源电力$P_{\mathrm{a}}(t)$满足：

$$
\begin{aligned}
P_{\mathrm{a}}(t) &= P_{\mathrm{l}}(t)+P_{\mathrm{t}}(t)-\sum_{i}^{I}P_{\mathrm{g},i,\min} \\
&= P_{\mathrm{l}}(t)+P_{\mathrm{t}}(t)-\sum_{i}^{I}(P_{\mathrm{g},i,\max}-\beta_i P_{\mathrm{g},i,\max}) \\
&= P_{\mathrm{l}}(t)+P_{\mathrm{t}}(t)-(1-\beta)\sum_{i}^{I}P_{\mathrm{g},i,\max}
\end{aligned}
\tag{4-2}
$$

$$
\beta=\sum_{i}^{I}\beta_i\cdot P_{\mathrm{g},i,\max}\Big/\sum_{i}^{I}P_{\mathrm{g},i,\max} \tag{4-3}
$$

式中，$P_{\mathrm{l}}(t)$为t时刻的负荷功率；$P_{\mathrm{t}}(t)$为t时刻的联络线外送功率，送出为正；$P_{\mathrm{g},i,\max}$为系统内第i台常规机组的最大技术出力；$P_{\mathrm{g},i,\min}$为系统内第i

台常规机组的最小技术出力；I 为系统中所有常规机组的台数；β_i是第 i 台机组的调峰深度；β 为系统内常规机组的平均调峰深度。

其中，联络线功率必须满足通道能力的约束：

$$P_{\mathrm{t,min}}(t) \leqslant P_{\mathrm{t}}(t) \leqslant P_{\mathrm{t,max}}(t) \tag{4-4}$$

式中，$P_{\mathrm{t,max}}(t)$、$P_{\mathrm{t,min}}(t)$是联络线在 t 时刻输送功率的最大值限制和最小值限制。

系统中常规机组的开机最大技术出力之和应为负荷和计划外送电力之和的最大值加上一定容量的正备用，如下式所示：

$$\sum_{i}^{I} P_{\mathrm{g},i,\max} = \max(P_{\mathrm{l}}(t) + P_{\mathrm{t,plan}}(t)) + R_{+} \tag{4-5}$$

式中，R_{+}为考虑新能源参与平衡后的正备用容量，$P_{\mathrm{t,plan}}(t)$为联络线计划外送功率。

由式（4-2）和式（4-5），从增加新能源消纳电力的角度，在满足平衡备用要求的前提下，应该尽量降低 R_{+}，减少常规电源开机总量，安排调峰能力强的机组运行，增加系统向下的调节能力。系统新能源消纳电量空间为最大可消纳新能源电力的积分，即

$$\begin{aligned} E_{\mathrm{a}} &= \int P_{\mathrm{a}}(t)\,\mathrm{d}t \\ &= \int \left[P_{\mathrm{l}}(t) + P_{\mathrm{t}}(t) - (1-\beta)\sum_{i}^{I} P_{\mathrm{g},i,\max}\right]\mathrm{d}t \end{aligned} \tag{4-6}$$

定义负荷率 λ 为一个开机周期 T 内平均负荷与最大负荷的比率：

$$\begin{aligned} \lambda &= \int P_{\mathrm{l}}(t)\,\mathrm{d}t \Big/ \int \max(P_{\mathrm{l}}(t))\,\mathrm{d}t \\ &= E_{\mathrm{l}} / (T\max(P_{\mathrm{l}}(t))) \end{aligned} \tag{4-7}$$

式中，E_{l}为负荷电量。

电网的负荷峰谷差越大，负荷率越小。需求侧响应的作用也可以实现削峰填谷，减小峰谷差，提高负荷率。孤立系统中，$P_{\mathrm{t}}(t)$为0，新能源消纳电量空间为

$$E_{\mathrm{a}} = E_{\mathrm{l}} - (1-\beta)\left(\frac{E_{\mathrm{l}}}{\lambda} + TR_{+}\right) \tag{4-8}$$

正备用 R_{+}的安排是运行控制因素，一般依据相关标准规定，在保证安全的基础上已经将 R_{+}优化至最小。从系统条件来看，孤立系统中的新能源

消纳主要由电源总体调节性能β、负荷电量E_l及负荷率λ决定。电源调节性能越好、负荷电量越高、峰谷差越小，新能源理论消纳空间越大。电网互联后，新能源消纳电量空间为

$$E_a = E_l - (1-\beta)\left(\frac{E_l}{\lambda} + TR_+\right) + E_{t,A} \tag{4-9}$$

$E_{t,A}$为电网互联增加的新能源消纳空间。实际电网中，计划外送电力通常安排参与调峰，送电高峰与负荷高峰时段重合，$E_{t,A}$可表示为

$$\begin{aligned} E_{t,A} &= \int [P_t(t) - (1-\beta)\max(P_{t,plan}(t))]\mathrm{d}t \\ &\leqslant TP_{t,max}(t) - \int (1-\beta)\max(P_{t,plan}(t))\mathrm{d}t \end{aligned} \tag{4-10}$$

由式（4-10）可知，减少常规电源计划外送电力，根据新能源出力灵活安排外送，能够最大限度地利用通道容量，增加新能源消纳空间。电网互联互通为实现调节能力的全局配置提供了物理支撑。

从体制机制上，新能源电力灵活外送需要配套建立跨区跨省交易和辅助服务市场机制，解除省间交易壁垒，调动调峰服务积极性。对于完全按照计划外送电力的情况，外送电力的作用等效于增加负荷，新能源消纳电量空间满足：

$$E_a = E_l + E_{t,D} - (1-\beta)\left(\frac{E_l + E_{t,D}}{\lambda_{l+D}} + TR_+\right) \tag{4-11}$$

$$\begin{aligned} \lambda_{l+D} &= \int (P_l(t) + P_{t,D}(t))\mathrm{d}t / \int \max(P_l(t) + P_{t,D}(t))\mathrm{d}t \\ &= (E_l + E_{t,D}) / (T\max(P_l(t) + P_{t,D}(t))) \end{aligned} \tag{4-12}$$

式中，$E_{t,D}$为计划外送电量，送出为正；λ_{l+D}为“负荷+外送电力”等效负荷的负荷率。

综上，从系统条件来看，电源调节性能（最大技术出力、最小技术出力）、电网互联互通（联络线外送能力）、负荷规模及峰谷差，是影响新能源消纳的几个关键因素。

（2）系统消纳间歇式新能源的原则

风电、光伏发电等间歇式新能源的规模化接入，对降低我国非化石能源在一次能源消费中的比重、减少单位国内生产总值二氧化碳排放，继而促进我国能源战略调整、转变电力发展方式、支撑国民经济的可持续发展，具有重要的战略意义。然而，由于风、光等一次能源所固有的间歇性和随机性等

特点，风力电站和光伏电站的可控性和出力可靠性均弱于常规电厂。为更好地发挥间歇式能源规模化接入后的容量效益和能量效益，需要特别重视间歇式能源的推进与电力系统的发展相匹配，注意以下原则。

1）间歇式能源建设与电力负荷需要相匹配。电力负荷的增长直接反映了国民经济发展和社会生活的用电需要。来自负荷的用电需求，是推动电源建设的根本动力。大规模间歇式能源的开发，必须与国家电力负荷的需要相匹配，后者是前者的刚性约束。

2）间歇式能源建设与系统消纳能力和技术水平相适应。由于其出力的波动性和间歇性，大规模间歇式能源接入后的消纳问题涉及电力系统运行的各个方面。在系统组成上，具有的可灵活调节的常规电源的容量、可参与波动性电力消纳的可控可调负荷的容量等，都决定着系统对间歇式能源的消纳能力。在技术层面，诸如间歇式能源出力预测的精度水平，电网运行控制水平（如 AVC 系统的运行水平）等，是系统消纳间歇式能源的重要支撑。间歇式能源的建设规模，应充分考虑现阶段及与间歇式能源开发时序相匹配的未来时间段内，系统所能具备的消纳能力和能够达到的技术水平。

3）间歇式能源的消纳应“本地优先平衡，大区统筹协调”。间歇式能源的本地优先平衡，有利于减少电力的远距离外送，提高系统运行的经济性。当间隙式能源出力超出本地消纳能力时，应在更大的区域内统筹协调消纳，以充分发挥风电、光伏发电等新能源的节能减排效益。

4）间歇式能源的消纳须以系统的安全性为前提。间歇式能源规模化接入后，在既定的系统负荷水平、常规电源装机组成和网架结构下，在某些情况下，受系统稳定性的约束，间歇式能源的出力不可能处于完全自由运行的状态。在这样的条件下，有必要舍弃一些间歇式能源的电力和电量。

5）间歇式能源的消纳宜综合考虑经济性等其他因素。以风电为例，在规划阶段，对一定安装容量的风电机组，如果视为等容量的常规电源进行输电规划，那么可以保证有足够的输电容量，但是投资较大。如果考虑比如按80%的风电装机容量进行输电配套建设，则会有一定时段的弃风，但是可以节省输电建设的投资。具体如何开展，应根据风资源特性来综合权衡。

在运行阶段，间歇式能源的调峰主要还是依靠常规电源来实现。当间歇式能源处于峰值出力时，火电会向下调整出力导致火电运行效率降低，同时降低火电运行经济性。与此同时，火电运行效率的降低可能导致煤耗率增加，这是不利于节能减排的。所以，这种情况下对间歇式能源出力的取舍做综合评估，应该是一个更为恰当的做法。

（3）影响新能源消纳的关键因素

从新能源消纳运行机理分析结果可知，新能源消纳能力主要受电力系统互联互通水平、电源调节性能以及负荷特性三方面因素影响，具体分析如下。

1）电力系统互联互通水平。我国新能源资源与负荷呈逆向分布，新能源资源丰富地区通常负荷水平有限，大规模新能源装机并网后对电力系统的送出能力提出较高要求，新能源跨省跨区外送通道建设是影响新能源消纳的关键因素。

2）电源调节性能。我国受资源禀赋影响，电源装机以燃煤火电机组为主，但当前技术条件下火电机组调峰能力有限，无法快速跟踪新能源出力波动，冬季供暖期供热机组以热定电，调节能力进一步降低。因此，开展火电机组深度调峰技术改造是影响新能源消纳的关键因素。

3）负荷特性。电力系统运行特性要求发用电实时动态平衡，新能源各时刻出力必须小于等于负荷功率，因此，从提高负荷出力水平的角度出发，实施电能替代和需求侧响应是影响新能源消纳能力的关键因素。

综上，消纳能力评估应基于科学合理的方法，指导清洁能源的规划和运行。跨省跨区交易、火电机组灵活性改造、电能替代等部分措施尚未发挥根本作用，在提升清洁能源消纳能力方面还有很大的空间。完善政策法规与市场机制，消除省间壁垒，加强需求侧管理，可以进一步提升清洁能源消纳能力。

4.1.3 新型储能与灵活调节资源

大规模间歇式能源接入电网客观上需要有一定规模的灵活调节电源与之相匹配。增加电源的灵活性主要表现在：增加可以快速启动投入运行的机组，如燃气机组、燃油发电机、水电机组等；提高电网中现有传统发电机组的灵活性，包括改进设备和运行条件，降低机组的最小出力；提高机组对负荷的跟踪能力、爬坡速度。

总体来看，欧美等国家和地区的电源结构中，燃油、燃气、抽水蓄能以及具有调节性能的水电机组等具有灵活运行性能的电源比例相对较高，使电力系统接纳风电等可再生能源所面临的技术困难相对小一些。在美国的发电总装机中，除水电外，仅燃油、燃气和抽水蓄能发电机组的比重就接近50%，德国、西班牙的这一比例也分别达到20%和35%。风电发展较快的国家，往往伴随着调峰电源的同步发展。2001—2010 年期间，西班牙风电装机容量增长了1775万kW，油气机组容量同期增长了1801万kW，风电与油气调峰机组基本实现了同步增长。此外，西班牙电力系统中还有500多万kW运行非常灵活的抽水蓄能机组。

1. 发展现状

中国现阶段的电源结构以燃煤发电为主，而其中调峰能力不足的供热机组装机容量占20%以上。此外，在中国的水电装机容量中，径流式水电所占比重较大，调节性能好的水电所占比重小。由于缺乏足够容量的灵活调节电源，中国现有的电源结构与大规模间歇式能源的发展要求之间存在着较大的不匹配。以风电为例，在我国风能资源丰富的“三北”地区，电源结构以火电为主，东北地区煤电比重超过80%，华北地区煤电比重超过90%，具有灵活调节能力的电源（包括抽水蓄能、油气等）很少。随着风电开发规模逐渐增大，特别是冬季，火电机组的供热期、水电机组的枯水期、风电机组的大发期相互叠加，导致调峰困难，风电消纳受到较大的制约。为更好支撑我国间歇式能源的规模化发展，迫切需要加强灵活调节电源的建设。

从储能发展现状来看，电化学储能保持高速增长态势，近五年年均增速为90%，累计装机规模71万kW。电化学储能在电力系统电源侧、电网侧及用户侧各个环节得到应用。从接入环节来看，电源侧在建、在运装机占比最大，达49%。截至2020年年底，全球已投运储能项目累计装机规模为191.1GW，同比增长3.4%。储能步入快速发展阶段。

2. 发展趋势

未来，储能是提升电力系统灵活性、解决新能源消纳的重要手段。我国将形成以抽蓄和电化学为主，多类型储能协同发展的储能体系。电化学储能将成为碳达峰进程中发展速度最快、应用前景最广的储能技术。储能的技术成熟度和技术经济性仍将大幅度提升，见表4-1。

表4-1 储能重点发展方向

储能类型	重点发展方向
抽水蓄能	变速抽水蓄能机组研制，高水头、大容量机组制造，智能抽水蓄能电站建设与运维
压缩空气	超临界压力的新型储气技术与设备
电化学储能	实现本征长寿、本征安全及高效大容量集成
相变蓄热	低成本、长寿命、高密度储热材料规模化制备，高效低温复合蓄冷材料

3. 实施路径

储能对于电力系统灵活性调节的应用定位包括电力保障性调节与电力市场化调节。面向不同接入位置，可建立基本型、保障型及市场型的多元化发展模式，并提出了相应的投资主体与盈利模式，进一步深化储能产业，培育电力系统变革新业态，见表 4-2。

表 4-2　不同储能的经济性趋势

储能技术	持续时间	单位容量成本			规模化应用时间
		2025 年	2030 年	2060 年	
压缩空气	小时级	8000 元/kW	7000 元/kW	6500 元/kW	2030 年
飞轮储能	分钟级	3000～4000 元/kW	2000～2500 元/kW	1500～2000 元/kW	2030 年
锂电池	小时级	900～1100 元/kW · h	500～700 元/kW · h	300～400 元/kW · h	2025 年
全钒液流电池	小时级	2500～3000 元/kW · h	1500～2000 元/kW · h	1000～1500 元/kW · h	2030 年
钠离子电池	小时级	1800～2500 元/kW · h	800～1000 元/kW · h	250～300 元/kW · h	2035 年

对于基本型，逐步实现不同地区新能源场站与储能合理配置比例，提升“储能+新能源”融合度。

对于保障型，扩大电网侧试点的储能示范工程，明确储能在电网中的保障性定位。

对于市场型，创造政策环境，逐步过渡现货市场，通过现有不完备市场给予储能价值补偿或电价支撑。

4. 分阶段发展路线

2025 年，基本形成基本型、保障型、市场型的应用发展模式；保障型储能纳入输配电价；技术成熟度可支撑规模化应用需求；系统成本：900～1100 元/kW · h。

2030 年，电化学储能突破高比能量电池技术，相变储热突破高稳定性、高能量密度与低成本，实现以抽蓄和电化学为主，多类型储能协同，系统成本 500～700 元/kW · h，度电成本接近 0.1 元/kW · h。

2060 年，压缩空气、储热等大容量、长寿命、跨季节储能实现商业化；

实现电-冷/热的多类型能源网络柔性互联；实现海量分布式储能的聚合。

4.1.4 微电网技术

1. 微电网接入对系统平衡与电力供应的影响

微电网作为新型电力系统的一种技术形态，具有聚合本地能源资源、实现能源互补和高效互动整体化运营的优势，在消纳分布式发电、提供普遍化与个性化供电服务、提升能源综合利用效率等方面均具有显著的技术优势。微电网与大电网紧密关联。相比于传统电网，微电网的建设有助于提高供电弹性和可靠性，促进分布式电源消纳，提高能源利用率，也可以让配电网更加智能可控。对于海岛等偏远地区的供电，微电网还可以提供定制化解决方案，降低综合建设成本。对于微电网，由于内部可再生能源发电波动性大，更多依靠气象条件，所以源网荷协调控制难度比较大，并网型微电网必须依靠大电网的支撑，以并网运行方式为主。

微电网对电力平衡和电力供应的显著支撑作用，主要体现在以下方面。

1）通过微电网自平衡控制技术，提升微电网的电力平衡能力，实现与大电网的协同运行，减少大规模分布式电源接入对电网的冲击，有效缓解大规模分布式电源接入配电网带来的配网升级改造压力。

2）随着新能源逐渐成为主体电源，在寒潮、持续高温等极端恶劣天气下，新能源的供电能力受到严重影响。当局部电网难以安全稳定运行时，通过微电网离网运行技术，可以保障重要负荷在寒潮等极端天气下的电力供应，提高系统的供电保障能力。

3）通过微网群技术，可以实现微网群的协同聚合，提升分群电力电量就地平衡能力，有效缓解配/微电网分层、分群电力电量就地平衡能力不足问题。

2. 微电网技术内涵和应用场景

（1）微电网的定义

微电网由分布式发电、用电负荷、监控、保护和自动化装置等组成（必要时含储能装置），是一个能够基本实现内部电量平衡的小型供用电系统，主要包括并网型微电网和离网型微电网。并网型微电网具备两个鲜明的技术特征：一是必须具备2小时以上的离网独立运行能力；二是一般采用单点并网，且并网运行时与主网的交互功率可控。

（2）微电网内涵

1）微型。并网型微电网电压等级一般在35 kV及以下；系统规模小，系统容量（最大用电负荷）原则上不大于20 MW。独立型微电网电压等级最大110 kV，可再生能源总装机应不大于200 MW。

2）清洁。新能源微电网内部的分布式电源以可再生能源为主，容量占比在50%以上，或采用以能源综合利用为目标的发电形式，天然气多联供系统综合利用率一般在70%以上。

3）自治。微电网内部具有保障独立运行的控制系统，具备电力供需自我平衡运行和黑启动能力。新能源微电网与外部电网的年交换电量一般不超过年用电量的50%。

4）友好。与主网的交互功率可控，可减少大规模分布式电源接入对电网造成的冲击，为用户提供优质可靠的电力，能实现并网/离网模式的平滑切换。

（3）微电网应用场景

并网型微电网主要用来改善已联网地区供电的可靠性、经济性和用能效率等问题，也用于提供个性化、定制化的供电服务。不同的功能定位对应微电网不同的典型应用场景，包括高比例可再生能源消纳地区、综合能源供应地区、电网弱联络地区和定制化供电服务地区四类。

而独立型微电网主要解决未与大电网相连的“高海边无”等无电/缺电地区的持续供电问题，根据地理位置差异和资源禀赋特征，其典型应用场景主要为海岛地区和偏远地区两类。

3. 微电网自平衡控制技术

已有的微电网控制主要侧重于微电网内各分布式电源的控制策略，保障系统安全稳定运行，本节主要介绍一种微电网自平衡和自平滑统一的控制技术，用以提高微电网的自平衡能力，通过自平衡控制可以很好地与区域配电网协调互动、相互支撑。通过自平滑控制可以有效减少功率波动对配电网的冲击，同时减少储能装置的频繁调节，延长装置的使用寿命，还可以有效提升微电网的自平衡能力，等同于为系统提供了一定的可削减负荷，减缓配电网的升级改造压力。

（1）自平衡和自平滑的定义

1）微电网中的输出功率为

$$P_G(t)=\sum_{i=1}^{m}P_i(t)+\sum_{j=1}^{n}P_j(t)+\sum_{k=1}^{l}P_k(t) \tag{4-13}$$

式中，$P_G(t)$为微电网系统总输出功率；$P_i(t)$为间歇式分布式电源输出功率；$P_j(t)$为可控分布式电源输出功率；$P_k(t)$为储能装置充放电功率。

2）微电网中的负荷需求功率为

$$P_L(t) = \sum_{i=1}^{M} P_{1i}(t) + \sum_{j=1}^{N} P_{2j}(t) + \sum_{x=1}^{O} P_{3x}(t) \tag{4-14}$$

式中，$P_L(t)$为微电网中的总负荷需求功率；$P_{1i}(t)$为微电网中的一级负荷需求功率；$P_{2j}(t)$为微电网中的二级负荷需求功率；$P_{3x}(t)$为微电网中的三级负荷需求功率。

3）微电网自平衡度。微电网自平衡度 k 是指微电网中分布式电源和储能装置输出功率与负荷需求功率的比值，是反映微电网输出功率能否满足本地负荷需求的特征值，即

$$k(t)=\frac{P_G(t)}{P_L(t)} \tag{4-15}$$

其中，当 $k<1$ 时，表示微电网输出功率不能满足本地负荷需求，配电网向微电网输送功率，即从配电网购电；当 $k>1$ 时，表示微电网输出功率超过本地负荷需求，微电网向配电网输送功率，即向配电网售电；$k=1$，表示微电网正好满足本地负荷需求，微电网并网联络线交换功率为零。

4）微电网联络线交换功率为

$$P_{TL}(t)=P_L(t)-P_G(t)=P_L(t)-k(t)P_L(t) \tag{4-16}$$

式中，$P_{TL}(t)$为微电网并网联络线交换功率；$P_L(t)$为微电网本地负荷和储能的需求功率；$P_G(t)$为微电网系统中的分布式电源和储能装置总输出功率；$k(t)$为微电网自平衡度。

5）微电网自平滑度。微电网自平滑度 s 是指微电网并网联络线交换功率的变化率；是反映微电网与配电网交换功率波动的一个特征值，即

$$s(t)=\frac{\mathrm{d}P_L(t)}{\mathrm{d}t} \tag{4-17}$$

其中，当 $s<0$ 时，表示并网联络线交换功率减小，功率时间曲线下斜；当 $s>0$ 时，表示并网联络线交换功率增大，功率时间曲线上倾；$s=0$，表示并网联络线交换功率稳定，功率曲线平滑。

（2）基于自平衡和自平滑的控制方法

微电网自平衡和自平滑统一的控制策略，核心在于微电网自平衡度计划曲线 $k_{plan}(t)$ 和自平滑度限值 s_{plan} 的制定，以及根据自平衡度边界曲线 $k_{min}(t)$-

$k_{max}(t)$和自平滑度边界限值s_{min}、s_{max}的约束，对分布式电源、储能装置和可控负荷进行协调控制。区域配电网调度系统的结构和控制策略流程如图 4-5、图 4-6 所示，具体内容说明如下。

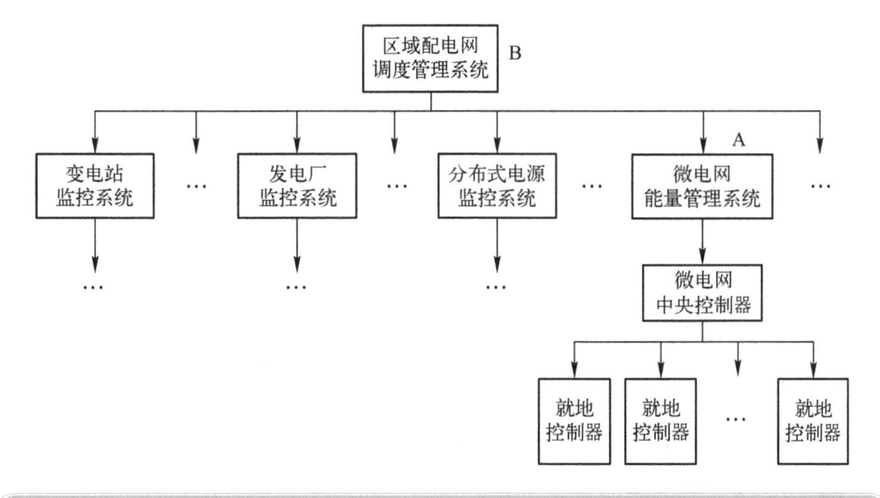

图 4-5　区域配电网调度系统结构

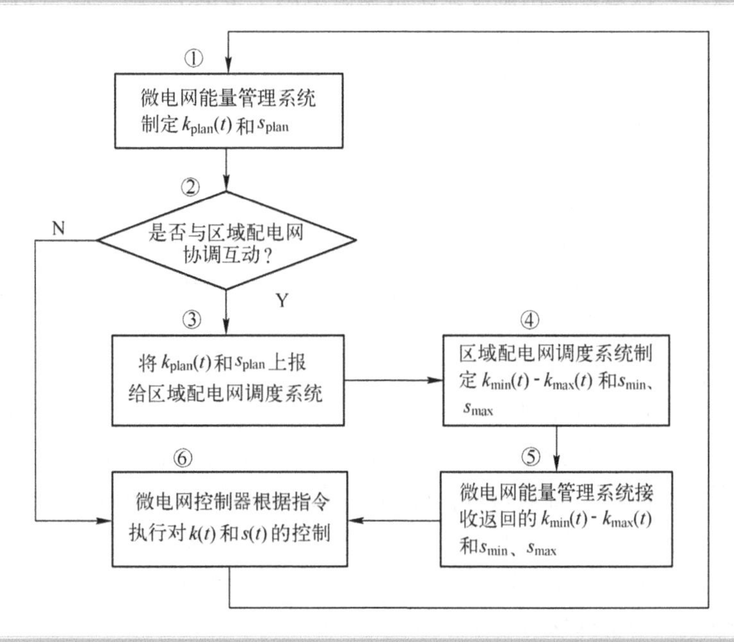

图 4-6　区域配电网调度系统控制策略流程

步骤①：分布式电源/微电网运行控制与能量管理系统根据历史和实时数据，结合峰谷用电调节情况，对本地负荷进行短期预测，形成本地负荷需求功率预测曲线 $P_L(t)$；同时根据气象资源信息，结合间歇性分布式电源特性，进行间歇性分布式电源的出力预测；并根据发电成本、市场电价等因素，制定可控分布式电源的发电计划和储能装置的充放电计划；最后形成 $k_{plan}(t)$ 曲线和 s_{plan} 限值，争取在满足本地负荷需求和供电可靠性的同时达到经济效益最大化。

步骤②：判断分布式电源/微电网运行控制与能量管理系统与区域配电网调度系统是否关联，如果没有关联，则从步骤②转至步骤④，直接根据自己制定的 $k_{plan}(t)$ 和 s_{plan} 执行控制；如果已经关联，则进一步判断是否需要与配电网协调互动，接受区域配电网系统调度。如果不需要接受调度，则仍从步骤②转至步骤④；如果需要接受调度，则从步骤②转至步骤③。

步骤③：分布式电源/微电网运行控制与能量管理系统将 $P_L(t)$、$k_{plan}(t)$ 和 s_{plan} 上传给区域配电网调度系统。

步骤④：区域配电网调度系统根据微电网上报的 $P_L(t)$、$k_{plan}(t)$ 和 s_{plan}，结合整个区域配电网内变电站、发电厂、分布式电源、微电网及负荷等综合信息，考虑分布式电源和微电网并网后的功率扰动影响，制定 $k_{min}(t)$-$k_{max}(t)$ 和 s_{min}、s_{max}，并传回各个微电网的能量管理系统。

步骤⑤：分布式电源/微电网运行控制与能量管理系统接收传回的 $k_{min}(t)$-$k_{max}(t)$ 和 s_{min}、s_{max} 并传给微电网中央控制器。

步骤⑥：由微电网中央控制器根据事先编好的逻辑控制程序、边界曲线和限值约束，来执行对微电网中分布式电源、储能装置和可控负荷的协调控制。

具体控制内容结合图 4-7 说明如下。

1）对微电网实时自平衡度 $k(t)$ 与 $k_{min}(t)$、$k_{max}(t)$ 进行比较：当 $k_{min}(t) \leqslant k(t) \leqslant k_{max}(t)$ 时，表示微电网输出功率正好在规定范围内波动，可以满足本地或远程负荷需求；当 $k(t) < k_{min}(t)$ 时，表示微电网输出功率不能满足本地或远程负荷需求，需要加大微电网输出功率出力或减少已投入的可控负荷；当 $k(t) > k_{max}(t)$ 时，表示微电网输出功率大于本地或远程负荷需求，需要减少微电网输出功率或投入已切除的可控负荷。

2）对微电网实时自平滑度绝对值 $|s(t)|$ 与 s_{min}、s_{max} 进行比较：当 $s_{min} \leqslant$

$|s(t)| \leqslant s_{max}$时，表示并网联络线交换功率波动在允许范围内，功率输出比较稳定，功率曲线比较平滑；$|s(t)|<s_{min}$时，表示并网联络线交换功率波动较小，功率输出比较稳定，频繁调节会影响储能装置的使用寿命，需要减小储能装置的调节力度；$|s(t)|>s_{max}$表示并网联络线交换功率波动较大，需要加大储能装置的调节力度，以减少对区域配电网的扰动影响。

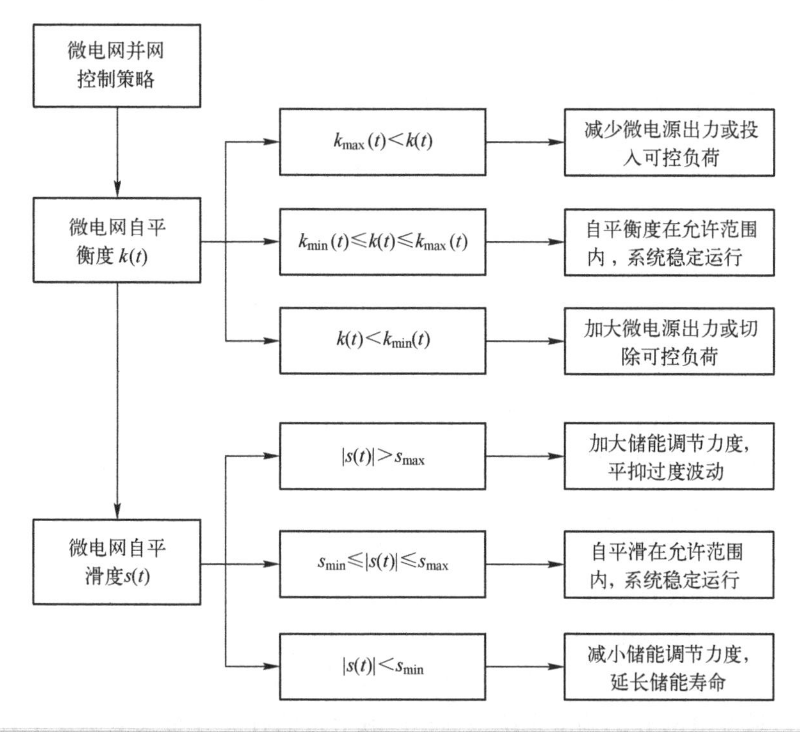

图 4-7 控制流程

该控制策略根据具体情况可进行较为灵活的调整。步骤①中如果不需要精确制定 $k_{plan}(t)$和 s_{plan}时，可提供预测的自平衡度计划曲线 $k_{low}(t)-k_{high}(t)$和自平滑度边界限值的 s_{low}、s_{high}。步骤④中，根据调度需求可在某具体时段对 $k_{plan}(t)$和限值 s_{plan}进行修正，然后返回微电网自平衡度调度曲线 $k_{dis}(t)$和自平滑度调度限值 s_{dis}。

(3) 自平衡控制技术方案

为使技术方案描述更加清楚，下面以某风光储气型微电网 A 接入区域配电网 B 为例，结合图 4-8 及具体实施过程对本方法做进一步说明。

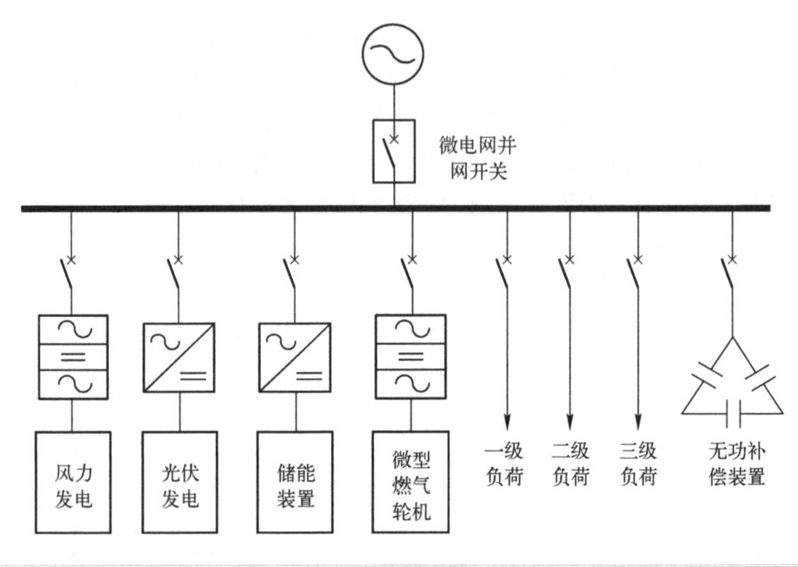

图 4-8 案例结构

首先，微电网 A 的能量管理系统根据负荷历史数据、实时测量数据进行短期预测，制定本地负荷需求预测曲线 $P_{\mathrm{L}}(t)$；然后根据气象信息，结合风力和光伏发电特性，对风力和光伏发电做出短期预测；接着根据市场分时电价、发电成本制定微燃气轮机发电计划和锂电池组充放电计划；最后形成微电网自平衡度计划曲线 $k_{\mathrm{plan}}(t)$ 和自平滑度限值 s_{plan}。即计划在用电波谷时段 23:00—次日 8:00，向配电网 B 购买低价电量；在用电高峰时段 9:00—10:00、17:00—22:00，向配电网 B 销售高价电量。

区域配电网 B 的调度系统根据本区域上报的各类分布式电源发电计划、微电网自平衡度计划曲线和自平滑度限值，经过接纳的容量计算和系统稳定性分析后，针对作为可控单元的微电网制定其自平衡度边界曲线和自平滑度限值，然后将其以调度指令形式返回给各分布式电源/微电网运行控制与能量管理系统。其中对微电网 A 的规定是允许自平衡度在 $k_{\min}(t)\sim k_{\max}(t)$ 之间波动，自平滑度在 $s_{\min}\sim s_{\max}$ 之间波动。

微电网 A 的能量管理系统接收返回的 $k_{\min}(t)-k_{\max}(t)$ 和 $s_{\min}$、$s_{\max}$，并将其传给微电网中央控制器。微电网中央控制器对实时自平衡度 $k(t)$ 和自平滑度 $s(t)$ 与边界值进行比较，并根据事先编好的逻辑程序来自动执行对风力、光伏、微型燃气轮机、锂电池系统和可控负荷等的协调控制。微电网自平衡度实时曲线如图 4-9 所示。

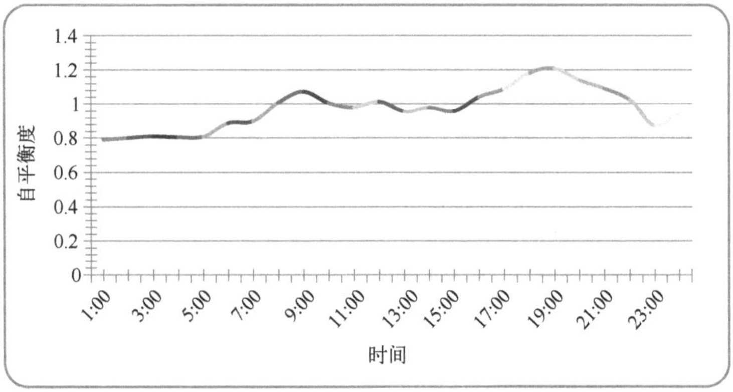

图 4-9 微电网自平衡度实时曲线

通过上述步骤实现微电网自平衡和自平滑统一的控制，减少了高渗透率下间歇性可再生能源功率波动对接入区域配电网的扰动影响，延长了微电网中相关设备、装置的使用寿命，提高了微电网本地负荷的供电可靠性，获得了较高的能源利用率和较大的经济效益。

4. 离网运行技术

离网运行时，微电网多采用主从模式，选取微网内容量较大且运行稳定的分布式电源作为主电源，其他电源作为从电源。

当微网内存在多组储能时，控制技术较为复杂，离网运行时储能单元分为两种控制模式，主储能单元（Master）采用 VF 控制模式，维持系统频率和电压；从储能单元（Slave）采用 PQ 控制模式，基于主从控制策略分担系统负荷需求。所以，当系统负荷波动时，由主储能单元跟随负荷变化，随后通过从储能单元的功率调节，使主储能单元的输出功率恢复到预设的功率区间内。因为负荷突变，可能导致主储能单元的充放电状态转换，如负荷突降时主储能单元瞬间由放电状态转为充电状态；通过主从控制策略调节，从储能单元滞后于主储能单元进行充放电状态调整，因此存在短时主、从储能单元充放电状态不一致的情况。根据主、从储能单元的充放电状态分为 4 种控制流程：主充电从充电、主充电从放电、主放电从放电、主放电从充电，如图 4-10 和图 4-11 所示。

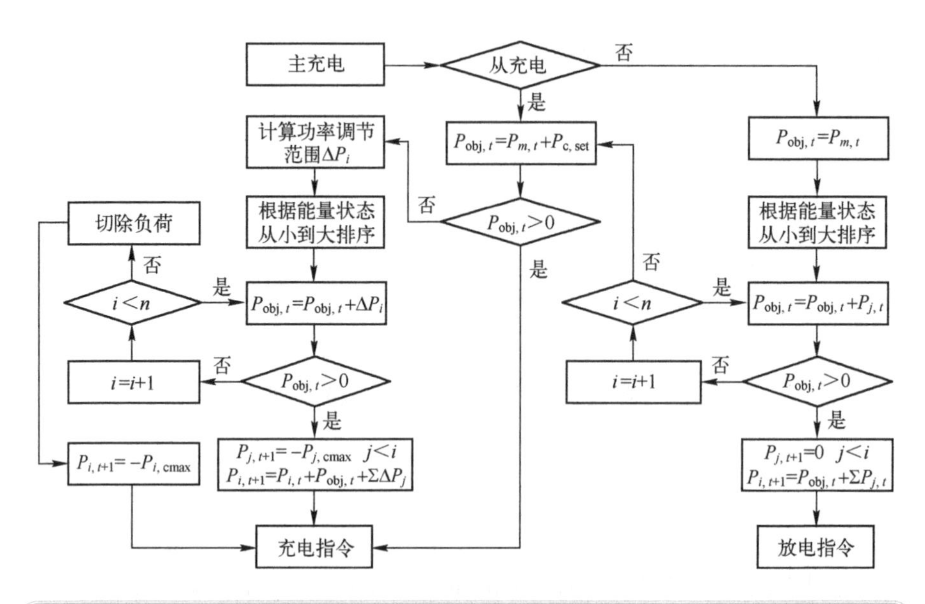

图 4-10 主储能单元充电模式下的控制流程

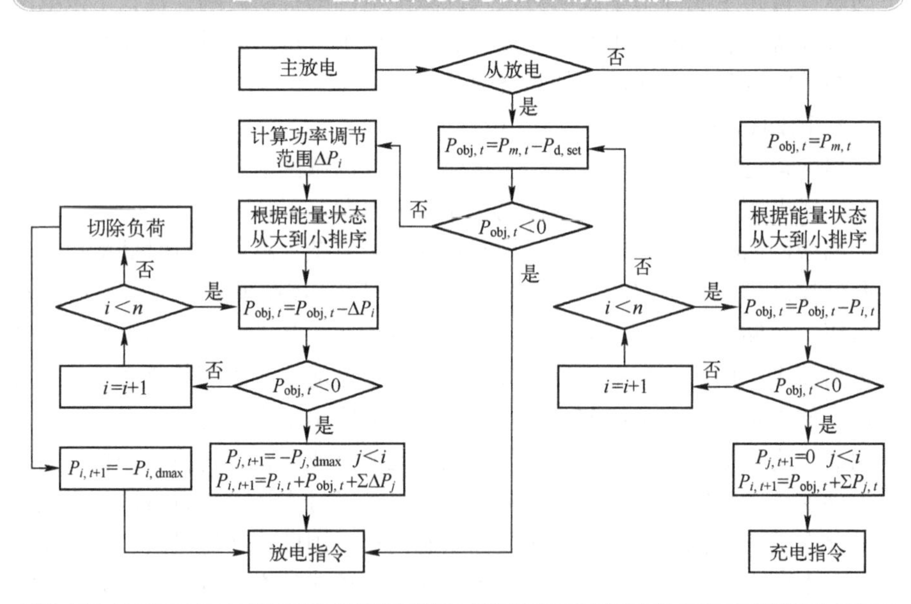

图 4-11 主储能单元放电模式下的控制流程

（1）流程 1：“主充电从充电”

如果主储能单元和从储能单元同时处于充电状态，当主储能单元充电功率小于预设的充电功率限制（$P_{c,set}$）时不进行功率调节；当主储能单元充电功率超出预设的功率区间时，计算功率补偿目标，即

$$P_{obj,t}=P_{m,t}+P_{c,set} \tag{4-18}$$

式中，$P_{obj,t}$为功率补偿目标（kW）；$P_{m,t}$为当前主储能单元的充电功率（kW）；$P_{c,set}$为主储能单元的充电功率限制（kW）。

然后计算从储能单元的功率调节范围。根据能量状态从低到高对 $n-1$ 个从储能单元进行排序，能量状态低的储能单元具有充电优先权。当所有从储能单元都达到最大充电功率时，通过切除风力发电设备和光伏发电设备来限制主储能单元的充电功率。

（2）流程 2：“主充电从放电”

如果主储能单元处于充电状态，但是从储能单元处于放电状态，那么需要协调储能单元的状态，避免主储能单元利用从储能单元充电。根据能量状态从低到高对 $n-1$ 个从储能单元进行排序，能量状态低的储能单元优先减小放电功率至待机状态。

从储能单元逐个转换至待机状态，主储能单元充电功率将相应减少。当主储能单元由充电状态转换为放电状态时，功率调节过程结束，储能系统处于放电状态。实际控制中只下发最后的放电功率指令。如果所有从储能单元待机后主储能单元仍处于充电状态，那么根据“主充电从充电”控制流程继续进行功率调节。

（3）流程 3：“主放电从放电”

如果主储能单元和从储能单元同时处于放电状态，当主储能单元放电功率小于预设的放电功率限制（$P_{d,set}$）时不进行功率调节；当主储能单元放电功率超出预设的功率区间时，计算功率补偿目标，即

$$P_{obj,t}=P_{m,t}-P_{d,set} \tag{4-19}$$

式中，$P_{d,set}$为主储能单元的放电功率限制（kW）。

然后计算从储能单元的功率调节范围。根据能量状态从高到低对 $n-1$ 个从储能单元进行排序，能量状态高的储能单元具有放电优先权。当所有从储能单元都达到最大放电功率时，通过切除负荷来限制主储能单元的放电功率。

（4）流程 4：“主放电从充电”

如果主储能单元处于放电状态，但是从储能单元处于充电状态，那么需要协调储能单元的状态，避免主储能单元为从储能单元充电。根据能量状态

从高到低对 $n-1$ 个从储能单元进行排序，能量状态高的储能单元优先减小充电功率至待机状态。

从储能单元逐个转换至待机状态，主储能单元放电功率将相应减少。当主储能单元由放电状态转换为充电状态时，功率调节过程结束，储能系统处于充电状态。实际控制中只下发最后的充电功率指令。如果所有从储能单元待机后主储能单元仍处于放电状态，那么根据“主放电从放电”控制流程继续进行功率调节。

在离网协调控制中，当需要减小充电功率或者增加放电功率时，优先考虑能量状态高的储能单元，避免能量状态过高而强制退出运行；当需要增加充电功率或者减小放电功率时，优先考虑能量状态低的储能单元，避免能量状态过低而强制退出运行，起到均衡从储能单元能量状态的作用，提高系统功率调节能力。当然，在从储能单元达到能量状态限制时，为避免过充和过放造成损换，储能单元需要退出运行。因储能单元退出运行而造成的功率缺额，将作为其他从储能单元的功率补偿目标，即

$$P'_{\text{obj},t}=P_{\text{obj},t}+P'_{i,t} \tag{4-20}$$

式中，$P'_{\text{obj},t}$为更新后的功率补偿目标（kW）；$P_{\text{obj},t}$为更新前的功率补偿目标，即根据主储能单元功率限制确定的功率补偿目标（kW）；$P'_{i,t}$为强制退出运行的储能单元输出功率（kW）。

因为主储能单元设有功率输出限制，大部分情况下从储能单元承担系统负荷需求，主储能单元用于跟随负荷变化，所以从储能单元应该先于主储能单元达到能量状态限制。当主储能单元达到能量状态限制时，系统将停止运行。离网协调策略通过调节从储能单元的输出功率确保主储能单元运行在设定的功率区间内，协调主、从储能单元的充放电状态，均衡从储能单元的能量状态，并通过切除负荷和切除电源等手段，尽可能延长微网离网运行时间。

5. 微网群技术

（1）微网群协调控制结构

微网群物理结构如图 4-12 所示。

多个微电网通过微电网公共连接点 PCC_i 接入电网，多个微网群通过群公共连接点 PCC_0 接入电网。微网群控制系统按功能可划分为 3 层，如图 4-13 所示。

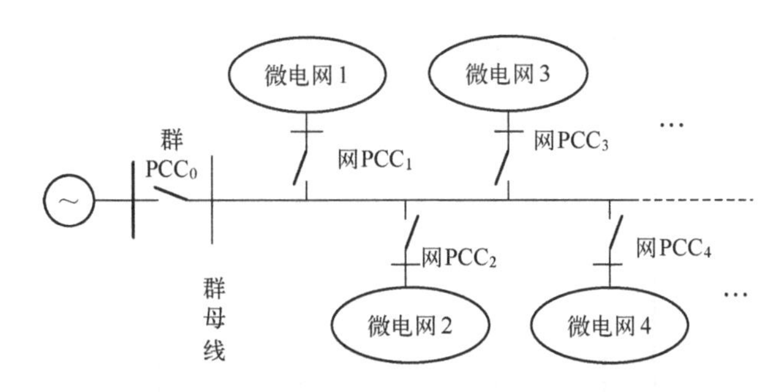

图4-12 微网群物理结构

第1层是单元层，包括风力、光伏、储能和负荷测控终端。风力、光伏电源/储能的测控终端完成分布式电源/储能对频率和电压的一次调节；负荷测控终端根据电网的要求，按优先级和容量匹配原则切除负荷，同时监控负荷功率变化及开断情况，保证系统安全运行。

第2层是微电网层，包括微电网控制器和微电网能量管理系统。微电网能量管理系统在风力、光伏、负荷预测的基础上，完成微电网内分布式电源/储能的发电计划制定，并将发电计划下发到微电网控制器。微电网控制器负责执行微电网能量管理系统下达的发电计划，实现离/并网平滑切换、分布式电源控制、储能控制、分级负荷控制、微电网电压/频率控制等功能。

第3层是微网群层，包括微网群控制器和微网群能量管理系统。微网群能量管理系统在群内风力、光伏、负荷预测的基础上，完成微网群内的微电网发电计划制定，并将计划下发到微网群控制器。微网群控制器负责执行微网群能量管理系统下达的发电计划，按群目标制定控制方法，实现微网群的离/并网切换和微电网间的联络线功率控制。

为了维持微网群内电压频率稳定，在单元层、微电网层及微网群层分层实施电压、频率调整，各层采用不同的时间尺度，保证功率平衡并维持电压、频率在允许的范围内，如图4-14所示。

在单元一次调整和微电网二次调整的基础上实行微网群三次调整，微网群控制器接收群能量管理系统发布的优化调度结果，具备微网群级协调控制的功能，包括控制微网群与配电网及各子微电网间的交换功率，实现微网群的独立运行、并网运行和群解列运行，子微电网的离/并网控制及基准工作点的调整；根据微网群与配电网公共连接点的连接状态、子微电网与微网群

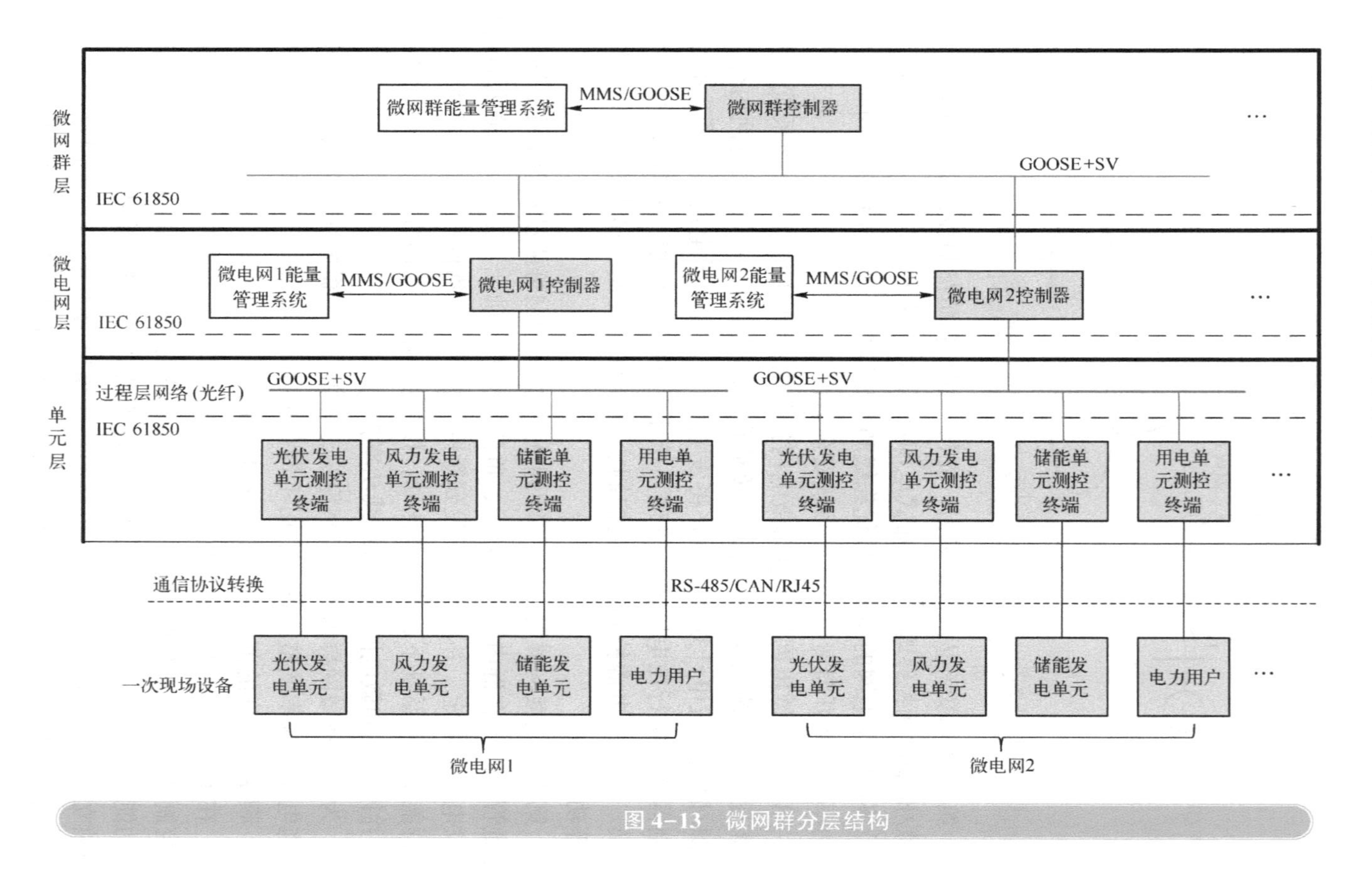

图 4-13　微网群分层结构

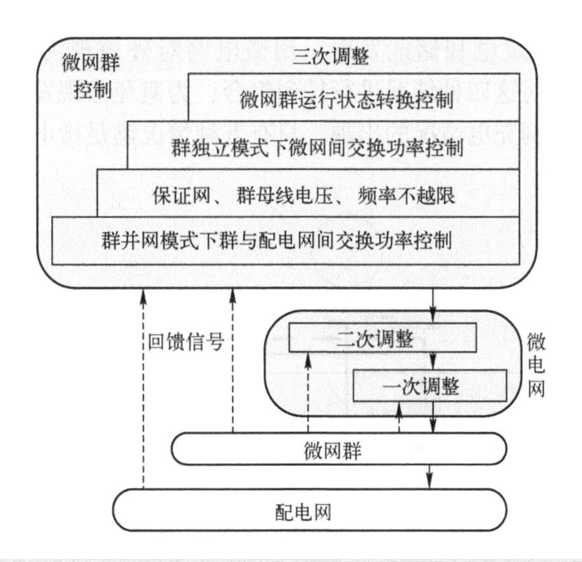

图 4-14 群三次调整功能

公共连接点的连接状态、子微电网可调节能力和子微电网出力优先权对微网群的运行状态进行划分；群并网运行时，输出功率受配电网控制，群内微电网工作于功率控制模式；群离网独立运行时，群内子微电网采用对等控制或主从控制模式，调整速度较慢。

微网群以微电网为基本组成单位进行分层控制，以微电网自主与协调控制作为微网群分层控制的底层控制，同时所有子微电网又以群控制器为主控制单元，群控制器能起到管理协调所有微电网的作用，如图 4-15 所示。

微电网作为一个整体，对外其内部分布式电源的控制特性是隐藏的，通过子微电网公共连接点判断子微电网对外表现的特性。如果微网群自主控制采用主从控制，则至少需要一个子微电网作为主微电网，提供群系统电压、频率的支撑，其他子微电网为从微电网，跟随主微电网的电压、频率；如果微网群自主控制采用对等控制，则所有子微电网地位相等，共同支撑群系统的电压、频率，即插即用。

潜在可调节能力是一个和持续时间有关的电量值，该值由子微电网充分评估自身能力后得出，并发给群控制器，该值是考虑满足自身的需要和微电网应付突发状况的裕度之后，能够对外提供的能力支持，群控制器根据该值确定子微电网对外表现的功率限值。

群内子微电网对外表现为用电和发电两种形式，发微电网对外表现为发电原因：DG单元发电和储能发电；用微电网对外表现为用电原因：负荷用、储能充电。对这四种情况进行排列组合，为避免出现发微电网储能发电给另一个用微电网充电情况的出现，只有五种情况满足微电网并联形成群的条件，见表4-3。

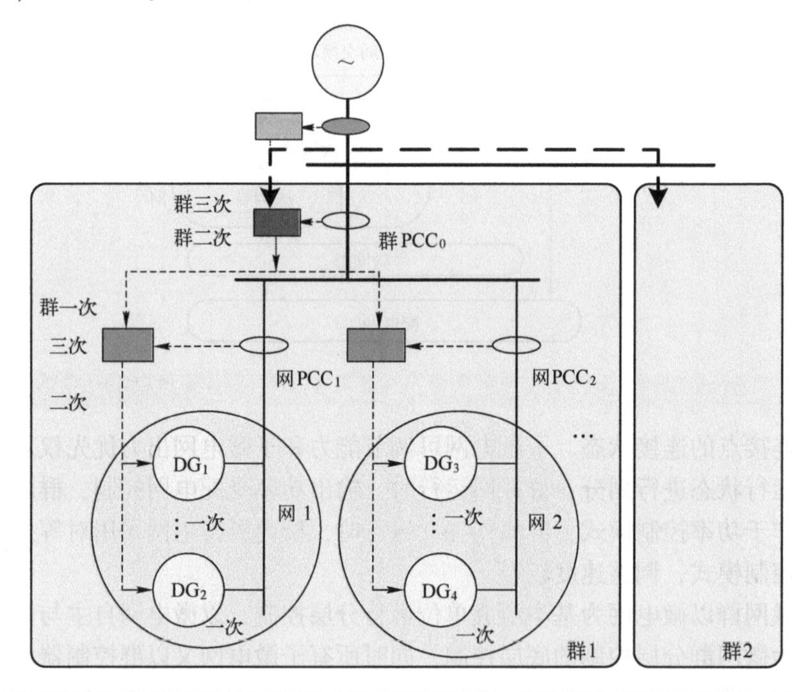

图4-15　微网群分层控制结构

表4-3　微网群内子微电网可行组合

发 微 电 网		用 微 电 网	
DG单元发电	储能发电	负荷用	储能充电
×	√	√	×
√	×	√	×
√	×	×	√
√	×	√	√
√	√	√	×

注：“√”表示存在，“×”不存在。

微网群控制器控制微网群与配电网及各子微电网间的交换功率、实现微网群在各种状态下的运行。在不同的运行状态下根据子微电网的潜在可调节能力、出力优先权采取相应的控制策略。若子微电网间为主从关系，则以潜在可调节能力最大的微电网作为主微电网；当主微电网由于故障、检修、异常等原因退出群运行时，按顺序取潜在可调节能力次大的微电网来承担主微电网的任务，或多个微电网共同作为主微电网，保证微网群不会因为主微电网的瘫痪而解列。微网群控制器在微电网自主控制的基础上作为上一级调整，向微电网控制器发出控制指令，维持微网群安全稳定运行。

（2）微网群协调控制指标

微网群能量管理系统以微网群的经济性和可再生能源的最大化利用为目标，向微网群控制器发送子微电网间分钟级（假设周期为 T）的平均交换功率，微网群控制器在不影响系统安全、可靠和稳定的前提下尽可能执行该值。为了保证微网群的安全稳定，子微电网控制器的优化目标分析如下。

1）以母线电压偏差 VD（voltage deviation）最小为目标

$$\min.\ VD=\sqrt{(U_i-U_i^*)^2} \tag{4-21}$$

式中，U_i为母线的电压幅值，$U_i{}^*$为母线的电压幅值参考值。

将配电网的电压安全性指标引入微网群，来评估微网群母线电压安全域，图4-16描述了微网群中微网群母线和微电网母线（分别简称为群母线和网母线）的关系。

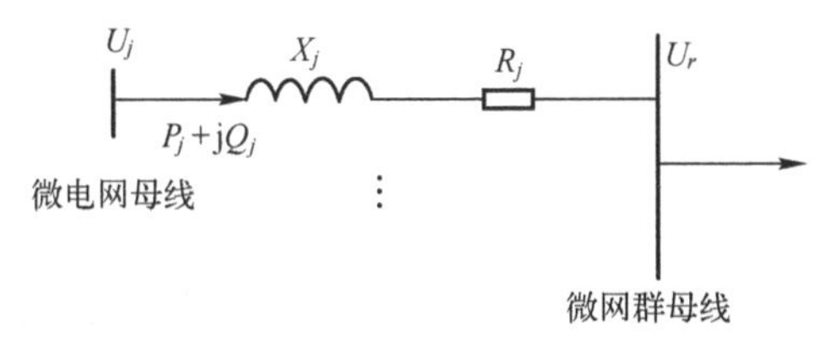

图4-16　母线关系简图

其中，U_r、U_j分别为群母线电压幅值和网电压幅值；R_j、X_j为两母线间的电阻和电抗；P_j、Q_j为子微电网 j 输出的有功功率和无功功率。

对图4-16存在如下关系式：

$$\frac{\overrightarrow{U_j}-\overrightarrow{U_r}}{R_j+\mathrm{j}X_j}=\frac{P_j-\mathrm{j}Q_j}{\overrightarrow{U_j^*}} \tag{4-22}$$

取$\overrightarrow{U_r}=U_r\angle 0°$，整理合并得

$$U_j^4-[U_r^2+2(R_jP_j+X_jQ_j)]U_j^2+(R_j^2+X_j^2)(P_j^2+Q_j^2)=0 \tag{4-23}$$

该方程式有解的条件为$\Delta \geqslant 0$，即

$$\Delta = U_r^4 + 4(R_jP_j + X_jQ_j)U_r^2 - 4(X_jP_j + R_jQ_j)^2 \geqslant 0 \tag{4-24}$$

图4-17为群母线电压和子微电网输出功率关系曲线，A点为稳定运行点，B点为不稳定运行点，Δ越小电压稳定域越小，Δ为零时稳定域只有一个点，因此必须保证Δ大于某一个值，该值根据实际需要进行选取，用大于或等于零的正数ε表示。即电压稳定性指标为

$$SI_{j,r} = U_r^4 + 4(R_jP_j + X_jQ_j)U_r^2 - 4(X_jP_j + R_jQ_j) \geqslant \varepsilon \tag{4-25}$$

其中

$$P_j^{\min} \leqslant P_j \leqslant P_j^{\max} \tag{4-26}$$

$$Q_j^{\min} \leqslant Q_j \leqslant Q_j^{\max} \tag{4-27}$$

$$U_i^{\min} \leqslant U_i \leqslant U_i^{\max} \tag{4-28}$$

$$U_r^{\min} \leqslant U_r \leqslant U_r^{\max} \tag{4-29}$$

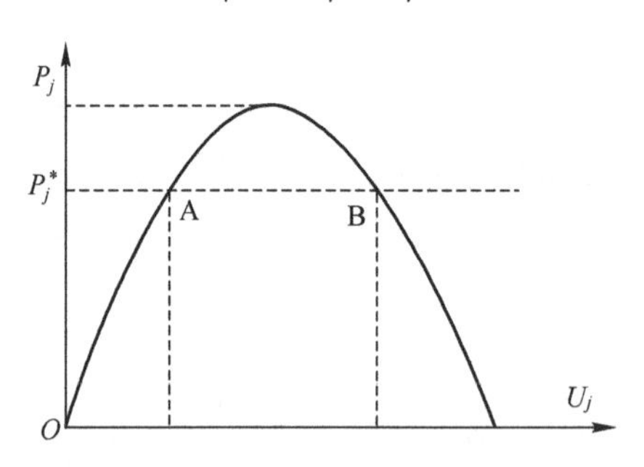

图4-17 *PV*关系曲线

2）以最小化偏离微网群能量管理系统的结果为目标，保证微网群的可控性，即群调指令执行力度：

$$\min. EMSD = \sqrt{\left(P_{\mathrm{iav}}T - \int_{t_0}^{t_0+T} P_i \mathrm{d}t\right)^2} \tag{4-30}$$

式中，P_{iav}为微网群能量管理系统下发的时间尺度T的微电网间交换有功功率平均值；P_i为微电网实时交换的有功功率值。

4.1.5 虚拟电厂

1. 基本概念

虚拟电厂的概念起源于21世纪初欧美国家对于电力市场化背景下分布

式资源高效管控的一系列探索实践。随着分布式电源、电动汽车、储能等分布式资源的普及，以及通信技术的蓬勃发展，虚拟电厂相关实践的广度与深度不断提升，虚拟电厂的概念也在不断发展，但目前尚未形成统一的定义。尽管不同定义的表述各有侧重，但其内涵趋于一致。从形态上看，虚拟电厂是由位于不同空间的分布式电源、储能、电动汽车、可调控负荷等一种或多种分布式资源聚合而成的具备一定容量规模的有机整体。虚拟电厂通过对其内部的分布式资源进行协调优化控制，使分布式资源整体对外呈现类似发电厂或可调负荷的特性，主动支撑电网安全、稳定、经济运行。虚拟电厂的一般架构如图 4-18 所示。

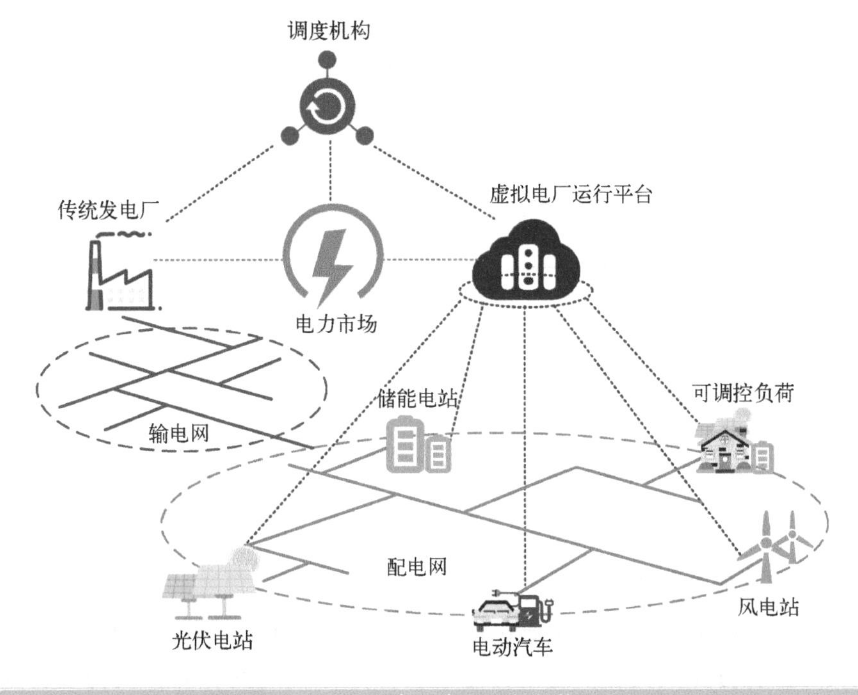

图 4-18　虚拟电厂一般架构

2. 虚拟电厂关键技术

（1）虚拟电厂运行基本框架

如图 4-19 所示，按功能不同，虚拟电厂可划分为商业型虚拟电厂和技术型虚拟电厂两大模块。商业型虚拟电厂以参与电力市场获得收益为目标，根据所辖分布式资源的运行参数预测分布式资源出力，并结合市场情报制定虚拟电厂整体的发电计划和电力市场交易策略，参与各类电力市场交易。技术型虚拟电厂主要服务于配电网调度管理，根据商业型虚拟电厂提供的发电计划信息，以保障配网安全、稳定、经济运行为目标，对分布式资源进行协同控制，为配网提供电压控制和阻塞管理等服务，并为主网提供在电力市场中中标的服务。

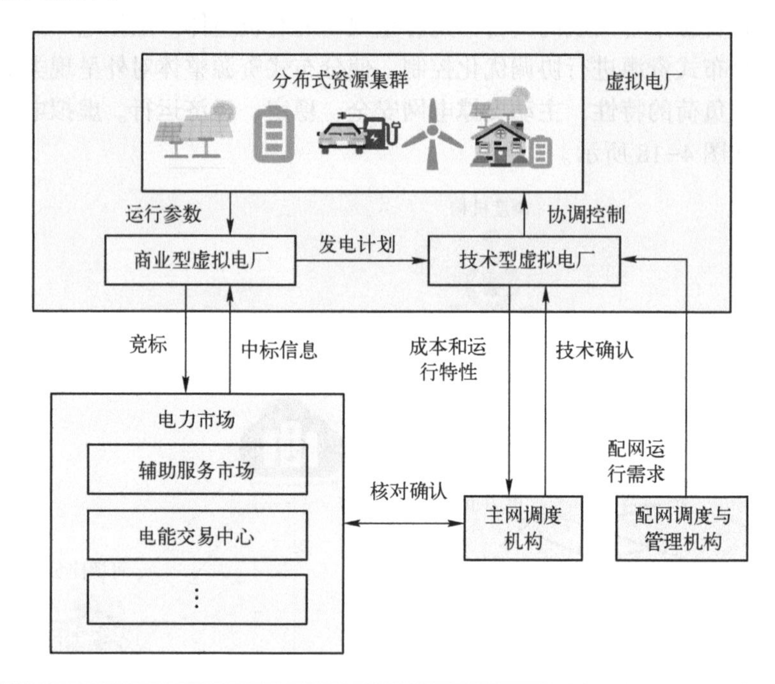

图 4-19 虚拟电厂运行基本框架

(2) 虚拟电厂协调控制技术

虚拟电厂的控制对象主要包括分布式电源、储能、电动汽车、可调控负荷等多种分布式资源。这些分布式资源分布于配网各处，其物理特性、管理边界、调控方式和调控目标各不相同，特别是各类分布式资源还可在局部聚合发展出微电网等形态，加剧了虚拟电厂协调控制的复杂性。同时，光伏、风电等分布式电源出力的随机性和波动性以及电动汽车充电负荷的不确定性，对配网本身的安全稳定运行带来挑战，也需要虚拟电厂在协调控制时加以考虑。因此，实现点多面广、类型多样的分布式资源的协调控制，使其对外能够支撑电网安全稳定运行，是虚拟电厂运行的基础。

虚拟电厂的协调控制结构主要分为集中控制、分散控制和集中-分散控制。

在集中控制结构下，虚拟电厂的全部决策由中央控制单元制定。中央控制单元汇总虚拟电厂运行所需的全部信息，根据优化运行目标制定所有控制对象的控制策略，下发给控制对象执行，不同控制对象间的协同由中央控制单元统一掌控。这种控制方式下，分布式资源的灵活性能够得到充分发挥，适用于虚拟电厂运营商对内部分布式资源具有绝对控制能力，且中央控制单元算力和通信网络能够支撑分布式资源运行数据集中处理的场景，如图4-20所示。

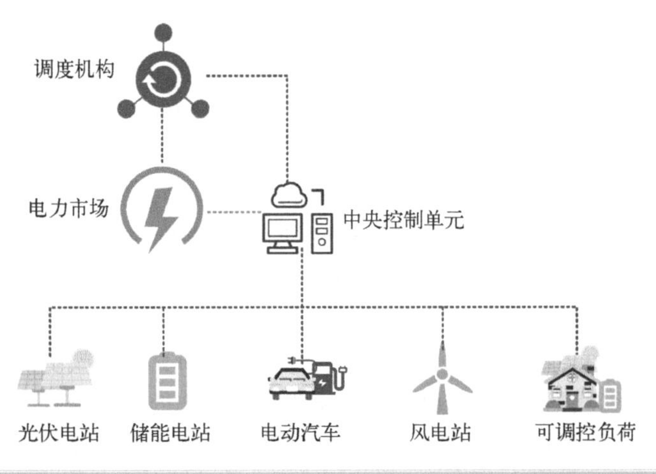

图4-20 虚拟电厂集中控制结构

在分散控制结构中，运行状态的决策与控制权完全下放到各分布式资源，虚拟电厂的中央控制单元由信息交换中心取代。信息交换中心只向虚拟电厂内部的分布式资源提供有价值的服务，如市场价格信号、天气预报和数据采集等，各分布式资源根据信息交换中心提供的信息、自身的运营需求独立控制自身的运行，并与虚拟电厂内部的其他分布式资源进行协作，完成集中控制结构下由集中控制中心执行的工作。与集中控制结构相比，分散控制结构对信息的汇集处理要求较低，比集中控制结构具有更好的扩展性和开放性，特别适用于分布式资源控制权分散的场景，如图4-21所示。

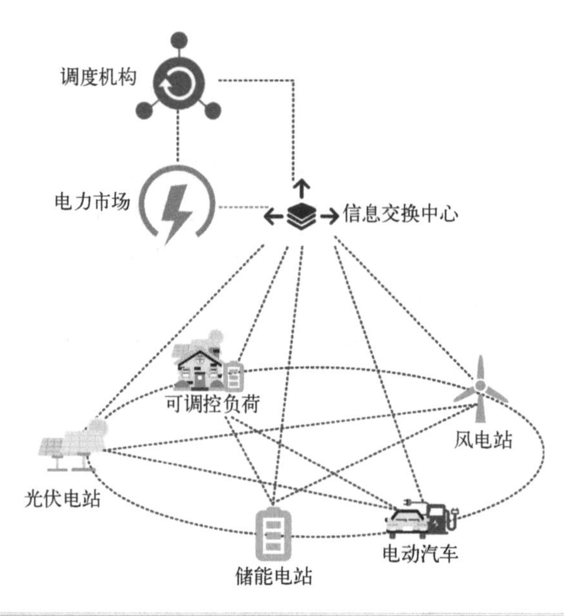

图 4-21 虚拟电厂分散控制结构

集中-分散控制结构下，虚拟发电厂的控制可分为两个层级。在信息汇集时，下层的边缘计算单元将一部分分布式资源的运行数据进行汇集预处理，再将处理后的信息上传给虚拟电厂中央控制单元。在控制策略决策与执行过程中，中央控制单元首先将各边缘计算单元所辖分布式资源视为一个整体，制定并派发各边缘计算单元内分布式资源整体的控制指令，然后边缘计算单元依据整体控制指令制定并派发所辖分布式资源的具体控制指令。相对于集中控制结构，集中-分散控制结构中的一部分运行控制功能下移至边缘计算单元，而中央控制单元则将决策重点转移到依据用户需求和市场规则的能量优化调度方面，有助于改善集中控制方式下数据拥堵和扩展性差的问题，如图 4-22 所示。

(3) 智能计量技术

智能计量技术是实现虚拟电厂对分布式资源进行监测和控制的基础。对于虚拟电厂运行而言，实时准确监测分布式资源的发/用电情况，既为虚拟电厂控制决策提供可靠依据，又是虚拟电厂运行收益结算的重要参考。目前，智能计量技术集成度最高的应用是高级量测体系。高级量测体系主要由智能电表、通信网络、量测数据管理系统和用户户内网络四个部分组成。

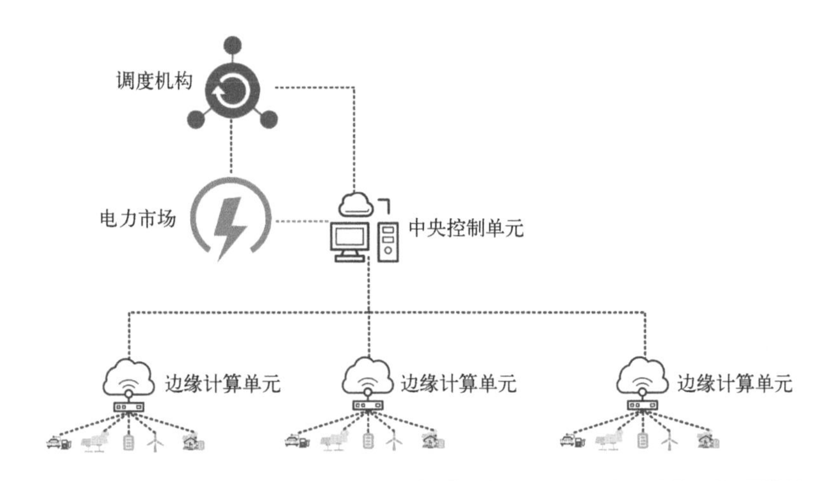

图 4-22　虚拟电厂集中-分散控制结构

分布式资源位于配电网高级量测系统的末端，在智能电表之后，可利用智能电表实时采集分布式资源的发电和用电信息，执行分布式资源并/离网操作。智能化分布式资源还支持与智能电表直接通信，实现分布式资源运行数据的全面采集和精准调控。

可靠的高级量测系统通信网络是虚拟电厂高效运行的必要条件。高级量测系统采取固定的双向通信网络，将电表采集的分布式资源运行信息实时传到数据中心，并转发数据中心的控制指令。通常，电表信息通过局域通信网络（LAN）传送到数据集中器，数据集中器再通过广域通信网络（WAN）将信息传送到数据中心。反之，数据集中器也能通过广域通信网络将数据中心的命令派发给指定的下游电表和用户。

建立用户户内网络，是虚拟电厂实现对用户内部分布式资源有效控制的重要技术手段。用户户内网络通过网关把智能电表、用户门户网站和用户户内可控的分布式资源和用电装置连接起来，可将用户的实时用电信息和来自第三方的电价信息等呈现给用户。用户可根据这些信息自主调整用电策略，提升用电经济性。依托用户户内网络建立用户侧的能量管理系统，还可以根据不同的电价信号、配网运行要求和用户个性化用能需求对负荷进行主动智能控制，无须用户参与控制决策和执行，可提升用户参与电网互动的响应速度。

计量数据管理系统是一个带有分析工具的数据库，可集成于虚拟电厂的中央控制单元，是高级量测体系的“神经中枢”，直接管理智能电表采集的数据，并能够通过企业服务总线将数据与其他需要利用这些数据的各种业务系统分享，支撑虚拟电厂内部分布式资源运行数据的高效利用，如图 4-23 所示。

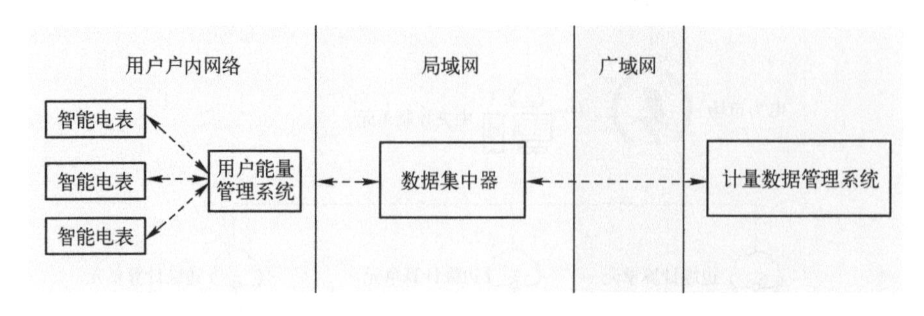

图 4-23　高级量测系统一般架构

4.1.6　配网柔性互联技术

配电网承担着合理分配电能、服务客户、保障用户安全用电的重要任务，是电力系统中不可或缺的重要部分。但是，当前配电网存在结构不合理、调控手段有限等诸多问题，制约了配电网运行的灵活性和可靠性。当前配电网运行主要存在以下几个问题。

1）配电网普遍采用合环设计、开环运行的方式，随着国民经济的快速发展和产业结构升级，配电网的供电需求和网架建设之间不平衡的矛盾日益凸显。不同区域负荷发展不均衡，导致部分配电线路轻载输送容量无法得到充分利用，而部分配电线路重载运行存在安全风险。此外存在无法保证站间联络率、运行方式调整不便、故障时负荷不能有效转供等问题，给配电网安全运行带来巨大压力。

2）在碳达峰、碳中和战略目标下，大量可再生能源就地灵活接入配电网，已成为推动可再生能源消纳，建设以新能源为主体的新型电力系统的有效途径。但是，可再生能源和电网发展存在不协调的现象，可再生能源规模化发展对电网消纳能力形成了严重挑战。此外，可再生能源出力具有波动性和随机性，将不可避免地造成配电网电压和潮流的随机波动，影响系统安全稳定运行。

综上所述，随着可再生能源接入、配电网负荷和网架的不断发展，当前配电网面临着运行方式不够灵活、负载不均衡、合环操作扰动大、可再生能源消纳能力受限等诸多问题。这些问题大多无法通过单纯的配电线路改造和架设来解决，而闭环运行方式则能够改善配电网的运行经济性与可靠性。但是，循环功率、电磁环网，以及故障范围扩大、短路电流增大等负面问题又使得配电网闭环运行方式的应用场景受到极大限制。

电力电子变换技术应用可以改善配电网拓扑结构，增强配电网运行的灵活性和可控性，为实现配电网闭环运行提供了有效的技术手段。配网柔性互联以可控电力电子变换器代替传统基于断路器的馈线联络开关，能够提供灵活、快速、精确的有功功率、无功功率控制。通过研究适用于配网的控制策略，能够解决上述电网存在的问题：①故障情况下保障负荷的不间断供电，且阻隔了对侧提供的短路电流；②控制馈线上的负载，改善系统整体的潮流分布；③进行电压无功控制，改善馈线电压水平；④提高配电网对分布式电源的消纳能力。

在碳达峰、碳中和战略目标下，为了满足大量可再生能源就地灵活消纳对配电网运行可靠性和调控灵活性的要求，配网柔性互联技术势必会得到越来越广阔的应用，交直流广泛互联是配网未来的重要发展方向。

柔性互联技术手段

柔性互联系统根据功能要求一般会由多级结构组成，如整流级、隔离变换级和逆变级等。受功率半导体器件功率等级和处理能力的限制，一般会采用模块级联和多电平技术，如 H 桥级联、三电平和模块化多电平换流器（MMC）技术等。

（1）基于 MMC 技术的背靠背变流器结构

如图 4-24 所示，MMC 结构是通过串联结构相同的多个半桥或全桥子模块，便于在不同电压等级下的拓展，近些年来得到了很大关注，被广泛应用于柔性直流输电技术中。但该结构中的逆变侧与整流侧须共用高压直流母线，当换流器输出交流电压与电网电压不匹配时，需要额外增加换流变压器以实现故障隔离，从而增加成本和占地面积。同时该方案还存在直流母线的 2 倍频波动问题，控制复杂、稳定性较低。

（2）基于工频变低压变流器方案

低压变流器方案通过将 10 kV 交流的电能转换至低压交流，再利用成熟的低压变流装备实现低压交流至低压直流的变换，通过直流耦合可实现配电网之间能量的相互转换。变流系统中基于三相交流系统，无 MMC、级联变压器以及电力电子变压器的工频功率波动问题。针对核心的变流装置，目前已经有较为成熟的技术手段，可实现四象限功率变换、不平衡补偿、高/低电压穿越等多种复杂工况。电路拓扑如图 4-25 所示。

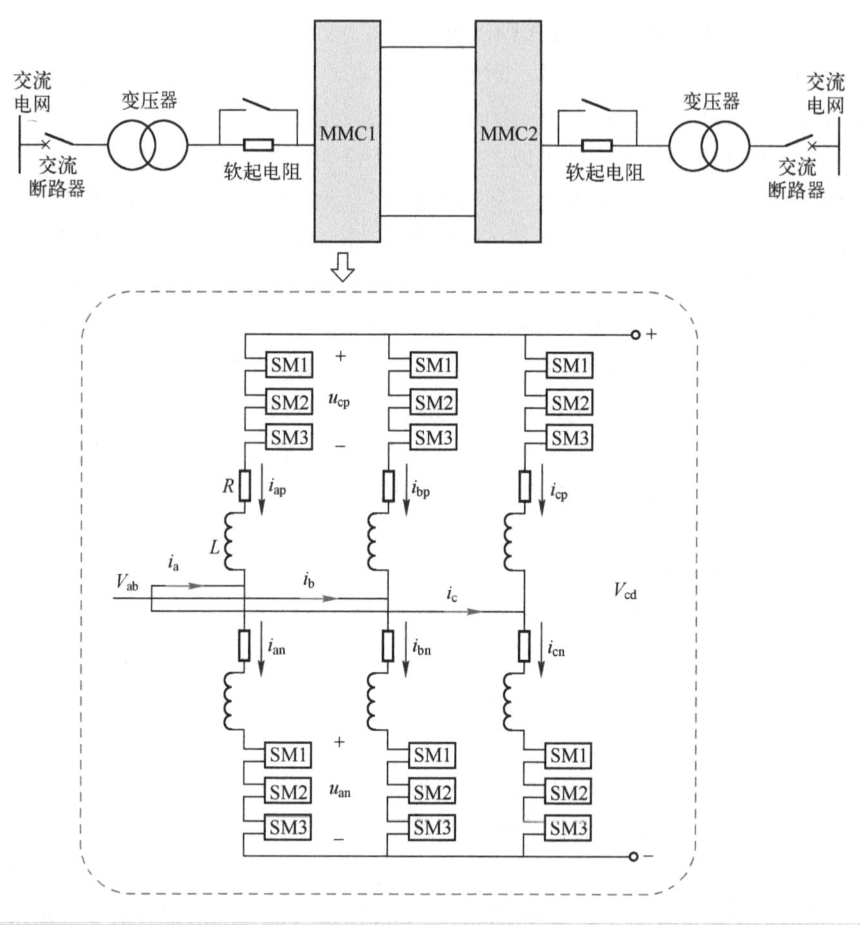

图 4-24　基于 MMC 技术的背靠背变流器拓扑

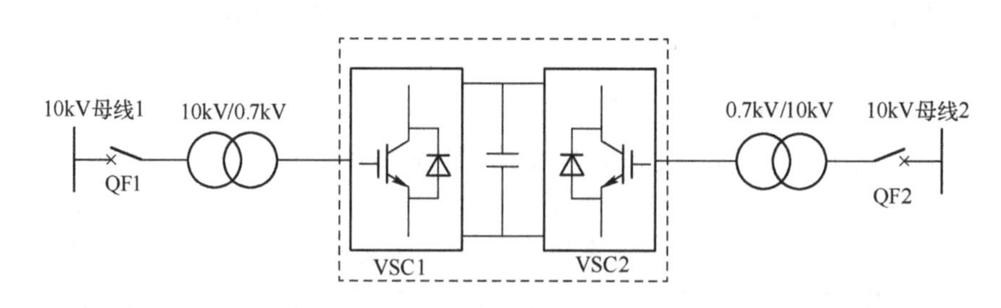

图 4-25　低压变流器方案电路拓扑

(3) 基于移相变压器级联 H 桥的多电平方案

H 桥级联结构采用将多个单相 H 桥变换器输出端串联的方式来实现高压变换。该拓扑可有效降低单个器件所承受的电压，而且可实现模块化结构，可拓展性强。但该拓扑需要多绕组工频移相变压器，变压器体积大、重量大、成本高。其电路拓扑如图 4-26 所示。

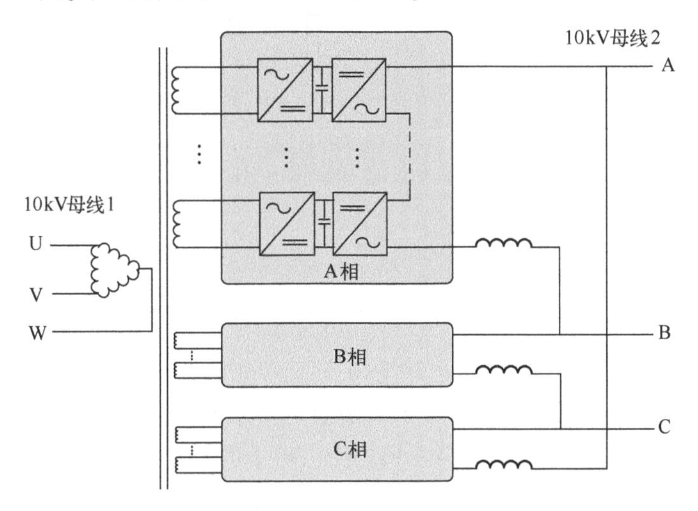

图 4-26 基于级联 H 桥的多电平方案

(4) 基于电力电子变压器的拓扑结构

为了实现两侧馈线高压交流到高压交流的转换，可采用三级式电力电子变压器拓扑架构。该结构主要由整流级（输入级）、中间 DC-DC 隔离级（也称为直流变压器级，DC Transformer，DCT），以及逆变级（输出级）构成。三级式电力电子变压器在隔离变压器两侧均有直流母线，输入的工频交流电通过 AC/DC 变换整流得到输入侧高压直流母线，再调制成高频方波，通过中高频变压器耦合至输出侧，整流后得到输出侧高压直流母线，再通过 DC/AC 逆变得到工频交流电压。该方案各变换级的控制相对独立，易于实现解耦与补偿控制。目前研究最为广泛的是基于级联 H 桥拓扑的电力电子变压器，该结构具有很好的灵活性和功能扩展性，可以通过模块的串并联实现容量和电压等级的扩展，适合中高压电网的大功率应用。电路拓扑如图 4-27 所示。

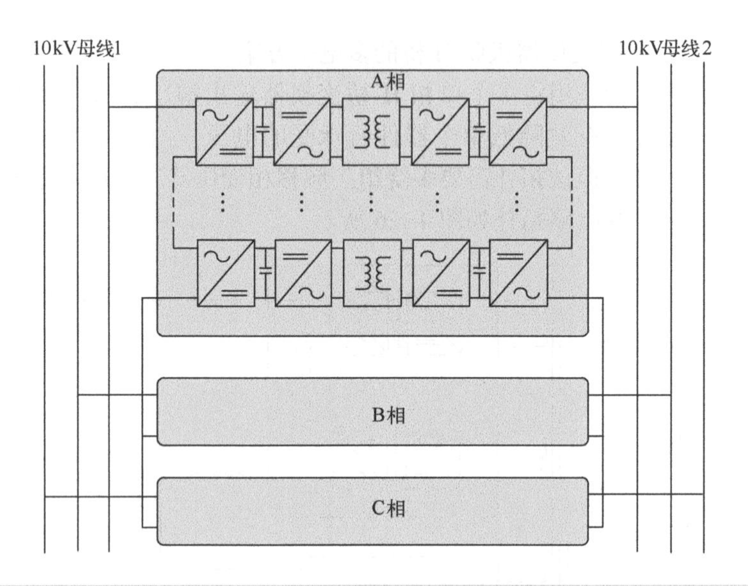

图 4-27　基于电力电子变压器的拓扑结构

综上所述，虽然采用基于柔性直流输电技术的模块化多电平拓扑结构能够实现配网的柔性互联，但考虑到城市配网的可靠性、占地、经济及故障特性等因素，基于 H 桥级联型的电力电子变压器优势更为明显。该拓扑以高频隔离变压器替代工频交流变压器进行故障隔离，可有效减小装置的总体占地面积，且输入、输出侧均包含直流母线，易于系统控制及模块均压设计。

在基于电力电子变压器的拓扑结构基础上，东南大学陈武老师创新性地提出一种模块共用的电网柔性互联拓扑，如图 4-28 所示。

其特征在于，以级联 H 桥（CHB）电力电子变压器结构为基础，采用两端口共用一部分全桥模块的结构。当共用模块的全桥数量够多时，可以支撑起两端口网络的大部分电压，而流入共用模块的电流很小。该拓扑可以进一步降低基于电力电子变压器的拓扑结构的体积，并降低设备价格。但是该拓扑控制复杂，相对传统方案，其适用范围还需要进一步论证。

（5）基于 UPFC 的技术方案

UPFC 即统一潮流控制器，是一种功能强大、特性优越的新一代柔性交流输电装置。在应用中，UPFC 会从交流系统直接取能，该取能方式往往是并联接入交流电网系统；在输出侧，UPFC 通过串联的方式连接至电网系统，通过控制串联接入的电压实现电路的潮流控制和无功/有功补偿。其电路拓扑如图 4-29 所示。

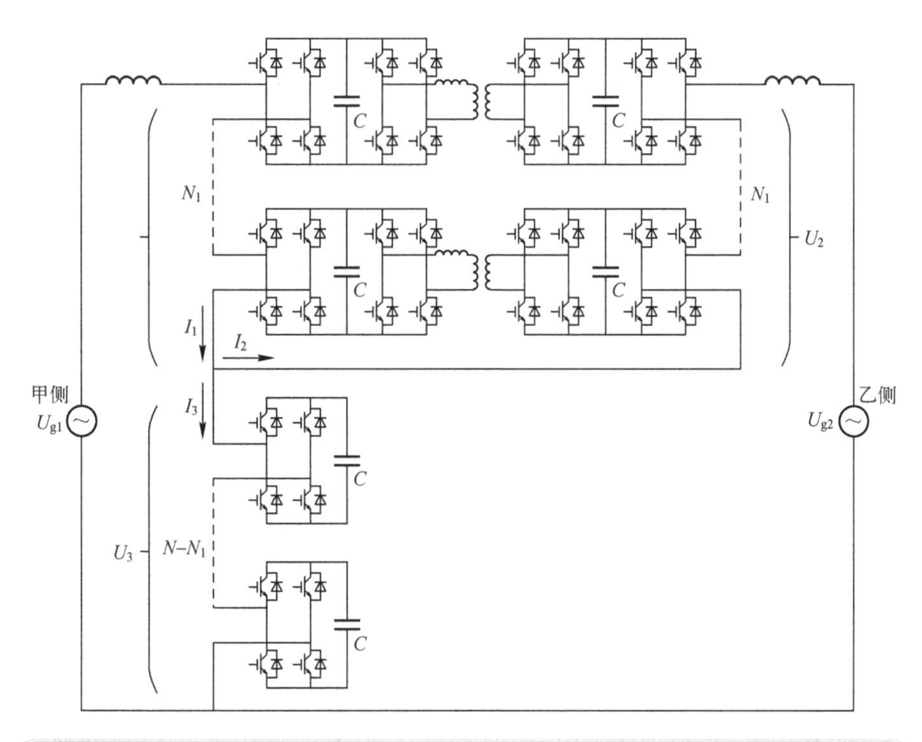

图 4-28 一种模块共用的电网柔性互联拓扑

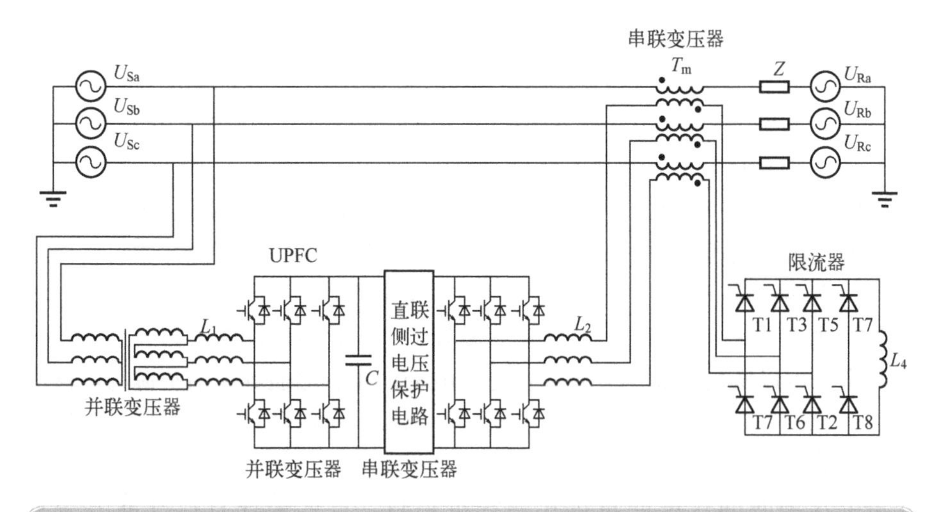

图 4-29 基于 UPFC 的技术方案

UPFC 同样能够应用至柔性互联系统之中，电路的输出侧能够串联至两个需要互联的配网系统中，当检测到两端电网存在幅值和相位差之后，可控制输出侧电压弥补互联过程中电网的电压差，从而保证顺利合环。UPFC 在配网柔性互联应用中的优势主要在于不需要实现全容量的功率变换，区别于以上方案中将电能从交流变换至直流、直流再变换至交流的复杂过程，UPFC 通过控制电压间接控制了潮流方向，可大幅节省电能变换环节，有利于设备占地面积的减少。

（6）IGBT 串联技术方案

两电平结构由于受单个开关器件耐压的限制，故通常采用串联的形式构成三相桥式结构。二极管钳位式三电平结构通过钳位二极管的作用，将单个开关器件所承受的电压限制在一个电容电压之内。但以上两种结构存在开关频率高、开关损耗大以及单个开关器件成本较高的问题。基于器件串联的两电平或三电平方案如图 4-30 所示。

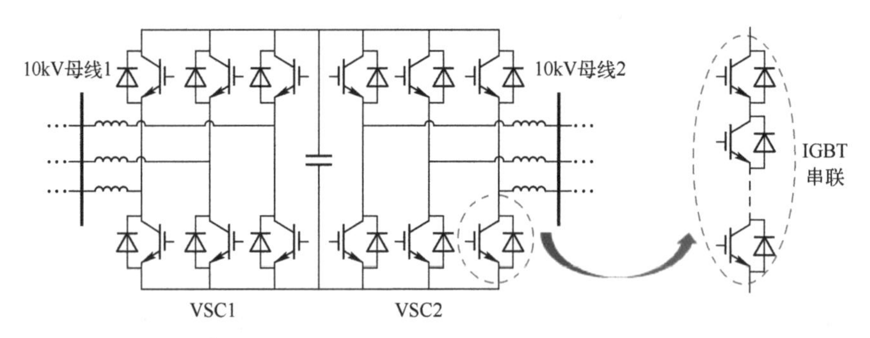

图 4-30 基于器件串联的两电平或三电平方案

（7）低压台区柔性直流互联方案

随着整县屋顶分布式光伏的发展，低压交流配网发展将面临供电能力亟须提升、供电品质亟须提高两大挑战，采用低压台区柔性直流互联可解决煤改电、末端负荷上升导致的低电压问题，高比例分布式电源接入引起的电能质量问题，交流末端相邻台区负载率差异大、不均载的问题，以及新基建建设需求；可以实现高比例分布式发电、电动汽车、储能等灵活资源与电网间分层、分级、高效、安全互动，实现配网末端台区内动态无功补偿、台区间功率灵活互济、台区间故障快速转供、分布式电源高效消纳、冲击性负荷稳定供电及多时间尺度能量优化与经济运行。台区柔性直流互联方案如图 4-31 所示。

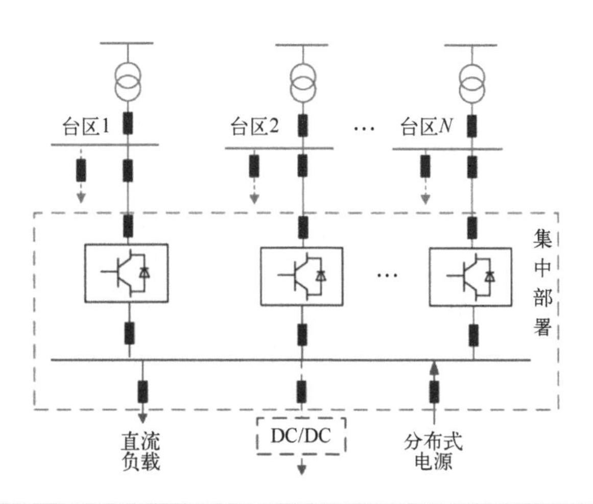

图 4-31　台区柔性直流互联方案

4.2 “双高”背景下电力系统安全稳定

在“30·60”碳达峰、碳中和的背景下，未来的电力系统将会发生结构性变化，一是新能源比例越来越高，成为电力系统的主力电源；二是电力电子设备比例也越来越高，成为影响电力系统稳定性的根本因素。为了适应新型电力系统的安全稳定运行和灵活控制需求，系统安全稳定分析与控制技术也将发生根本性变化。随着输电网中高压大容量变流装备的持续推广和配用电侧电力电子技术的广泛应用，“双高”特性将更为显著，成为新一代电力系统的重要技术特征。

“双高”背景下，柔性交直流输变电与传统交流输变电有本质的区别，导致系统动态特性发生深刻的变化，带来新的稳定性问题，比如电力电子设备之间及其与电网之间相互作用引起的宽频带振荡等。由于“双高”电力系统具有非线性、时变性、异构性、不确定性和复杂性等特征，其稳定性的内在机理发生变化，因此需要针对“双高”电力系统稳定性的新问题开展基础理论研究，构建电力系统稳定性分析的新框架，为保障系统稳定运行提供支撑。

4.2.1 安全稳定机理与分析

1. 传统电力系统安全稳定分析

电网安全分析所关注的基本问题是电网同步运行稳定性、电压稳定性以及频率稳定性。传统的电网安全分析方法主要是基于事故预想的安全分析，包括暂态稳定评估、电压稳定评估以及小干扰稳定评估，频率稳定性分析近年来也受到重点关注。另外，基于复杂网络理论的大电网连锁故障安全分析、基于大数据的电网安全分析，以及针对网络攻击的电网信息物理系统安全分析是近年来电网安全分析方面的重要发展方向。2019 年最新修订的 GB 38755《电力系统安全稳定导则》，根据电力系统失稳的物理特性、受扰动的大小以及研究稳定问题应考虑的设备、过程和时间框架，将电力系统稳定分为功角稳定、频率稳定和电压稳定三大类以及若干子类，如图 4-32 所示。

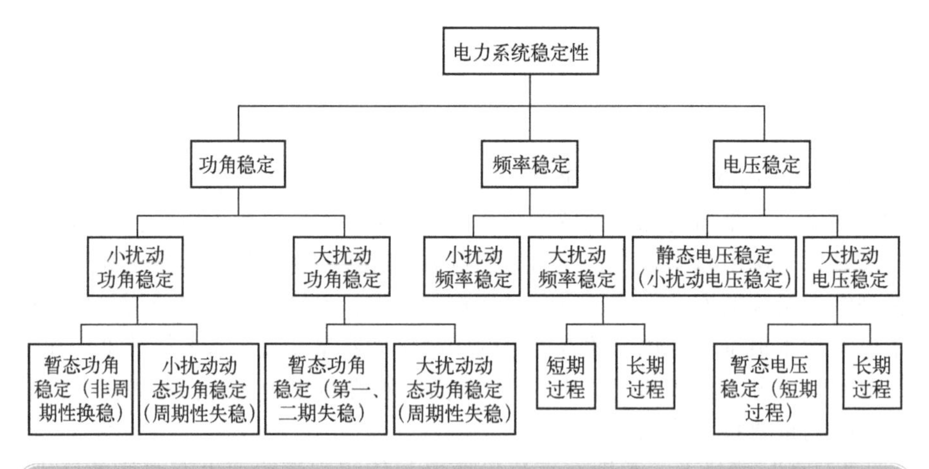

图 4-32 电力系统稳定性分类

电力系统安全稳定分析可分为以下几个方向。

（1）基于事故预想的电网安全分析

基于事故预想的电网安全分析是目前应用最多的电网安全分析方法。该方法以描述电网运行变量之间物理关系的数学模型为基础，研究预想故障发生后电网运行能否满足安全稳定要求，评估的指标主要为是否稳定以及稳定裕度。基于事故预想的电网安全分析主要如下。

1）N-1 静态安全分析：基于潮流计算的方法，评估电网在给定运行方式下出现 N-1 故障后的潮流重新分布是否满足电网运行的要求。

2）暂态功角稳定分析：采用时域仿真的分析方法，校核给定运行方式下电网发生典型故障时，电网暂态稳定性是否满足电网安全稳定导则要求。

3）小扰动稳定分析：采用小扰动分析方法，研究系统固有振荡模式及其阻尼特性，判断电网在给定运行方式下维持平衡点稳定运行的能力，以及稳定裕度。

4）电压稳定分析：用于评估电网故障后维持电网电压稳定的能力以及当前运行状态的稳定裕度，分析方法包括连续潮流法、灵敏度分析法、时域仿真分析法等。

5）中长期稳定分析：主要用于电网发生连锁故障时较长时间范围内的（数分钟到数十分钟）动态过程分析。近年来随着具有随机性和波动性新能源发电的接入，电网安全分析关注多时间尺度耦合的电网动态过程，提出了开展电网全过程动态仿真的需求。

基于事故预想的电网安全分析按其应用可分为离线安全计算和在线安全评估两种。离线安全计算常用于电网典型年度运行方式校核，目前已经有成熟的商业软件，如 PSS/E、BPA、PSASP、DigSilent 等。在线安全评估基于电网实时潮流的状态估计，通过预想事故集扫描评估电网运行稳定性，属于电网能量管理系统的高级应用功能，目前已经实现的包括暂态稳定评估、电压稳定评估和小扰动稳定评估，并在电网 EMS 中得到应用，面对复杂大规模交直流电网在线安全分析需求仍有很多挑战。

电网暂态安全分析的主要方法包括时域仿真分析和直接法。时域仿真分析即基于电网各元件动态方程采用微分方程数值计算方法。直接法的理论基础是李雅普洛夫稳定性理论，试图通过解析的方法构造李雅普洛夫函数，确定动力学系统的稳定域边界。对于高维电力系统，构建严格的 Lyapunov 函数存在极大的困难，因此有学者提出了一些近似的方法，如能量函数法以及扩展等面积法则（EEAC），可以基于故障时段的仿真来判断系统稳定性和稳定裕度，降低了时域仿真计算量，满足在线安全评估的实时计算要求。直接法已经被应用在线安全评估分析软件（DSA）中。

（2）基于连锁故障风险的电网安全分析

电网大停电事故分析表明，由于单一电网故障引起电网失去稳定的可能性非常小，电网大停电事故常常是由连锁故障所导致的。因此，电网安全分析的另一个重要方向是评估电网发生连锁故障的风险。复杂网络理论是用于评估电网连锁故障风险的主要方法，试图从电网结构复杂性网络特征和电网脆弱性方面对电网安全性进行评估，可用于分析电网连锁故障发生的机理和规律，以及评估同步电网规模的合适程度。

(3) 基于大数据的电网安全分析

传统电网依赖 SCADA 实现对电网状态的感知，通常是基于状态估计方法的实时潮流分析，以及基于故障录波的电网暂态记录。前者可用于电网在线安全分析的初始稳态运行点，后者常用于事故后分析。基于同步相量广域测量系统（WAMS）技术可以实现电网节点电压相量测量，为电网状态感知提供了更为准确和时间同步的量测数据，能够反映电网运行过程中的机电耦合作用动态过程。近年来学者们一直致力于研究如何从广域测量数据中提取电网动态特征，实现电网运行状态的未来趋势感知和安全分析，并在电网动态监测和在线低频振荡模式分析等方面开展了实际应用。因为是基于数据的分析，如何从物理机理方面认识电网动态仍然是一个技术难题，比如区分电网实时运行方式固有的弱阻尼振荡模式和电网强迫振荡模式、定位强迫振荡扰动源、区分负荷动态和系统机电动态等。

人工智能方法在数据分析领域具有重要优势。近年来随着人工智能领域计算技术的进步，利用人工智能算法对电网大数据进行分析以评估电网安全性是一个亟待深入研究的全新课题。

(4) 基于信息物理系统的电网安全分析

现代电网的安全运行高度集成了计算机网络通信和计算机监控系统，由此构成典型的物理电力系统与通信及控制网络密切耦合和相互作用的高度复杂的信息物理系统。来自通信和控制网络的故障或者恶意攻击对电网安全运行具有严重影响，乌克兰电网因为遭到网络攻击发生电网停电事故就是典型实例，充分说明电网安全分析需要进一步关注到信息物理系统的层面。电网信息物理系统的研究主要包括电网信息物理系统的融合建模、电网信息物理系统的分析方法以及基于信息融合的电网控制。

2. 新型电力系统的安全稳定新问题

近年来电网发展过程中大规模新能源发电并网，基于电力电子技术的新型输电技术应用给电网安全稳定运行带来了新的问题，包括多直流馈入系统的稳定性问题、新能源大规模接入的电网稳定性问题、大量电力电子装备并网引起的复杂宽频振荡问题等，对安全分析建模提出了新的要求和挑战。

（1）多直流馈入系统的稳定性问题

近年来国内特高压直流大量投运，多直流集中馈入负荷中心的情况广泛出现，如华东电网10回直流馈入、山东电网3回直流馈入、广东电网5回直流馈入等。多直流集中馈入系统中，多直流/交直流间的相互作用增加了系统运行特性的复杂性，且直流自身的无功特性和直流对于发电机的替代效应容易引起电压稳定方面的问题，给电网安全带来挑战。

受实际需求的驱动，在电力生产部门、科研单位、高校的共同参与下，国内广泛开展了直流多馈入系统电压稳定方面的研究，主要通过提出定性评估指标，如多馈入短路比、分层直流馈入短路比、多馈入影响因子等对系统稳定性进行定性分析，通过机电暂态仿真和混合仿真相结合的方法对系统稳定性进行定量评估。

在具体算法方面，国内学者提出了多种考虑直流间相互作用的多馈入评价指标，并与静态电压稳定临界点进行对比验证，其中基于阻抗阵的多馈入短路比定义及指标仍然是我国多馈入交直流系统规划、运行主要采用的评价方法。有学者推导了特高压直流分层接入系统的数学模型，以此为基础推导特高压直流分层接入系统逆变侧换流母线的电压稳定因子计算方法，提出用于特高压直流分层接入方式下的受端电网静态电压稳定评价指标，可用于含分层直流的直流多馈入系统的稳定性评估。

（2）新能源大规模接入的稳定性问题

新能源接入对系统稳定性的影响是国内近10年来的研究热点，科研工作者主要围绕新能源接入后系统传统功角、电压、频率稳定性的变化和新能源接入后带来的复杂宽频带振荡问题两个方面开展研究。

在功角、电压、频率稳定性变化方面，研究表明，关于新能源应用对功角稳定性有积极还是消极影响并没有明确的结论，功角稳定性受到各种因素的综合影响，如风机类型及运行模式、新能源选址、渗透率、电网电压、故障类型等；针对大比例风电对电网电压稳定性的影响，科研工作者从静态电压稳定与暂态电压稳定两个角度分析了新能源接入的影响，部分研究成果表明，新能源接入比例达到一定程度时，系统电压稳定性会变差，但相关结论还缺乏完整的理论和广泛的算例支撑；针对大比例风电对电网频率稳定性的影响，大量研究发现，随着风电的引入，风电的随机性及负荷波动性的双重作用给系统频率控制带来了前所未有的困难，而且这一困难随着风电并网单元数量的增加将会变得更加严重。电力系统的惯量对于系统的频率变化起决定性作用，惯量越小，系统频率变化速度越快，而随着风电大规模并网，部分常规发电机组被替代，造成系统惯量减小，在电网频率发生改变时，系统频率响应能力减弱。有学者基于 MATLAB/Simulink 仿真平台搭建了含大规模风电并网运行的系统模型，并进行了频率稳定性的仿真分析，验证了风电机组惯性缺失对系统频率造成的负面影响。

在新能源接入后带来的复杂宽频带振荡问题方面，基于电力电子技术的新能源机组大规模接入电网后，局部电网中由电力电子装备引起或参与的次同步-超同步-高频振荡问题逐渐凸显，电力电子装备、传统装备、网络三者之间的交互作用得到广泛关注。

（3）大量电力电子设备并网引起的复杂宽频振荡问题

目前，针对 HVDC 和 FACTS 等电力电子装备接入系统后引起的低频振荡问题已有较为成熟的研究成果，相应的控制技术也在工程中得到了应用。随着新能源发电的广泛应用，对于多电力电子装备接入较复杂电力系统的动态稳定问题，虽然针对同步发电机、电力电子装备及网络间的交互作用和控制已经开展了一些研究，但是目前的研究大多被动地受现场事故的驱动，针对固有频率振荡，通过将问题分解为多个“单装备参与（或两装备间）、单时间尺度”的问题，来解决特定场景下特定振荡模式的稳定问题。由此形成的稳定性分析方法大多只适用于等效的两端或三端系统，难以对实际系统中多装备接入情况下的稳定性进行判定和定量分析，提出的控制方法一般只对特定频带的振荡问题有效，不能适应多装备接入下系统振荡的宽频带和频率漂移等复杂特征。例如，新疆哈密次/超同步振荡问题实质上是风电机组（直驱和双馈）、SVC/STATCOM、HVDC 及同步发电机组等多样化装备通过弱交流电网产生的复杂交互作用所引起的系统稳定性问题，目前的研究大多将其简化为直驱风电机组接入弱交流电网下次同步或超同步频段的控制不稳定问题，忽略了其他类型装备及其他时间尺度控制特性的影响。系统性研究的缺乏，导致振荡的机理不能得到根本性揭示，难以提出有效的控制方案，迄今为止，振荡仍时有发生。

3. 新型电力系统安全稳定分析理论与方法

当前的研究方法主要包括时域仿真法、复转矩系数法、阻抗法、特征结构法等。其中，时域仿真法由于无法给出具体的数学描述而难以揭示系统的稳定机理；复转矩系数法针对多机系统的次同步振荡分析缺乏严格的理论证明；电力电子领域通常采用的阻抗法在建立工频以下的装备模型时具有局限性；特征结构法在大系统分析时存在维数灾问题，求解困难。这些方法普遍缺乏与动态过程关键特征量之间的联系及直观的物理解释，在揭示机理及分析交互作用方面存在不足，导致所采取的稳定评估方法缺乏普适性。新型电力系统中新能源发电占据主体地位，系统的两高特性更加突出，系统运行特性和稳定机理更加复杂，当前的方法和理论均存在应用局限性，因此需要开展新的稳定理论和分析方法研究，主要包括几个方面。

（1）新型电力系统基础理论

新型电力系统在物理特征层面具有：①高比例可再生能源的电力系统；②高比例电力电子装备系统；③多能互补的综合能源电力系统。

高比例可再生能源对电力系统安全经济运行造成了影响，由于目前我国系统新能源接纳能力有限，所以弃风弃光现象较为严重。高比例电力电子装备对电力系统运行带来很大挑战，包括直流输电带来的电网不稳定问题、电压稳定问题。综合能源电力系统并不仅仅单纯考虑电力系统，多个能源系统之间的耦合带来体制机制和技术领域的挑战。下面从三方面来阐述新型电力系统分析中的基础理论：稳态分析、故障分析和稳定性分析。

1）稳态分析。大量的间歇式新能源接入，新能源发电功率的波动使得电网需要预留更多的旋转备用来消除不利影响。随机性的新能源可调度性差，会对电网造成冲击，降低了系统的稳定性，甚至导致电压崩溃。进行潮流计算分析时，无功不足可能导致某些节点电压不符合要求。此外，新能源出力的波动以及大量电力电子设备的接入也会大大影响电网的电能质量，产生更大的电压偏差、波动、闪变和谐波问题。

新能源的间歇性增加了电力系统运行的不确定性，研究新能源的时空分布特性和波动特性，建立新能源出力和预测误差的概率分布模型，分析新能源之间以及与常规能源之间的互补特性，能有效提高系统新能源的接纳能力，以及经济合理地安排系统的运行方式。针对新能源发电的不确定性，出现了一些新的优化理论和方法，包括随机优化、区间优化和鲁棒优化等，合理安排电力系统的优化调度能够有效降低新能源对系统运行的影响。

传统将发输电系统和配电系统独立开展潮流分析的计算方法，存在较大局限性。事实上，电力系统是发输配一体的全局电力系统，如何对发输配全局电力系统进行一体化分析，实现发输电和配电资源共享、整合和互补，充分发挥大电网全局控制的潜力和效益，具有重要的现实意义。然而，开展发输配一体的全局潮流分析是比较具有挑战的。原因主要源于三个层面：其一，发输电系统和配电系统在电网结构、电网参数、潮流大小、计算模型上的特点差异很大，需要研究采用统一的算法进行联合潮流分析；其二，输出功率随机且间歇、具有潮流反转能力的大规模分布式电源的接入，对发输配一体的联合潮流分析提出了进一步的挑战，如如何考虑衔接发输电系统和配电系统的边界节点的电压幅值、相角和有功、无功功率的不匹配问题；其三，发输配全局电力系统的计算规模极其庞大，须研究含大规模新能源的发输配全局系统的潮流快速并行计算模型。为此，已有高性能计算领域的多种并行计算技术，如多核多线程（Multi-Core and Multi-Threading，MC-MT）、OpenMPI、大数据（Big Data，BD）中分布式并行计算 MapReduce 框架和图像处理技术（Graphic Processing Unit，GPU）。

2）故障分析。大规模新能源的随机性和波动性会对电网中的局部故障起到推波助澜的作用，从而诱发连锁故障，进而导致电网大面积停电，甚至电网的崩溃。大规模新能源集中接入，功率的波动使得潮流分布不均，导致某些线路负载率较高，进而增大连锁故障风险。可采用直流灵敏度法和交流灵敏度法对线路潮流分布进行调整和改善，降低发生连锁故障的可能。

继电保护是保护电网安全稳定运行的第一道防线，由于电力电子装备的结构特性和传统同步机组迥异，故障特征分析又是继电保护的基础，所以研究含大规模电力电子装备的电力系统的故障分析至关重要。新能源电源的故障特征主要包括短路电流特征、等值序阻抗特征、频率偏移特性、波形及谐波特征等。新能源短路电流特征受到控制作用的影响且可以得到很好的抑制。当考虑输电线路故障分析时，需要更多关注新能源电源的等值序阻抗特征。一般来说，新能源电源的故障特征主要由控制策略决定，控制策略变化带来故障特征的变化。

交直流混合电网改变了自由电网功率分布规律的故障相应特性，需要拓展基于电路理论的功率分布与故障分析方法。交直流输电网故障分析主要包括换流设备故障分析、交流系统故障及其对直流系统的影响分析和直流系统故障及其对交流系统的影响分析。其中，研究主要集中于交流系统故障对换相失败的影响和直流系统故障对交流系统暂态稳定的影响。交直流系统连锁故障十分复杂，从实际物理过程的角度来看，可采用负荷转移和隐性故障的理论来解释交直流电网的故障传播机理，若考虑谐波和次同步振荡，将使机理解释更加困难。复杂系统理论的连锁故障机理较适应于交直流电网故障分析，包括基于复杂系统理论的连锁故障模型和基于复杂网络理论的连锁故障模型。

柔性直流电网技术可以充分实现多种能源形式、多时间尺度、大空间跨度、多用户类型之间的互补，是未来电网的重要发展方向。目前已有的简单柔性直流系统的直流故障电流计算方法在复杂直流电网中适用性不强：一方面，广域互联的直流电网可能存在多电压等级的复杂网络结构，故障后直流电网内的潮流转移规律与故障演化机理需要明晰；另一方面，汇集能源类型、换流站控制方式以及系统运行方式对故障电流发展与传播的影响需要明确。同时考虑直流限流器、直流断路器、直流变压器等故障电流限制装置的投入以及这些装置间的协调控制策略，形成通用的复杂柔性直流电网故障电流分析方法。针对电压源换流器、直流变压器、直流断路器、直流限流器以及潮流控制器等几类直流电网限流装置，探索兼具限流功能与良好运行特性的优化拓扑结构，研究满足直流电网限流需求的控制策略。单一类型的限流设备可能难以满足直流电网限流要求，须进一步分析多类型限流装置空间优化分布方案，制定限流装置之间的动作时序配合策略。

新型的电力系统故障分析对继电保护和紧急控制提出了新的要求：①减小故障对系统的冲击，进行交直流超高速保护，加快故障后切除；②保持网架器强壮性，保护与自动装置配合，优化网架及拓扑切换策略；③实施安全稳定闭环控制，保持同步稳定性，减少失步解列发生；④避免全网大停电事故，实现自适应的失步解列与频率电压控制；⑤减少故障发生，发展状态预警，实现控制、保护一体化功能。

3）稳定性分析。新型电力系统中，新能源比例的不断提高将减小系统的惯性和阻尼，系统的动态特性将发生很大变化，系统电压、频率稳定问题更为突出。为保证系统安全运行，须深入研究系统动态仿真模型及其控制方法。含高比例电力电子设备的新型电力系统的稳定性分析时间尺度从传统交流系统的机电暂态尺度扩展到毫秒级电磁暂态尺度。新能源机组各子模块模型应具有多时间尺度特性，考虑动态无功支持来保证风电场的低电压穿越，研究虚拟同步机来模拟出与传统机组相似的惯量外特性。

大规模新能源并网后，改变了电网原有的线路传输功率、潮流分布以及电能质量等，因此，电力系统的暂态稳定性会发生变化。比如，大规模风电机组并网系统，如果地区电网较弱，风电机组在系统发生故障后无法重新建立机端电压，风电机组运行超速失去稳定，将会引起地区电网暂态电压稳定性破坏。大规模风电机组并网电力系统，其中风电机组的低电压穿越能力将会对电力系统稳定性造成较大影响。

传统基于数学模型的暂态稳定分析（如时域仿真法、扩展等面积法）以具体的系统模型为基础，可给出由特定故障导致的同步发电机角度和其他电力系统物理量的完整描述，具有可观的计算准确度，不足是无法提供关于系统稳定裕度的具体细节和控制措施，且随着高比例可再生能源、新兴负荷接入等的影响，该类方法难以准确描述系统特征。基于人工智能的暂态稳定分析不依赖于具体物理模型，通过训练学习机制提取特征量，并形成关键特征集，进而建立其与系统稳定性之间的映射关系。随着 WAMS（广域测量系统）在电力系统中逐渐推广，根据 PMU（同步相量测量装置）可实时测得系统的运行状态数据。基于 WAMS 可从量测数据中提取特征量，同时考虑影响暂态稳定的关键物理量，建立物理-数学模型，进一步给出暂态稳定评估指标或评估手段，为实现电网暂态稳定在线监控与预警提供了良好契机。基于大数据技术的暂态稳定分析主要从海量数据中挖掘关键信息并构建量化评估指标体系。

（2）含高比例电力电子装备电力系统的稳定性分析方法

除了传统的功角稳定、电压稳定、频率稳定，高比例电力电子设备的电磁振荡和谐波稳定对电力系统影响越来越大。考虑到电力电子器件的分散控制特性，建立不同时间尺度的等值模型和辨识方法、提取主导极点、估计短路比等，有助于简化电力系统稳定分析。为了适应电力系统稳定传统建模要求，电力电子学界将逆变器设计为虚拟同步电机。但是电力电子设备没有功角失稳问题，因此本没必要对其引入同步电机功角稳定约束；建立调频（增加惯性和主动备用等）、调压功能，即可帮助维持电力系统稳定性；调节时间尺度，取决于电力电子设备与同步电机的可调容量大小，以及电网故障后的响应和恢复速度要求。

针对较短时间尺度的电磁暂态稳定，需要计及电力电子器件的离散特性和高频特性，以及电力电子设备内部的能量交换过程。对于较长时间尺度的电磁暂态和机电暂态仿真，采用电力电子设备等效控制框图和传递函数，可以分析电力电子设备与外网间的能量交换及其影响。对电力电子设备进行电磁暂态分析，可采用频率响应（Bode 图、导纳/阻抗）、Nyquist 曲线、奇异摄动理论，也可尝试幅相动力学、逆轨迹、半张量积等方法。对含高比例电力电子设备电力系统的小扰动、大扰动稳定分析，仍可采用模式分析、时域仿真和能量函数方法。基于当前运行点和线性化假设的模式分析，应用于变化场景下大范围稳定控制设计时，需要检验控制误差。传统基于功角的同调判据和基于广义哈密顿作用量的同调判据，本质上是相容的。将能量函数方法应用于含高比例电力电子设备时，需要考虑设备建模精度和系统规模，以及应用对象和待解决稳定问题。暂态轨迹灵敏度可用于优化稳定控制参数。考虑新能源出力不确定性、系统运行场景变化、故障不确定性，分散协调控制、自适应控制、模型预测控制、滑模变结构控制、模糊控制以及其他智能控制算法等，有可能由设备控制逐步拓展至含高比例电力电子设备电力系统的稳定控制。将小扰动/暂态稳定约束引入稳态优化模型，可以在稳定控制和经济运行间寻求平衡。

4.2.2 仿真建模技术

本节将介绍在新型电力系统建设过程中发生巨大变化的发电单元建模技术和负荷建模技术，以及辅助支撑各类设备模型变化的全电磁暂态仿真技术。另外，随着能源供给侧和能源消费侧的结构性改革，新型电力系统可实现对能源的综合利用，因此本节也简单介绍新兴的综合能源系统仿真技术。

1. 新能源发电系统建模技术

对新能源发电系统进行准确的建模是进行高比例新能源电力系统安全稳定分析与控制的必备基础。新能源发电设备的单体容量小、数量多，且基于电力电子器件，拓扑结构复杂和状态变量维数巨大，因此新能源发电设备的仿真计算量大，需要在仿真精确度和仿真效率间进行统筹考虑。

通常所说的新能源发电系统建模是指用于电磁暂态或机电暂态仿真分析的时域仿真模型，近年来随着新能源发电、柔性直流输电等电力电子设备接入规模的增加，宽频振荡问题也逐渐凸显，因此，在时域仿真模型之外，领域内专家学者也建立了用于宽频振荡分析的传递函数模型和阻抗分析模型等新能源模型。但时域仿真模型仍是进行电力系统安全稳定分析与控制的基础模型。

按照建模范围，新能源发电系统的建模可分为设备级建模、场站级建模和系统级建模。设备级建模一般用于新能源设备本身的特性分析，往往基于电磁暂态仿真工具进行建模；新能源场站级建模往往用于多场站的局部区域电网仿真分析或大电网机电暂态仿真分析，新能源系统级建模往往用于大电网机电暂态仿真分析。

新能源发电设备级建模一般对新能源发电设备的机械侧、换流器侧和控制系统均进行详细建模。以图 4-33 所示的双馈类型风电机组为例，其设备级建模一般包括变桨系统和传动系统、异步发电机、转子侧换流器及其控制系统、电网侧换流器及其控制系统。双馈风电机组设备级模型结构示例如图 4-34 所示。光伏发电系统一般包括光伏阵列、DC/DC 变换器、网侧变流器及其控制系统等几部分，如图 4-35 所示。

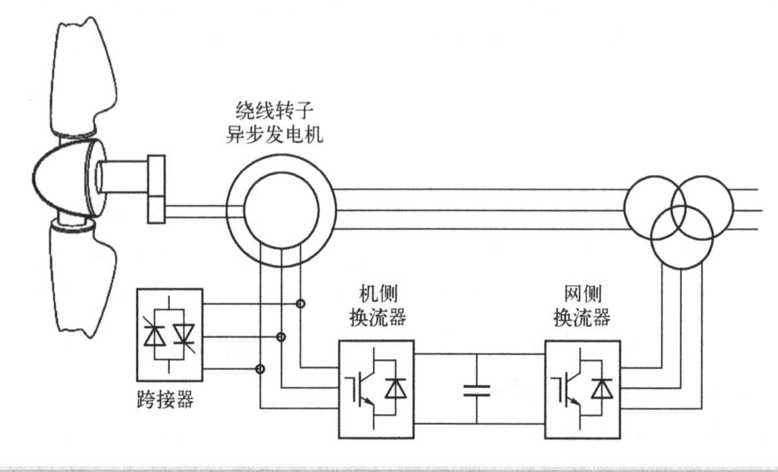

图 4-33　双馈风电机组结构

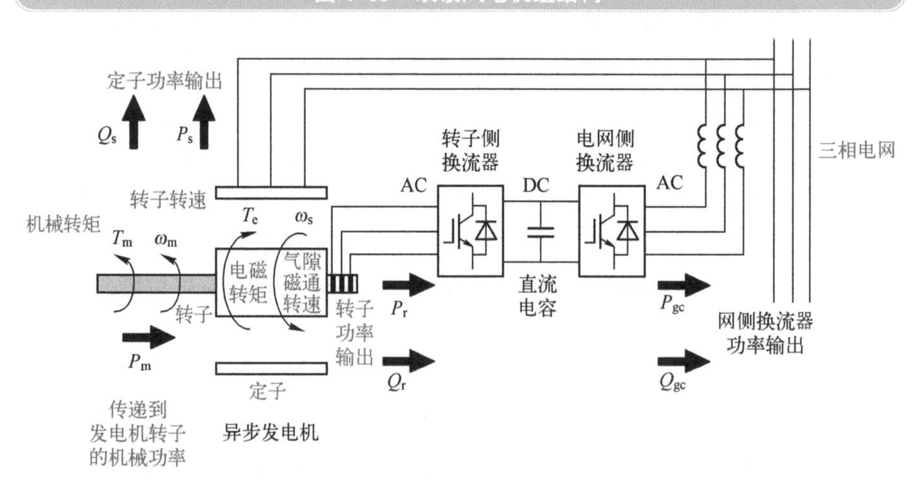

图 4-34　双馈风电机组设备级模型结构

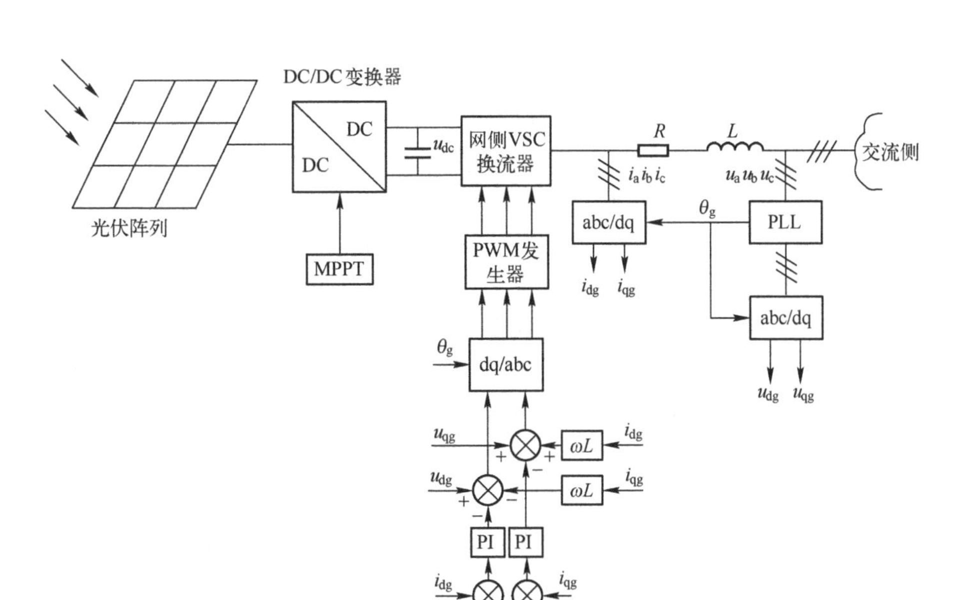

图 4-35　光伏发电系统拓扑结构示意及控制系统模型

同一新能源场站内，新能源发电机组数量较多（可达上百台），为了保证仿真效率，可进行等值以降低模型规模与运算负担，或基于预设模型直接采用参数辨识法建立新能源场站级（使用数台机组等值表征上百台机组）或系统级等值模型（使用一台或少数几台机组对一个或多个新能源场站进行等值表征）。新能源机组的故障穿越策略和穿越恢复策略等对电力系统的安全稳定性有较大影响，需要重点进行模拟。目前国内以中国电力科学研究院为代表的研究机构所提出的通用模型，涵盖了场站级控制、正常运行控制、电压穿越运行控制等控制策略，运行状态细分为正常运行、电压穿越、穿越恢复、穿越失败四类，设计了运行状态判断和切换逻辑，各运行状态下预设了若干控制策略，可灵活选取和设置，具有较好的可操作性和通用性。目前国内主流的电力系统仿真分析软件（暂态稳定程序 PSD-ST、综合稳定程序 PSASP）中，已建立了适用于大电网机电暂态仿真的双馈、全变流风电机组和光伏发电站标准化通用模型，解决了机电暂态过程中新能源机组仿真的准确性和数值稳定性问题，并在全国范围内推广应用。

2. 负荷建模技术

电力系统电压和频率发生变化时电力负荷从电网取用的有功功率和无功功率的变化称为负荷特性，依据这一特性建立的数学模型称为负荷模型。

国内外在负荷建模技术方面的进展主要集中在不同建模方法的理论方面，包括基于相关特征量的参数更新负荷预测建模，以及基于数据挖掘等方法的负荷建模技术等。国际电气电子工程学会（Institute for Electrical and Electronic Engineers，IEEE）负荷模型工作组（Task Force on Load Representation for Dynamic Performance）于1995年提出了标准负荷模型，WECC的建模和验证工作组（Modeling and Validation Work Group，M&VWG）于2012年开始采用新的负荷模型，其由等值配电网络、电动机负荷模型、电力电子装置及静态负荷模型构成，国内以中国电力科学研究院为代表的研究机构也提出了考虑配电网络的综合负荷模型（Synthesis Load Model，SLM），综合负荷模型的等值电路如图4-36所示。

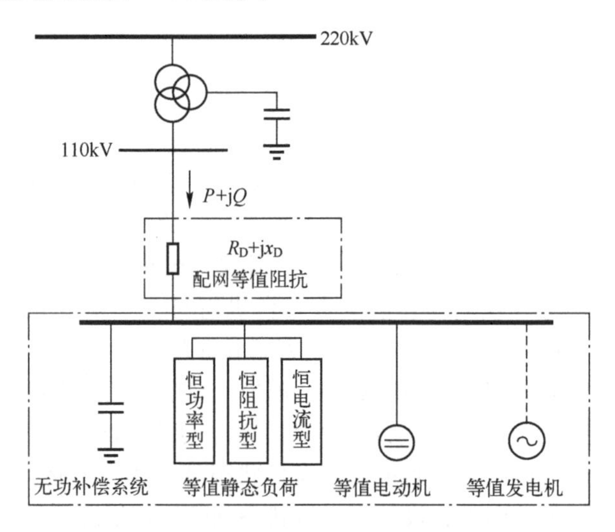

图4-36 配电网综合负荷模型的等值电路

该负荷模型的输入数据包括感应电动机参数及其在*PL*中的占比、静态负荷分量在P_{static}和Q_{static}中的占比、静态负荷的功率因数P_{fac}、以等值支路初始负荷容量为基准功率得到的配电网等值阻抗、等值发电机输出的有功功率P_G和无功功率Q_G、由发电机卡给出的机组参数和励磁调速系统参数。

当前电网仿真中所需的负荷模型一般是主网220kV变电站的110kV或

220kV 母线综合负荷模型，当分布式电源接入配电网后，其成为配电网的有机组成部分，而非严格意义上的负荷，可以将之归为广义负荷。分布式电源类型繁多，如风力发电、太阳能光伏发电、燃料电池发电、燃气轮机发电等，其发电机理不同，特性也各有差异，分布式电源大量接入中低压配电网，将成为决定配电网综合负荷特性的关键因素之一。

此外，随着“双碳”目标的提出，工业、建筑等行业的电气化程度将不断提高，随着电力电子技术的广泛应用，新型负荷所呈现的功率变化特性将逐渐发生变化，尤其是随着需求侧响应、可中断负荷、微电网、虚拟电厂等技术的发展，电力系统负荷特性将越来越复杂。

因此，为适应“双碳”目标下的新型电力系统建设需要，必须对负荷建模技术进行更进一步的研究和完善。

3. 全电磁暂态仿真技术

在“双碳”目标下，随着新能源发电、直流输电等电力电子设备在大电网中的应用规模不断增加，对传统交流系统的结构、特性、理论基础都带来巨大影响，建立与之相适应的仿真体系和手段，实现对大规模交直流电网的全电磁暂态仿真，势在必行。

目前，具有大规模交直流电网仿真技术的国外仿真软件主要包括 RTDS、RTLAB 以及 Hypersim 等。RTDS 的仿真规模受用户所购买仿真单元（Rack）的限制，以中国南方电网公司为例，其基于 RTDS 的全电磁暂态模型覆盖了南方电网 220kV 及以上系统，规模可达到数千节点。RTLAB 的仿真规模可达 10000 个节点，近年来广泛应用于交直流混联电网的分析。Hypersim 仿真系统硬件平台近年来也有一定应用，其由可高达 2560 个核的计算机系统构成，可实现超过 10000 个节点的电磁暂态实时仿真。在国内，中国电力科学研究院研发了电力系统全数字仿真装置（Advanced Digital Power System Simulator，ADPSS），该装置是基于高性能计算机机群的全数字仿真系统，如图 4-37 所示。该仿真装置实现了大规模复杂交直流电力系统机电暂态和电磁暂态的实时和超实时仿真以及外接物理装置试验，可以进行 3000 台机、20000 个节点的大系统交直流电力系统机电暂态仿真以及机电-电磁暂态混合仿真研究。

全电磁暂态仿真与上述传统电磁暂态有联系也有区别，不是实现传统电磁暂态的全部仿真能力，而是基于传统电磁暂态技术实现大规模电网机电过程的仿真能力和对机电过程有较大影响的电磁过程的仿真能力。其关键问题是解决适用于大电网机电过程仿真要求的电力电子开关过程的准确性仿真以及电力电子设备与大电网的联合仿真。

图 4-37 电力系统全数字仿真装置外观图

面向大规模电网进行全电磁暂态仿真，需要考虑到电磁暂态技术特点、机电暂态技术特点、大规模电网仿真的现状等多种因素。由于全电磁暂态面向大规模电网考虑大量电力电子设备的机电过程准确仿真需求，技术路线需要从宏观和微观两个角度考虑：在宏观层面应基于机电暂态仿真的技术思路，微观层面应采用电磁暂态仿真思路，在机电暂态整体思路的基础之上实现具体的电磁暂态仿真技术，达到两者的有机结合。

全电磁暂态的研究和开发是一个比较新的、具有较高难度和计算量的尝试，需要长期开展研究、不断完善。未来中国电网将成为世界最复杂、规模最大的交直流混联大电网，并随着大量新能源发电、灵活交流输电技术、分布式电源技术的发展，电网特征、运行特性都将发生重大变化，对电网建模及仿真技术都提出了新的要求。未来提高仿真准确度主要在大规模电网高精度、高效率仿真技术和自动建模技术，核电、风电、光伏大规模接入条件下的源网协调动态特性和模型，新型负荷模型等方面做研究。

4. 综合能源系统仿真技术

综合能源系统是指一定区域内利用先进的物理信息技术和创新管理模式，整合区域内风、光、天然气、电能、热能等多种能源，实现多种异质能源子系统之间的协调规划、优化运行，在满足系统内多元化用能需求的同时，要有效提升能源利用效率，促进能源可持续发展的新型一体化能源系统建设。典型的综合能源系统结构如图 4-38 所示。随着波动性可再生能源大规模开发利用，综合能源系统（含分布式能源、储能等）新型用能设备大量接入，电力系统与综合能源系统的联系程度更加紧密，对系统安全性、经济性、灵活性等均产生影响，需要研发综合能源系统仿真技术，为能源系统的规划设计、运行分析等提供工具。

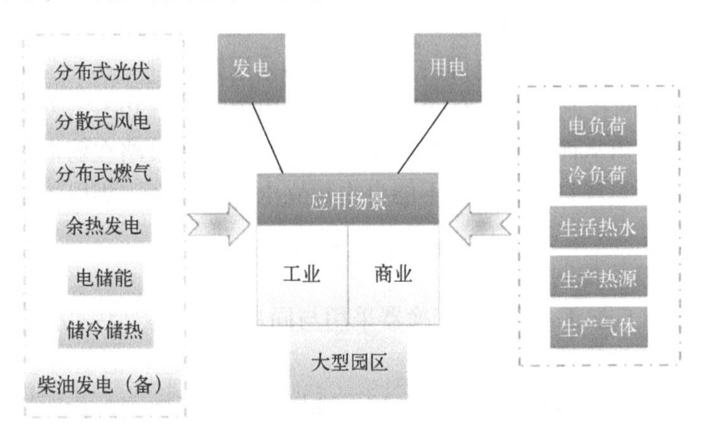

图 4-38 综合能源系统结构

综合能源系统的仿真建模需要考虑多种能源和用能单元的协同，涉及类别多样的电气设备、热力设备、燃气设备，以及多类型的量测与控制装置，不同类型设备具有不同的时间尺度动态特性，还需要考虑不同能源子系统中不同能源形式之间的耦合。

目前国内外对综合能源系统的仿真技术进行了初步研究，已有一定成果。瑞士苏黎世联邦理工学院提出了能量枢纽（Energy Hub，EH）模型，简洁地描述了电、热、冷、天然气等多种相互耦合的供能网络之间的转化关系，在综合能源系统的研究中发挥了较大作用。也有学者对区域综合能源系统进行了稳态建模和反映不同时间尺度设备动态特性的综合能源仿真模型构建，描述系统的能源转换、储存、输送、消耗等环节，使用能量集线图和数学模型做理论推导，表征和分析多种能源协同运行的耦合特性。但综合能源系统仿真技术距离规模化应用还有较大完善空间。

4.2.3 构网型设备及控制技术

1. 新能源发电设备构网技术

未来以风光为主的新能源装机规模将不断增长，高比例波动性、随机性新能源及大规模低抗扰、弱支撑电力电子设备接入电网，将对系统结构形态和运行机理产生深刻影响，同时对系统构建规划和安全运行带来挑战。新能源发电作为主导电源，也必然需要承担起支撑电力系统运行的基本责任，实现新能源从“并网”到“构网”的角色转变。电力系统对新能源发电构网能力的需求变得越来越迫切。

当前绝大部分新能源电源的并网变换器采用跟网型（电网跟踪型，Grid Following）并网控制策略，跟网型变换器采用锁相环（PLL）跟踪其交流母线电压的相位角从而保持与电网同步，但跟网型控制策略在弱电网中存在稳定问题，无法实现自治组网，不能自主建立电压和频率，难以支撑新型电力系统的构建。

（1）换流器控制技术

构网型（Grid Forming）变换器采用与同步发电机类似的功率同步策略，包括机电与电磁特性的技术方案，可实现自治组网，特别适合应用于强度弱、惯性低的高比例新能源电力系统。辅以储能元件或预留备用容量时，构网型变换器将拥有较强的有功和无功调节能力，能够有效支撑并网点电压的幅值和相位，同时在弱电网中对频率和电压的调节更为灵活，有利于系统的稳定运行。在高比例新能源的电力系统中，由于同步发电机减少而导致系统频率支撑和电压支撑强度降低，此时变流器更宜采用构网控制方式，以减小系统频率与电压波动。

除此之外，构网控制技术在未来电力系统中的作用还包括：提升系统短路电流水平，提高系统强度；为系统提供阻尼和惯性，改善系统频率稳定性；当系统失步解列时快速响应，提升系统的第一摇摆周期稳定性，主动支撑系统恢复；削弱电力系统间谐波和不平衡电压带来的影响。

目前提出的构网控制策略有下垂控制、功率同步控制、虚拟同步发电机控制、匹配控制、虚拟振荡器控制。其中，下垂控制、功率同步控制和虚拟同步发电机控制都在一定程度上模拟了同步发电机的运行机理，匹配控制和虚拟振荡器控制是近年来提出的非线性控制方法。

1）下垂控制。下垂控制模拟同步发电机的有功-频率和无功-电压下垂特性，是构网控制最简单、最常见的策略之一。下垂控制的优点是响应速度较快，但是下垂控制不具备同步发电机的惯性和阻尼特征，容易引起电网电压和频率的振荡。在实际应用中，下垂控制的功率外环中串联低通滤波器，可以实现“虚拟惯性”。

2）功率同步控制。以同步发电机作为电源的电力系统通过同步机转子运动方程和功率传递实现同步过程，该同步机制称为功率同步。功率同步控制和下垂控制相互等效，属于一阶功率控制。

3）虚拟同步发电机控制。虚拟同步发电机（Virtual Synchronous Generator，VSG）控制是指电力电子变流器的控制环节采用同步电机的机电暂态方程，使变流器具有同步机组并网运行的惯性、阻尼特性、有功调频特性、无功调压特性等运行外特性的控制技术。1997年，IEEE负荷模型工作组的A-A. Edris等首次提出了静止同步机（Static Synchronous Generator，SSG）的概念。2007年，德国劳斯克塔尔工业大学的Beck教授率先提出虚拟同步机（VISMA）概念，通过模拟同步发电机数学模型，虚拟了同步发电机的转动惯量与阻尼特性。2008年K. VISSCHER教授基于欧洲联合项目"VSYNC"提出虚拟同步发电机（VSG）概念，通过模拟发电机的一阶下垂特性曲线与动态机械方程，并添加短时储能环节来模拟转动惯量与阻尼特性。2009年钟庆昌教授提出"Synchronverter"概念，通过模拟同步发电机的二阶模型，较为全面地模拟了同步发电机的电磁特性、转子惯性、调频和调压特性。此后，德国劳斯克塔尔工业大学的Chen Yong教授提出基于同步发电机的降阶模型与动态机械方程来虚拟转动惯量。

VSG的有功-频率控制模拟了同步发电机的转子运动和一次调频过程，用于表征有功-频率下垂特性。VSG通过检测有功功率偏差来改变虚拟机械功率输出，从而实现频率调节。VSG的无功-电压控制模拟了同步发电机的励磁调节过程，用于表征无功-电压下垂特性。传统同步发电机通过改变励磁电流来改变感应电动势幅值，VSG则通过检测无功功率偏差和电压偏差来调节输出电压。

4）匹配控制。考虑到同步发电机通过释放或吸收转子动能的方式实现调频，有学者提出可以利用变流器直流母线电容能量来模拟同步机转子能量，基于该原理的匹配控制策略由此产生。变流器与同步发电机在结构上存在一定的对偶性，变流器直流母线电压与同步机转子角频率、变流器直流电流与同步机机械转矩之间具有匹配关系。

与之前所述的下垂控制和VSG控制不同，匹配控制只需要测量直流母线电压，这使得匹配控制具有低时延的优势。另外，之前的控制策略都要求交流量和直流量的控制在时间尺度上相互独立，而匹配控制不存在此要求，因为其规避了交流端和直流端之间的交互作用。

5）虚拟振荡器控制。虚拟振荡器控制（Virtual Oscillator Control，VOC）再现了非线性系统的极限环振荡过程，由物理模型的振荡电压得到正弦调制波。

（2）新能源发电设备构网的实践与应用

1）虚拟同步机。虚拟同步机技术可使得新能源具备与火电接近的外特性，对高渗透率新能源电力系统的运行控制与安全稳定起到支撑作用，近年来随着我国新能源占比的逐渐提高，虚拟同步机技术研发及示范应用得到了快速发展。

2016年，国家电网冀北电力协同中国电力科学研究院、许继、南瑞等开展虚拟同步机关键技术攻关和装备研制，全面掌握了核心技术，揭示了虚拟同步机的并网稳定和故障穿越机理，成功研制了风电单元式、光伏单元式、储能场站式三类虚拟同步机装置，建立了相关装备试验检测体系。经过两年攻关，2017年12月27日，世界首个具备虚拟同步机功能的新能源电站在位于张家口的国家风光储输示范基地建成投运，提升了电网安全稳定运行水平，对建设国家张家口可再生能源示范区具有重要意义。此次虚拟同步机的电网级应用示范工程共改造59台风电机组，容量118 MW，24台500 kW光伏逆变器，容量12 MW，新建两套5 MW电站式虚拟同步机，实现了虚拟同步机的并网运行和电网级应用，验证了虚拟同步机的技术性能，可加快功频振荡的平息速度，减轻系统故障对电网电压的影响以及提升故障时的暂态稳定水平。

2）电压源型风电机组。“双碳”背景下新能源加速发展，局部电网中的新能源装机占比不断提高，已经暴露出较多的安全稳定问题。常规风电机组呈电流源特性，具有低惯量、低短路比等特征，在电力系统发生大扰动时易发生连锁脱网，导致系统频率电压振荡，严重时引发大规模停电。自同步电压源风电机组不同于电流源型风电机组，能够主动提供频率和电压支撑，也能提供一定的转动惯量/阻尼，其对外呈现电压源特性，具有自同步电网机制，更有利于大型新能源基地安全运行，目前被业内认为是破解新能源高比例并网与高效运行难题的有效途径之一。

2020年7月9日至11日，世界首台电压源型风电机组在国家能源大型风电并网系统研发（实验）中心张北试验基地完成并网调试。经过一周多的考验，至7月16日，电压源型风电机组平稳度过测试期，在国际上首次实现稳定运行，标志着世界首台电压源型风电机组横空出世，我国具有完全自主知识产权的风电装备已引领世界科技前沿，为实现百分之百新能源电力系统提供了重要的装备与技术支撑。

2022 年 7 月 19 日，国家电网甘肃省电力公司电力科学研究院在酒泉天润安陆第二风电场圆满完成自同步电压源风电机组并网性能现场测试，也是国内首次对自同步电压源风电机组涉网性能指标进行实证测试。自同步电压源风电机组就是从“源”端入手，通过改进风电机组的并网运行特性，提升了主动支撑能力，有效提高了新能源消纳率，这标志着国内新能源主动支撑技术研究与应用方面取得新突破，为推动新型电力系统建设奠定了基础。

2. FACTS 技术

柔性交流输电系统（Flexible AC Transmission System，FACTS）通过增加输电网络的传输容量来提高输电网络的价值。FACTS 控制装置动作速度快，因而能够扩大输电网络的安全运行区域；FACTS 技术通过电力电子装置在交流系统中对潮流的控制，来获得最大的安全裕度和最小的输电成本，包含静止无功补偿器（SVC）、静止同步补偿器（STATCOM）、晶闸管投切串联电容器（TCSC）、统一潮流控制器（UPFC）等 FACTS 技术。柔性交流输电技术形成于 20 世纪 80 年代末，在输电系统中的占比逐年提高，是“双高”电力系统的主要成因之一。随着电力系统整体结构的变换，FACTS 的安全稳定控制技术也随之变得更加复杂，以 UPFC（统一潮流控制器）为代表的技术面临全新的挑战。

UPFC 是一种并-串联组合型 FACTS 设备，具有无需任何附加储能或电源设备即可同时进行有功和无功功率补偿的功能，能实现对整个电力系统电压、阻抗、相位、功率参数的快速动态调节，提高电力系统的稳定性。随着电力电子技术和控制技术的发展，UPFC 已不再局限于一个并联端和一个串联端单独耦合的经典结构。新型 UPFC 往往具有灵活的拓扑结构，可以通过开关和断路器的不同连接，调整串联端和并联端耦合关系，达到不同的控制目标。如美国的 Marcy 工程，可在串联端、并联端独立运行，串联端、并联端耦合，串联端之间耦合等多种模式下运行。

经典 UPFC 结构如图 4-39 所示，由两个背靠背的电压源换流器构成，两个换流器共用直流母线，其中一个通过并联变压器接入交流节点，另一个通过串联变压器接入交流线路，每个换流器都可单独发出或者吸收有功和无功功率，有功功率通过直流连接可以在两个换流器间双向流动。灵活拓扑结构的 UPFC 可以通过不同的开关和断路器连接构成不同的结构，由两个串联端和一个共用的并联端组成，其基本结构如图 4-40 所示。

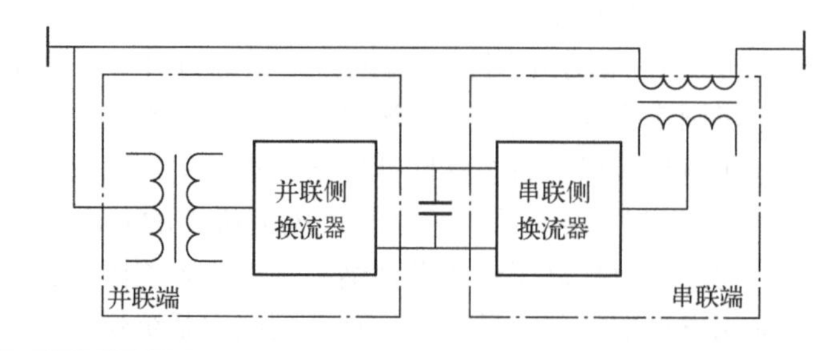

图 4-39　典型 UPFC 结构图

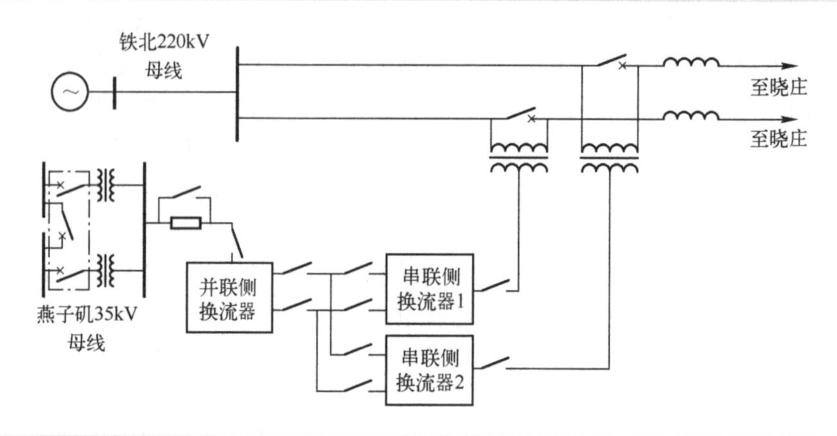

图 4-40　灵活拓扑结构的 UPFC 结构图

UPFC 串联端相当于一个静止同步串联补偿器（SSSC），可以等效为一个串联在线路中的理想电压源，通过控制该理想电压源的幅值和相角就可以控制线路的有功和无功功率。UPFC 并联端相当于一个 STATCOM，它可以等效为一个电流源，向系统注入有功功率和无功功率。其中有功功率用来平衡串联端吸收或发出的有功功率。

3. 直流运行控制技术

直流输电技术结合了电力电子、电力系统、通信原理和自动控制等各方面的先进技术，拥有良好的可控性和适应性，运行方式灵活、可应用范围广，对于"双高"电力系统建设中的大规模新能源消纳和电网智能化、数字化建设有着重大作用。在新型电力系统建设、"双碳"目标提出的大背景下，直流运行控制技术主要包含以下四种应用前景。

（1）柔性直流

从广义角度来看，直流输电是一种 0 Hz 的特殊频率输电技术，从物理角度来看，即意味着直流输电不再有交流输电中的功角稳定约束。只要电压降、网损等技术指标符合要求，就可达到传输的目的。这是直流输电的一大优势。

新型电力系统背景下，新能源将大规模并网，新能源所具有的间歇性、随机波动性使其对电网的自我调节能力有着较高的要求。而柔性直流输电技术所具有的高适应能力、高灵活性和高稳定性特点对解决这一问题有着重大作用。通过柔性直流输电中的换流阀环节，利用电力电子器件的全控性与控制系统调节能力强的特点，可有效降低可再生能源波动对电力系统稳定性的影响，极大缓解新能源大规模接入对电网的冲击。

我国“十四五”规划提出推进能源革命，建设清洁低碳、安全高效的能源体系，加快发展非化石能源，大力提升风电规模，有序发展海上风电。我国具有漫长的海岸线，可开发海上风力资源丰富，大力发展海上风电是实现“双碳”目标的重要举措之一。随着海上风电开发的远海化和深海化，基于模块化多电平换流器的柔性直流输电技术成为海上风电送出的主要方式。近年来，国内相关研究取得明显突破，如东海上的风电柔性直流输电示范项目为国内首个±400 kV 柔性直流输电海上风电项目，预计每年上网电量 3300 GW · h，相当于节约 1×106 t 标准煤，减排 2. 51×106 t 二氧化碳，展现了柔性直流输电技术对促进新能源消纳与节能减排的重要作用；正在规划中的阳江青洲五七海上风电场拟采用柔性直流送出方式，输送容量将达到 2000 MW，取得进一步突破。

（2）交直流混合协调控制技术

随着大容量、远距离特高压交直流输电工程投运，我国形成了规模庞大、结构复杂、运行方式多变的跨区交直流混联电网，电网安全运行与稳定控制难度加大，传统的基于就地信号、预案式稳定控制模式难以平衡安全稳定和运行效率间的矛盾。基于此，国内大量开展全局性交直流协调控制技术研究及应用工作。近几年的突出成果主要如下。

2015 年，源于国家高技术研究发展计划（863 计划），中国电力科学研究院牵头完成了跨区交直流协调控制技术理论算法研究、技术难点攻关、协调控制装置开发，依托华中电网复杂的交直流联网环境构建了跨区交直流协调控制系统示范工程，实现了 9 回直流、14 回交流、24 个变电站的共 70 多个对象控制规模并具备工程扩展性，具有紧急功率、功率调制和阻尼调制等控制功能，解决了多站模式协调难度大、时间响应要求高等难题，能满足电网安全稳定控制需要。整个系统实现了传统预想场景式单一控制向多输入、多输出、多目标特征响应控制模式的转变，受交流电网稳定约束的天中直流输送功率提高 18%以上。

2016 年，国家电网公司大力推动特高压电网系统保护研究及建设，以有效控制大电网运行风险为目标，构建多目标控制、多资源统筹和多时间尺度协调的高可靠性、高安全性大电网安全综合防御体系，其中华东电网构建了频率紧急协调控制系统，具备协调 8 回直流、7 回抽蓄电站以及精准切除负荷等功能，可有效解决特高压大直流闭锁后的华电电网频率稳定问题，有效保证了西南送华东的三大特高压直流工程的输电能力和四川水电清洁能源在华东电网的消纳能力。

目前传统的交直流协调技术已基本成熟，主要应对特高压交直流故障，控制元件包括直流功率、负荷、抽水蓄能等。在我国特高压交直流混联电网仍具有广阔的推广应用前景。未来结合我国分布式或集中式新能源、储能、电动汽车等新型能源形态的发展，可向包含更多可控资源、更多控制目标的方向继续扩展其广度、深度。

（3）多端柔性直流与直流电网

多端柔性直流输电系统由 3 个或以上换流站通过串并联或混联等方式组成，可实现多片区电源送出或多落点受端送电，具有控制灵活、可充分利用直流线路的优势，近年来得到了广泛的工程应用。

如南澳三端柔性直流输电工程中，金牛和青澳两个送端换流站将南澳岛风电汇集后输送至陆上塑城换流站；昆柳龙混合直流工程由送端昆北换流站和受端柳州、龙门换流站组成；舟山多端柔性直流工程则包含 5 个换流站。随着多端柔性直流技术的成熟，直流电网的发展也得到有效推动。直流电网在高压大容量领域中具备更高的可靠性、经济性和灵活性，可以实现多个电源资源的整合，汇集和输送多种形态的能源，解决大规模新能源间歇性、波动性强等问题，以低损耗、高效率实现电能的分配和输送，在大规模新能源接入等场景中具有广泛的应用前景。张北直流电网是世界首个直流电网工程，于 2020 年正式投产运行，同时欧洲也提出了海上网状 HVDC 输电电网的构想———PRO-MOTioN 项目。然而，目前直流电网的发展还存在直流故障快速检测和隔离、直流电压变换、直流网络潮流控制等技术难题，与之相对应的核心装置是大容量高电压高速直流断路器、大容量直流变压器、直流线路潮流控制器。

多端直流输电技术在20世纪七八十年代已有部分工程应用，但限于直流断路器制造困难，传统多端高压直流输电系统运行控制的复杂性等缺点使其过于复杂，运行可靠性难以保证。随着大功率可控关断型电力电子器件和计算机控制技术的进步，以电压源换流器为核心的电力电子换流装置发展迅速。随着全控型功率器件的发展和性能的不断改善，由GTO、IGBT或IGCT等全控器件构成的电压源换流器（Voltage Stability Converter，VSC）相比于传统的由晶闸管构成、基于自然换相的电流源换流器（Current Source Converter，CSC）具有以下优点。

1）VSC为无源逆变，可用于向小容量系统或不含旋转电机的系统供电。应用到低短路比电力系统中也不需要外加无功补偿设备。

2）能够独立调节直流线路上的有功和每个终端处的无功，可为交流系统提供无功支持，有利于交流系统电压稳定。

3）VSC产生的谐波大为减弱，因此只需在交流母线上安装一组高通滤波器即可满足谐波要求；无功补偿装置的容量也大为减少，可不装设换流变压器，同时可简化开关。

4）在电力系统发生故障而引起系统电压下降或波形突变时，不会出现换相失败故障。即使对小容量系统或无源负荷供电，VSC也不会发生换相失败故障；不依赖于交流系统去维持电压和频率稳定。

5）基于VSC的高压直流系统，其直流电压是单向的，而直流电流是双向的，有利于构成多端VSC直流系统；系统中的潮流反转可通过电流反向完成，从而使得潮流反转易于实现。

6）模块化设计使基于VSC的高压直流设计、生产安装和调试周期大为缩短，换流站的主要设备能够先期在工厂中组装完毕，并预先做完各种试验，同时可方便地用卡车直接运至安装现场。从而大大减少了现场的安装调试时间和劳动强度，而且可显著缩小换流站的占地面积。

（4）远距离、大容量架空线柔性直流输电

中国地域辽阔，东西部用电资源和用电需求极度不平衡，西部具有丰富的水电和新能源发电资源，东部具有大量的用电需求但用电资源较为贫乏，西电东送是实现我国东西部用电平衡的重要手段。远距离、大容量架空线直流输电通过提升电压等级和系统容量可有效提高线路传输效率、降低造价，而柔性直流输电技术具有控制灵活、无换相失败问题等优势，因此远距离大容量架空线柔性直流输电技术在我国应用前景广泛。

为提升柔性直流输送容量，目前的技术路线主要有采用高、低柔性直流换流器串联技术，或采用常规直流换流器、柔性直流换流器混合级联技术，如昆柳龙直流工程龙门换流站采用双极四换流器结构，每极由高低换流器串联组成，输送容量5000 MW；白鹤滩直流工程受端采用混合级联技术，高端换流器采用常规直流换流器，低端换流器采用三个柔性直流换流器并联，输送容量达8000 MW。除此之外，远距离架空线柔性直流输电技术还需要解决直流线路暂时性故障自清除问题，主要的技术路线有研制高压直流断路器或具有故障自清除能力的换流器拓扑。

同时，我国现有常规直流输电通道规模大，负荷中心常规直流受电落点多，负荷中心交流系统故障引起多回直流换相失败的风险大，系统存在大面积停电的安全隐患。为解决这些问题，在现有远距离大容量架空线常规直流输电的基础上，将受端换流站改造成柔性直流换流站，能有效降低换相失败风险，并且充分利用了现有资源，降低工程造价，这也是未来远距离大容量架空线柔性直流输电的重要发展方向之一。

4. 储能技术

随着互联电力系统规模不断扩大，电力供应链日趋紧张，能源网络之间的耦合不断增强，人类对于能源利用效率的提升有迫切需求，加之“双碳”目标下大规模新能源的接入，能源变革背景下电力系统面临着前所未有的挑战。而储能具有能够通过介质或设备把能量存储起来、需要时再释放的过程，其独特的能在时空上对能量进行“搬运”的特性，在能源变革中将发挥出极大作用。下面结合未来电力系统发展的趋势，对于储能技术的现状及需求做出分析。

（1）国内外储能技术发展现状

近10年来，各个储能技术基础研发及应用均得到高速的发展。储能市场投资规模不断加大，新兴技术研发瓶颈不断突破，储能产业的产业链及其商业模式逐渐成熟，其发展的推动力是电力系统发展的需求，以及储能技术的进步推动。

据中国化学与物理电源行业协会储能应用分会发布的《2022储能产业应用研究报告》统计数据显示，2021年全球储能市场装机功率203.5 GW，其中中国新增储能装机7397.9 MW。目前中国储能市场累计装机功率43.44 GW，位居全球第一。其中，抽水蓄能装机功率 37.57 GW，占比 86.5%；蓄热蓄冷装机功率 561.7 MW，占比 1.3%；电化学储能装机功率 5117.1 MW，占比 11.8%；其他储能技术（此处指压缩空气和飞轮储能）装机功率占比 0.4%。中国电化学储能市场装机规模预测如图 4-41 所示。

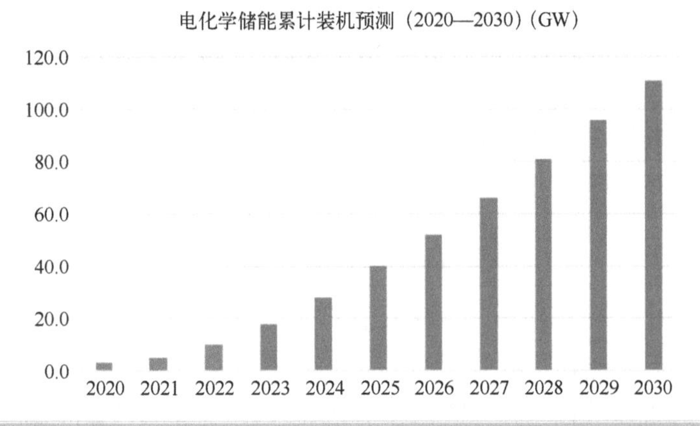

图 4-41　中国电化学储能市场装机规模预测

储能技术在现今的电力产业链中逐渐被重视，根据美国能源部全球储能项目数据库的详细分析，近 10 年，在所有正在进行的储能项目中，电池储能技术项目占比最多。根据全球储能应用实践经验，可按照电源侧、电网侧、用户侧将储能应用场景分 3 类 16 项（见图 4-42），其中在国内已有的应用场景主要有：电源侧平滑新能源出力波动、出力跟踪及调度；联合调频辅助服务；电网侧调峰调频；微电网应用；用户侧削峰填谷及需量电费管理；智能交通领域；供电可靠性。其他场景在全球范围有一定实践经验，如澳大利亚特电源侧备用管理典型应用；美国加州“鸭型曲线”解决方案属电网侧负荷跟踪与可再生能源爬坡控制典型应用等。

近年来，能源局和各地电网公司出台了辅助服务补偿（市场）机制试点，储能可作为独立市场主体或与发电企业联合参与调频、深度调峰和启停调峰等辅助服务。美、德等国更加注重结合储能应用的不同实际需求和应用场景，出台相应投资补贴、税收抵减等政策，同时积极引导储能参与电力市场交易，“双管齐下”扶持储能发展。产业政策方面，各国均出台了一系列法律法规，其中美国处于较为领先的地位。财政支持方面，美国从 2009 年开始投资 16 个示范项目，纽约州计划到 2025 年为储能产业提供清洁能源基金 3.5 亿美元资金补贴。德国政府已由光伏补贴积极转向储能补贴。日本产业省对光伏用户给予储能系统购买价格 2/3 的资金补贴。服务定价方面，各国主要由市场机制引导。如在美国，储能可以提供辅助服务、公用事业和终端客户等综合性服务，其市场定位已不能仅仅与常规发电进行简单的成本比较。在德国，随着抽水蓄能的商业价值衰减，化学储能商机已经出现。综上，国外主要通过完善市场机制和投入财税支持，双管齐下培育储能市场发展环境。而我国的储能支持政策在 2021 年体现得更加淋漓尽致，仅 2021 年密集出台的国家和地方储能政策就高达 275 项之多；在标准层面，统计获取的储能标准共计 230 项，其中，国际标准 68 项，国内标准 162 项（包含各类技术的技术标准）。

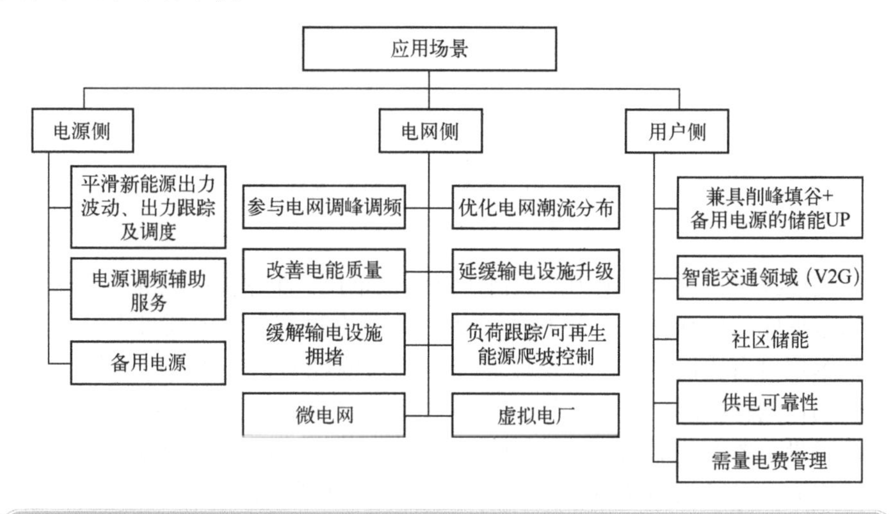

图 4-42 储能技术应用场景分类

（2）储能技术的种类以及对电力系统的作用和意义

储能技术主要分为物理储能、化学储能和电磁储能三大类。

1）物理储能。物理储能的使用时间较早，技术也相对较为成熟，具体可分为抽水蓄能、压缩空气储能和飞轮储能三种。抽水蓄能广泛应用于电力系统调峰、调频、调相、紧急事故备用和提供系统备用容量。抽蓄电站在负荷低谷时段将下游水库的水抽到上游蓄水库保存，而在负荷高峰时段利用蓄水由上游水库流回下游时产生的动能推动涡轮机组发电。储存能量的释放时间可以从几小时到几天，其综合效率在 70%～85%之间。压缩空气储能通过消耗电能压缩空气并进行存储。释放能量时，储能系统释放存储的高压空气，驱动涡轮发电。对于消耗同样燃料的燃气轮机来说，由于压缩空气储能系统的压缩机和涡轮不同时工作，没有压缩机消耗涡轮的输出功，其可以多产生一倍以上的电力。飞轮储能由飞轮转子、轴承、电动/发电机、电力转换器和真空室五部分组成：当负荷需求不大时，电力转换器从电网输入电能驱动电动机旋转，电动机带动飞轮转子旋转，飞轮储存机械能。而当外部负载需要能量时，则利用飞轮带动发电机旋转发电，将机械能转化为电能，并通过电力转换器变成负载所需的不同频率和电压等级的电能。

2）化学储能。相对于其他形式的电储能而言，以电池为代表的化学储能技术种类最多，发展也最为迅速，其具备的不同特性可以满足电力系统中的多种需求。常见可用于储能的电池有铅酸电池、镍电池、液流电池、金属-空气电池、锂电池和钠硫电池等。其中，铅酸电池可靠性好，技术成熟，但是循环寿命较低，且在制造过程中存在一定的环境污染；镍电池充放电效率比较高，循环寿命长，可快速充电，但随着充放电次数增加容量会减少；液流电池（如钒液流电池、锌溴电池等）的电化学极化小，能够100%深度放电，储存寿命长，并且额定功率和容量相互独立，但成本同样较高，另外其能量密度低阻碍了它的进一步发展；金属-空气电池能量密度和容量大，在制造和使用过程中环保无污染，但锌空气电池不可充电，属于一次性电池，需要定期更换材料才能维持运行；锂电池重量轻，能量密度较大，循环寿命较长，但其安全性较差且生产条件要求高；钠硫电池则被视为新兴、高效且具有广阔发展前景的储能电池，其体积小，使用周期长，便于模块化制造、运输和安装，但成本高且安全性较差。

3）电磁储能。电磁储能具有高效率、高密度、高成本的特点，主要包括超级电容器和超导磁储能。超级电容器是介于传统电容器和蓄电池之间的一种储能装置。按储存电能原理的不同，超级电容器主要可分为两种类型：双电层电容器和法拉第准电容。双电层电容器主要基于电极/电解液上电荷分离所产生的双电层电容，而法拉第准电容是基于电活性离子在贵金属电极表面产生欠电位沉积，或在贵金属氧化物电极表面及体相中发生氧化还原反应而产生吸附电容，该类电容通常具有更大的比电容。超导磁储能系统利用直流电流流过超导线圈所产生的磁场实现储能，由于能量交换和功率补偿无需能源形式的转换，而具有响应速度快、转换效率高、比容量大、污染小等优点。

（3）未来发展趋势

储能技术还在发展，根据已经实现的工程和可预见的发展，储能在电力系统中的应用主要如下。

在系统运行层面，当储能配置在电源侧时，可以平抑新能源的波动；当储能配置在系统侧时，可以实现系统的调频和调峰；当储能配置在负荷侧时，可以促进分布式可再生能源的消纳，并结合峰谷电价政策实现用户的利益最大化及需求侧响应。

在系统安全稳定控制层面，当储能配置在电源侧时，可以控制其在交流系统故障期间及机组正向摇摆期间的快充，实现送端系统的暂态稳定控制；当储能配置在电源或系统联络线附近时，可以控制其跟随振荡模式周期性充放，实现系统间的动态稳定及阻尼控制；当储能配置在负荷侧时，可以控制其充放以抑制负荷冲击，实现负荷母线的电压调节与控制。

1）平易波动的储能配置。能在很大程度上解决新能源发电的随机性和波动性问题，使间歇性、低密度的可再生清洁能源得以广泛、有效地利用，并且逐步成为经济上有竞争力的能源。

2）区域电网储能配置。从根本上改变传统电网“供需实时平衡”的运行模式，促进电网的结构形态、规划设计、调度管理、运行控制以及使用方式等发生根本性变革。可以缓解高峰负荷供电需求，提高现有电网设备的利用率和电网的运行效率；有效应对电网故障的发生，提高电能质量和用电效率，满足经济社会发展对优质、安全、可靠供电和高效用电的要求；储能系统的规模化应用还将有效延缓和减少电源、电网建设，提高电网的整体资产利用率，改变现有电力系统的建设模式，促进其从外延扩张型向内涵增效型转变。

3）综合能源系统中的枢纽站。实现电力与热能、化学能、机械能等能量之间的单向或双向转换存储设备。在改变传统电网机构的同时，围绕电力供应，实现了电网、交通网、天然气管网、供热供冷网的“互联”，成为构建能源互联网的重要物质基础。在各电力储能技术的支撑下，新能源发电与热电联供机组、燃料电池、热泵等转换设备协调运行，实现了新能源高效利用目标下以电能为核心的多能源生产和消费匹配。

应当利用现有技术框架挖掘技术潜力，实现规模化储能应用，突破体制机制堵点，通过升级改造实现 2030 年新型电力系统建设的阶段性目标。2030 年以后，大力推进技术创新，实现电源形态、电网形态、用电形态、体制机制架构等方面的深度变革，助推“双碳”目标的实现。

5. 无功补偿技术

随着大容量、远距离特高压直流输电技术的推广应用，电网“强直弱交”问题突出。根据特高压直流设计的原则，直流系统在大规模输送有功功率的同时，本身并不向系统提供无功，由此导致动态过程中需从系统中大量吸收无功，与同容量的发电机组相比，特高压直流大规模馈入受端系统的动态无功储备显著下降，电压稳定问题更加突出。同时，直流逆变站在系统电压降低时的无功电压调节特性与常规电源相反，即在交流系统电压降低时，常规发电机组自动向系统增加无功，而直流逆变站将从系统吸收更多的无功，由此恶化了受端系统的电压调节特性。另外，随着大型能源基地的开发向边远地区延伸，特别是风电、光伏的大规模集中开发，直流输电送端电网薄弱、短路容量不足问题突出，直流输送能力的提升严重依赖于送端火电的开机方式，直接影响清洁能源消纳和电网运行方式的灵活性；同时，直流换相失败还会引起送端系统暂态电压升高，严重情况下导致风电机组大面积脱网。

“双高”电力系统下，电压稳定问题成为大电网安全稳定的主要问题之一，客观要求直流大规模有功输送，必须匹配大量动态无功补偿装置。除同步发电机外，目前主要的动态无功补偿装置有同步调相机、静止无功补偿器（SVC）和静止同步补偿器（STATCOM）。当系统运行受到较大扰动而导致换流站等枢纽站母线电压大幅波动时，SVC 和 SVG 无功补偿装置受其工作原理限制，在故障过程中难以给系统提供足够的动态无功支撑。其中，SVC 无功输出能力与接入点电压的平方成正比，而 SVG 无功输出与接入点电压成正比，且当三相严重不平衡时无法正常工作。而同步调相机高、低电压穿越能力强，短时过载能力大，其调节能力基本不受系统电压影响，故障情况下具有强大的瞬时无功支撑和短时过载能力，在动态无功补偿方面具有独特优势。同时，作为空载运行的大型同步电动机，调相机还可为薄弱的特高压直流送端系统提供一定的短路容量和转动惯量支撑。

同步调相机 20 世纪 90 年代之前作为一种稳态无功调节装置在我国电力系统有一定的应用，随着厂网分家和 SVC、SVG 等静态无功补偿设备的兴起与发展，因缺乏专业的旋转设备维护团队，近十几年来调相机已被逐步拆除和取代。然而，随着特高压直流输电导致的电网特性的改变，电压稳定的主要问题在于故障期间动态无功支撑不足，而调相机固有的无功输出特性恰好符合故障期间电网对动态无功的需求，因此，大容量新型调相机主要是为了解决系统故障期间的动态无功支撑问题。

考虑到特高压直流弱送端系统换相失败引起的暂态电压升高和短路容量支撑问题，以及特高压多馈入受端系统对调相机快速无功调节和过载能力的要求，新型调相机的关键电气参数与普通发电机或调相机必然有很大的不同。因此，如何通过参数的优化设计充分发挥调相机对系统的动态无功支撑作用就显得非常重要。

国内外传统的调相机工程主要用于向系统提供稳态无功补偿并提高系统短路容量，个别场合为了改善系统的转动惯量和电能质量。近年来，伴随我国特高压直流输电技术的快速发展，电力系统的网架结构和运行特性发生了巨大变化，特高压送端电网短路容量不足及工频过电压问题，以及直流多馈入受端电网换向失败和电压稳定问题尤其突出，系统对动态无功支撑的需求日益明显。

目前，新型调相机已在扎鲁特、湘潭、泰州站陆续投入运行，为验证其动态特性，中国电力科学研究院于 2017 年 12 月在扎鲁特换流站、湘潭换流站牵头开展了调相机动态特性验证试验。图 4-43 所示为交流突然短路时扎鲁特调相机的动态响应情况，调相机短路 10 ms 内无功输出增加了 400Mvar，试验结果表明新型调相机具有非常良好的暂态及次暂态响应特性，完全达到设计预期。

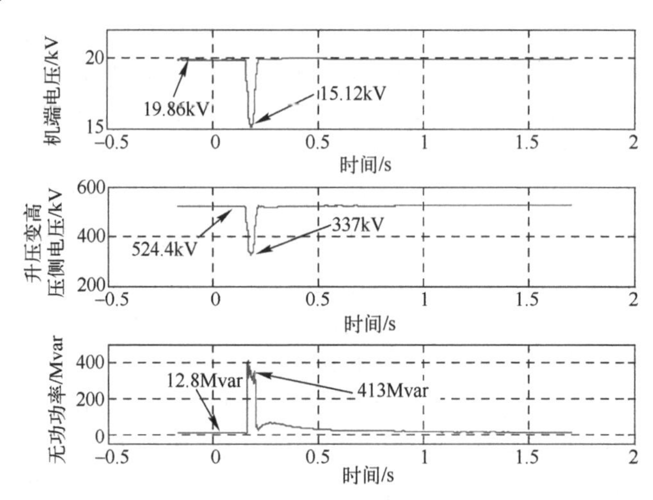

图 4-43　交流短路故障下的调相机动态输出特性

随着环保压力的增大和新能源的快速发展，在新能源集中馈入的受端系统中常规机组占比必然逐步减小，调相机在置换常规机组以确保受端系统动态无功支撑方面有望发挥重要作用。新能源送端系统可充分利用调相机置换配套的常规机组，以解决新能源的送出、消纳问题。在新能源的汇聚点安装小型调相机，与新能源厂站协调控制，实现分布式动态无功补偿和转动惯量支撑，有望成为调相机的一个重要应用场景。分布式小型调相机的模块化、集成化设计，以及通过双轴励磁控制实现深度进相运行将是非常有前景的技术方向。

4.3 电力系统数字化

实现“双碳”目标，能源领域是主战场、主阵地，能源行业低碳转型是重要实现路径和战略选择。2022 年 1 月，习近平总书记在《求是》杂志发表的文章《不断做强做优做大我国数字经济》中指出：“发展数字经济是把握新一轮科技革命和产业变革新机遇的战略选择。”当前，数字产业正在成为经济转型升级的新引擎，以数字化转型为载体驱动能源行业结构性变革、推动能源行业低碳绿色发展，既是现实急迫需求，也是行业发展方向。数字化转型是实现电力系统变革的必由之路，当前，引领电力系统数字化转型的重要标志是基于云平台的互联网、人工智能、大数据、物联网等新技术的深度应用。

4.3.1 配电物联网

配电物联网是传统工业技术与物联网技术深度融合产生的一种新型电力网络运行形态，通过赋予配电网设备灵敏、准确的感知能力及设备间的互联、互通、互操作功能，构建基于软件定义的高度灵活和分布式智能协作配电网络体系，实现对配电网的全面感知、数据融合和智能应用，满足配电网精益化管理需求，支撑配电系统数字化转型。配电物联网架构体系如图 4-44 所示。

在应用层面上，配电物联网具备以下特征。

1）状态全面感知。在配变、分支箱、户表、充电桩、分布式能源等关键节点应用低成本的智能识别和感知技术，对配电网设备及线路进行数据采集和监控管理；同时建立统一的信息模型和映射机制，促进各类设备与应用在 IP 网络中的无缝对接，即插即用，通过广泛互联实现端到端及端到云的互联、互通、互操作，为构建安全、标准、兼容、可靠，支持多种业务融合的新型配电网运营系统提供数据通信基础。

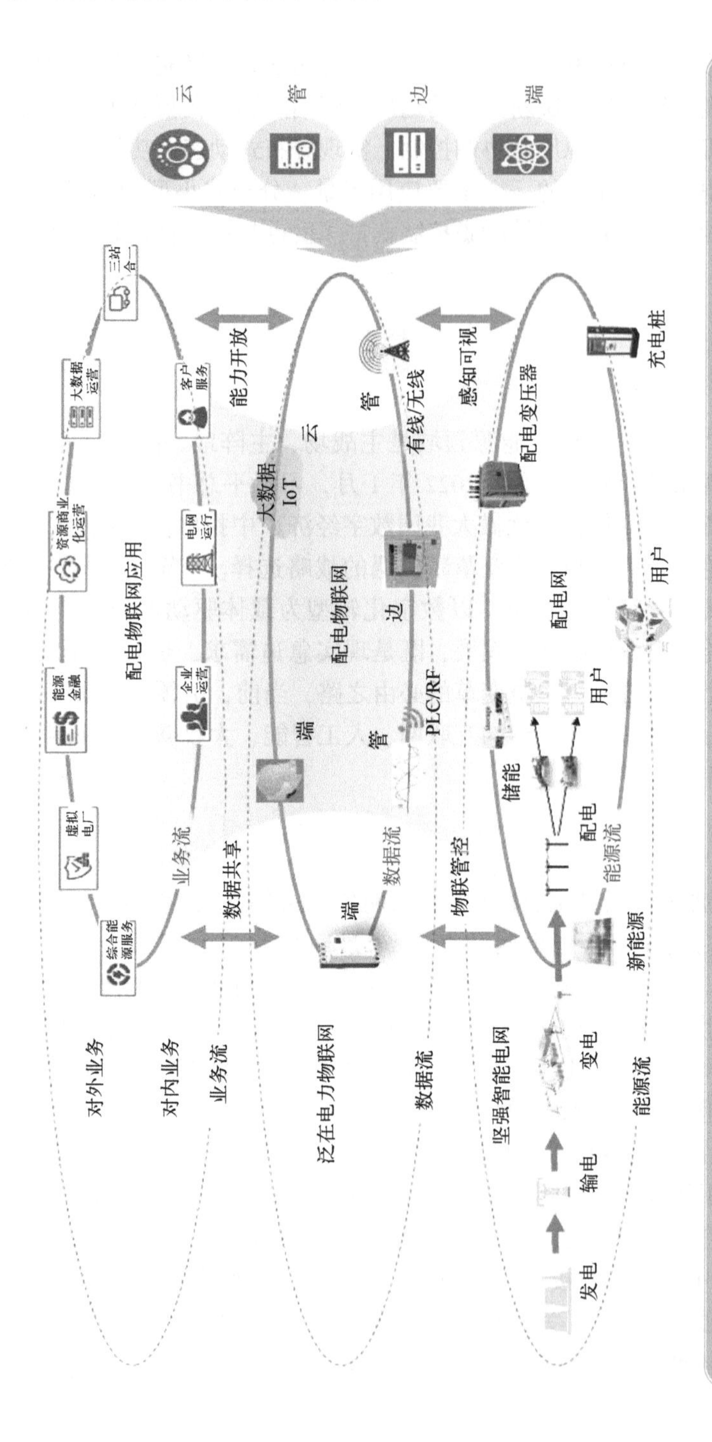

图 4-44 配电物联网架构体系

2）分布式智能部署。在云主站部署基于机器学习和深度学习框架的集中式数据计算，同时赋予终端设备部署快速、算法简便的边缘计算和就地管控能力，促使二者在网络、业务、应用和智能方面进行深度协同，使配电网具备分布式智能以及各级智能自治/协同的能力。通过云-端协同，实现系统的快速决策和响应。

3）软件定义系统。将软件定义与数据科学、人工智能技术深度融合，形成包括软件定义主站、软件定义网络、软件定义终端在内的产业链，通过软硬解耦，实现业务快速迭代，打破原有封闭、隔离、固化的管理模式，构建扁平、灵活、高效的新型业务系统形态。

4）应用模式升级。通过建设包括资源管理、数据建模及分析、应用开发等功能在内的核心和共性技术，实现配电技术的模型化，提高应用服务开发效率，促进现有配电业务的增量型和进化型改进，并创造出更多基于物联网理念的应用，促成新的产品和服务模式，拓展新的发展方向。

5）业务快速迭代。针对业务需求，基于配电终端硬件平台化，以软件定义的方式，在配电终端及主站实现业务服务的快速灵活部署，满足配电网形态多样和快速变化的业务需求。

6）资源高效利用。基于云-端协同的分布式智能架构，实现系统计算、网络、存储等资源的统一管控、弹性分配，提高数据、通信、计算等各方面资源的整体配置效率。

配电物联网架构整体上可划分为“云、管、边、端”四个部分，如图4-45所示。

“端”是配电物联网架构中的状态感知和执行控制主体终端单元，其利用传感技术、芯片化技术，实现对配电设备运行环境、设备状态、电气量信息等基础数据的监测、采集、感知，突破了低压配电网不可观测的限制，也扩大了中压配电网的量测覆盖范围，是实现配电物联网的基础；同时，“端”也是配电网保护、控制操作的末端执行单元，支撑配电网可靠完成操作的执行。不同于传统终端软硬件绑定的设计思路，“端”层设备采用通用的硬件资源平台，通过App以软件定义方式实现业务功能，基于面向对象的设计方法，提高程序开发效率和可扩展性，降低维护难度及各App之间的耦合性，便于业务快速部署和扩展。“端”层示意图如图4-45所示。

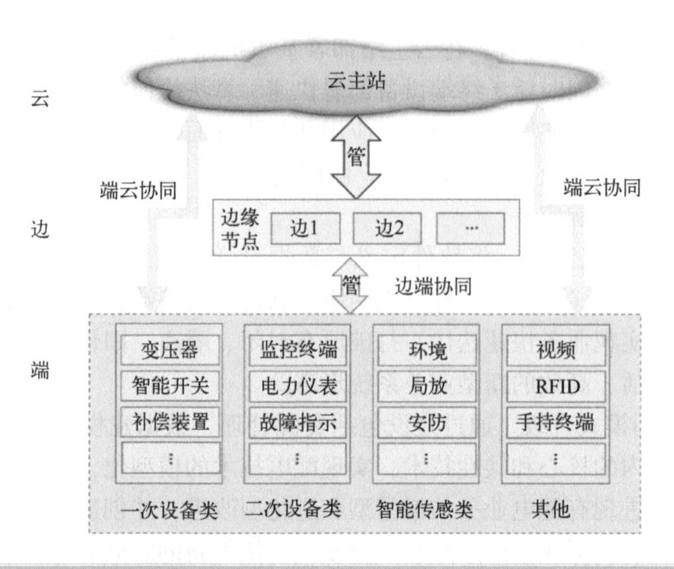

图 4-45 “端”层设备示意图

“边”是一种靠近物或数据源头、处于网络边缘的分布式智能代理，就地或就近提供智能决策和服务。“边”和“端”从物理角度上可以是一体化的，例如正在部署的智能配变终端具备开放式的软件平台，提供互联、业务功能，是“边”和“端”的融合体。但同时，从逻辑架构的角度来看，“边”是独立存在的，通过软件定义的方式，实现终端侧硬件资源与软件应用的深度解耦，在无需硬件变更的情况下满足配电台区不断变化的应用需求，大幅拓展了包括智能配变终端在内的各类终端的功能应用范围，并且从计算资源的角度在终端侧增加了边缘计算的层级，实现了感知数据的本地化处理，促进了“端”层的边缘计算与“云”层的大数据应用高效协同，提升了配电网的整体计算能力。“边”层示意图如图 4-46 所示。

“管”是“端”和“云”之间的数据传输通道，通过软件定义网络架构实现多种通信方式融合的网络资源综合管理与灵活调度，提升网络服务质量，满足配电物联网业务灵活、高效、可靠、多样的基于 IP 的通信接入需求。配电物联网的“管”层主要包括远程通信网和本地通信网两个部分，如图 4-47 所示。远程通信网主要满足配电物联网平台与边缘节点之间高可靠、低时延、差异化的通信需求，属于广域通信网的范畴。本地通信网支持多种通信媒介、具备灵活组网能力，主要满足配电物联网海量感知节点与边缘节点之间灵活、高效、低功耗的就地通信需求，属于局域网范畴。

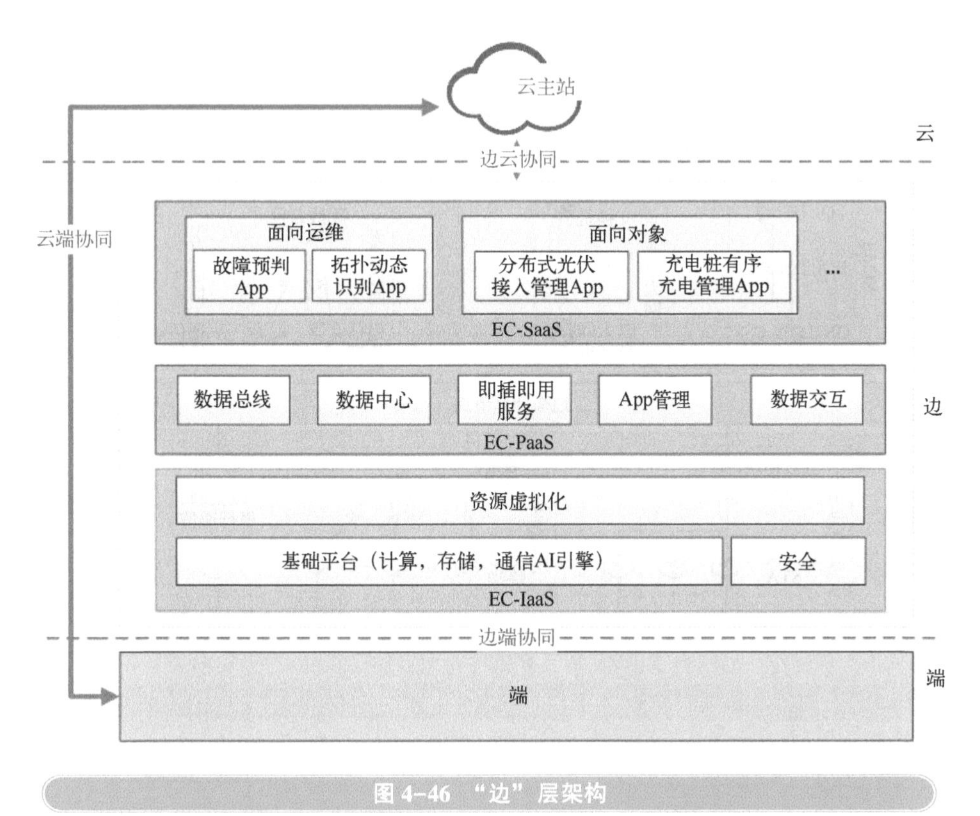

图 4-46 “边”层架构

“云”是云化的主站平台。在满足传统配电自动化系统、设备资产管理系统数据贯通、信息融合的基础上，未来的主站平台将采用虚拟化、容器技术、并行计算等技术，以软件定义的方式实现云主站对边缘侧计算、存储、网络资源的统一调度和弹性分配；采用云计算、大数据、人工智能等先进技术，实现物联网架构下的全面云化，最终具备泛在互联、开放应用、协同自治、智能决策的特点。“云”层可以分为图 4-48 所示的三个部分。

1）IaaS 层。实现云-端资源虚拟化，形成计算资源池，按需分配调度。

2）PaaS 层。实现数据标准化，为应用提供运行环境支撑。PaaS 层各环节以服务方式发布，提供各数据源从采集到应用的业务支撑，并支持自上而下的各环节服务接口调用。

3）SaaS 层。实现应用服务化，提供多种面向业务需求的微服务。

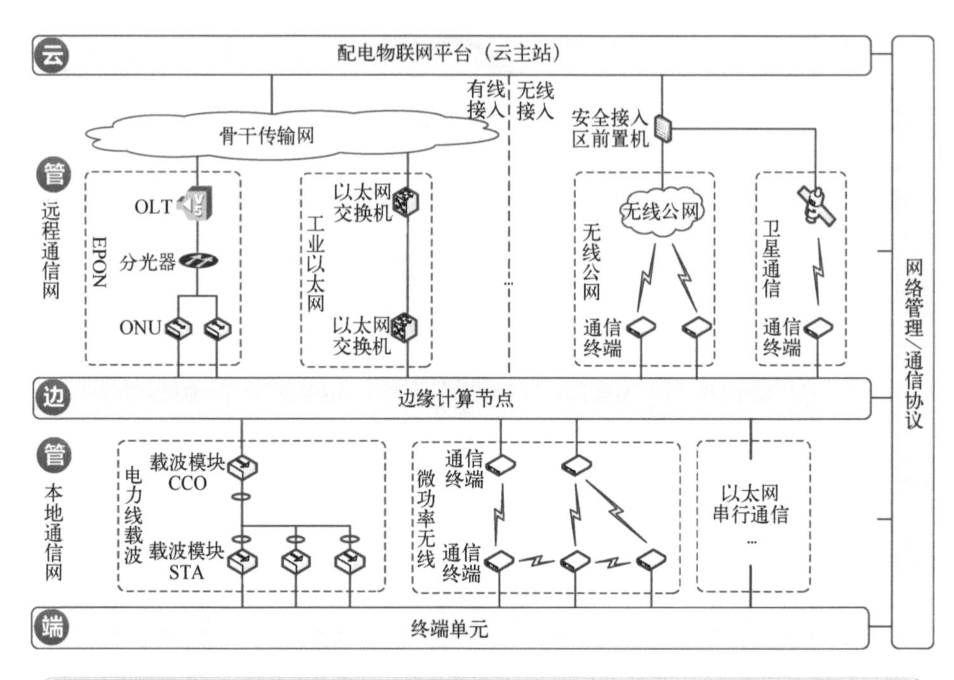

图 4-47 "管"层架构

4.3.2 数字孪生技术

数字孪生是一个集成多学科、多物理量、多尺度、多概率的仿真过程，兼容了当前热门的智能传感器、5G 通信、云平台、大数据分析和人工智能等技术，旨在通过充分挖掘/发挥海量数据资源所带来的福利，在数字空间设计虚体模型并建立数字虚体与物理实体的映射关系，进而"镜像"实体。数字孪生的概念于 2003 年由美国学者 Michael Grieves 在美国密歇根大学的产品全生命周期管理课程上提出，并被定义为三维模型，包括实体产品、虚拟产品以及二者间的连接，但由于当时技术和认知上的局限，数字孪生的概念并没有得到重视。工程中数字孪生的早期应用集中于航空航天领域，于 2010 年、2011 年相继被美国国家航空航天局（NASA）和美国空军研究实验室（AFRL）采用。他们利用数字孪生技术在数字空间建立作业飞行器的虚拟模型，并通过传感器技术实现两者的状态同步，以对作业飞行器的运行情况、健康状态、载荷能力等进行及时、准确的评估。

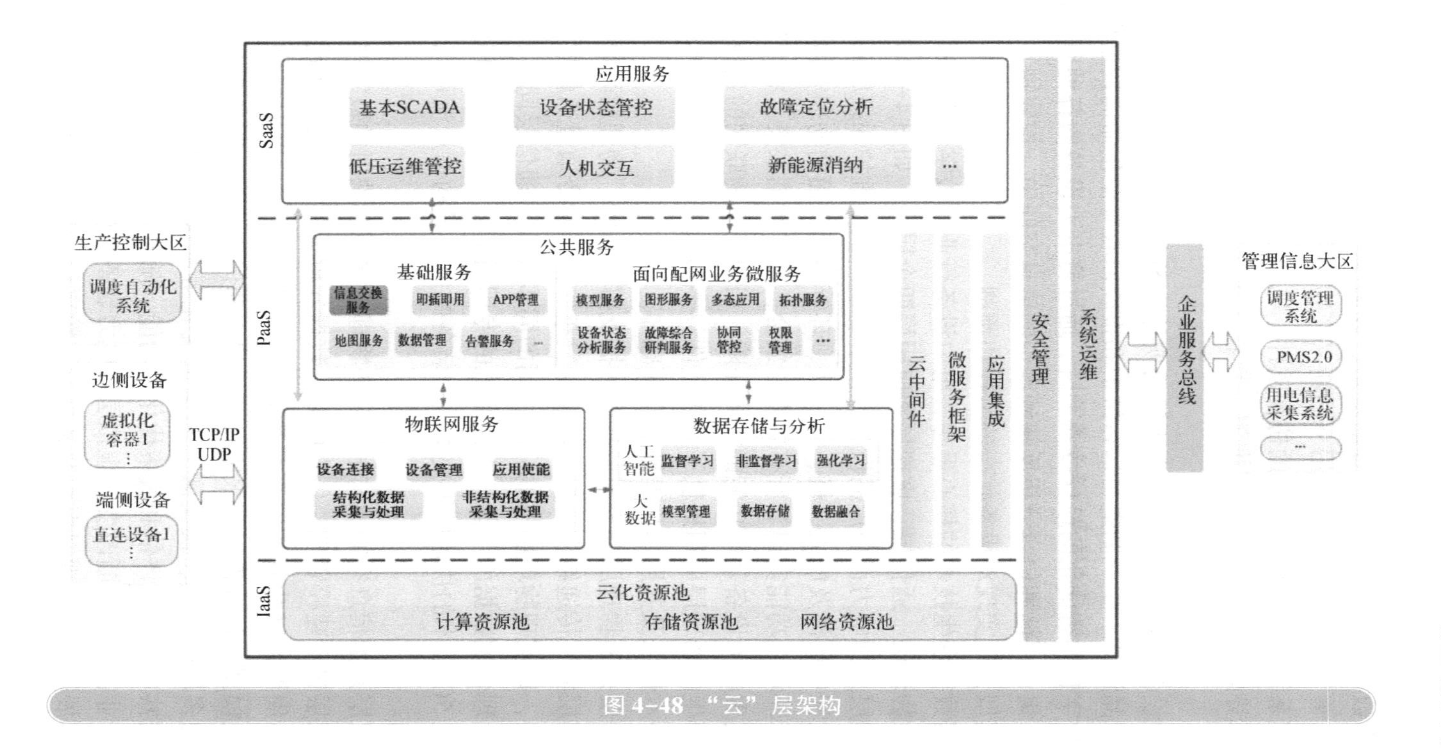
应用服务
SaaS
基本SCADA
设备状态管控
故障定位分析
低压运维管控
人机交互
新能源消纳
...
生产控制大区
调度自动化系统
PaaS
公共服务
基础服务
信息交换服务
即插即用
APP管理
地图服务
数据管理
告警服务
...
面向配网业务微服务
模型服务
图形服务
多态应用
拓扑服务
设备状态分析服务
故障综合研判服务
协同管控
权限管理
...
云中间件
微服务框架
应用集成
安全管理
系统运维
企业服务总线
管理信息大区
调度管理系统
PMS2.0
用电信息采集系统
...
边侧设备
虚拟化容器1
TCP/IP
UDP
端侧设备
直连设备1
物联网服务
设备连接
设备管理
应用使能
结构化数据采集与处理
非结构化数据采集与处理
数据存储与分析
人工智能
监督学习
非监督学习
强化学习
大数据
模型管理
数据存储
数据融合
IaaS
云化资源池
计算资源池
存储资源池
网络资源池

图 4-48 “云”层架构

电力数字孪生是电力模型日渐复杂、数据呈现井喷之势以及数字孪生技术发展完善等多方背景共同作用下的新兴产物。相比于侧重实时操控实体的信息物理系统或经典模型驱动的仿真软件，电力数字孪生更侧重于数据驱动的实时态势感知和超实时虚拟推演，旨在为电力系统的运管调控决策提供参考。

电力设备的数字孪生体是电力设备实体在数字空间的虚拟表征形态，可贯穿于产品设计、生产制造、运行维护和报废回收等全生命周期过程，是实现设备数字化和智能化的最佳技术手段。通过将电力设备的各种原始状态通过数据采集、存储和仿真分析反映到虚拟的信息空间中，构建物理设备的全息虚拟模型，可实现对设备状态的掌控和预测。

根据数字孪生技术的核心思想，电力设备行业的数字孪生技术框架总体上可分为物理层、通信层、虚拟层和应用层四个层次，如图 4-49 所示。

物理层是指电力设备产品设计、生产制造、运行维护和报废回收等全生命周期过程中所涉及的人、机、料、法、环等不同方面的物理实体、生产流程、运行环境、功能实现等所有要素的集合，具有数据采集、状态感知等功能，是实现电力设备基本功能的实体保障。当前配电物联网的建设为电力设备数字孪生的物理层应用提供了基础条件，多参量传感器集成技术可实现对电力设备本体以及其周围物理域的全面感知。

通信层是为物理层和虚拟层提供数据支撑服务的。物理层采集到的数据通过通信层实时传递给虚拟层，虚拟层发布的控制指令通过通信层实时传递给物理层，以实现物理层与虚拟层之间的同步传输。通信层同时具有存储、管理与处理孪生数据的功能。电力系统的专用通信方式、通信一体化协议的制定以及 5G 技术的快速发展使得电力装备的多源异构信息流可以安全、高效地传输。

虚拟层是指信息空间内与电力装备物理实体相互映射的数字孪生体的集合。虚拟层包含建模管理、仿真服务、数据分析等模块，可以实现对电力装备全生命周期数字化管控的高精度要求。建模管理包括电力装备的设计模型、制造模型、运维模型和报废模型的建立和优化；仿真服务包含对电力装备模型的多尺度仿真、模型融合和参数优化等功能；数据分析包括数据挖掘、数据共享、状态评估和决策优化等功能。随着支撑技术的快速发展与电力装备行业需求的不断改变，虚拟层对电力装备全生命周期的管理也将持续完善与扩展，最终实现对电力装备进行全数字化管理的终极目标。

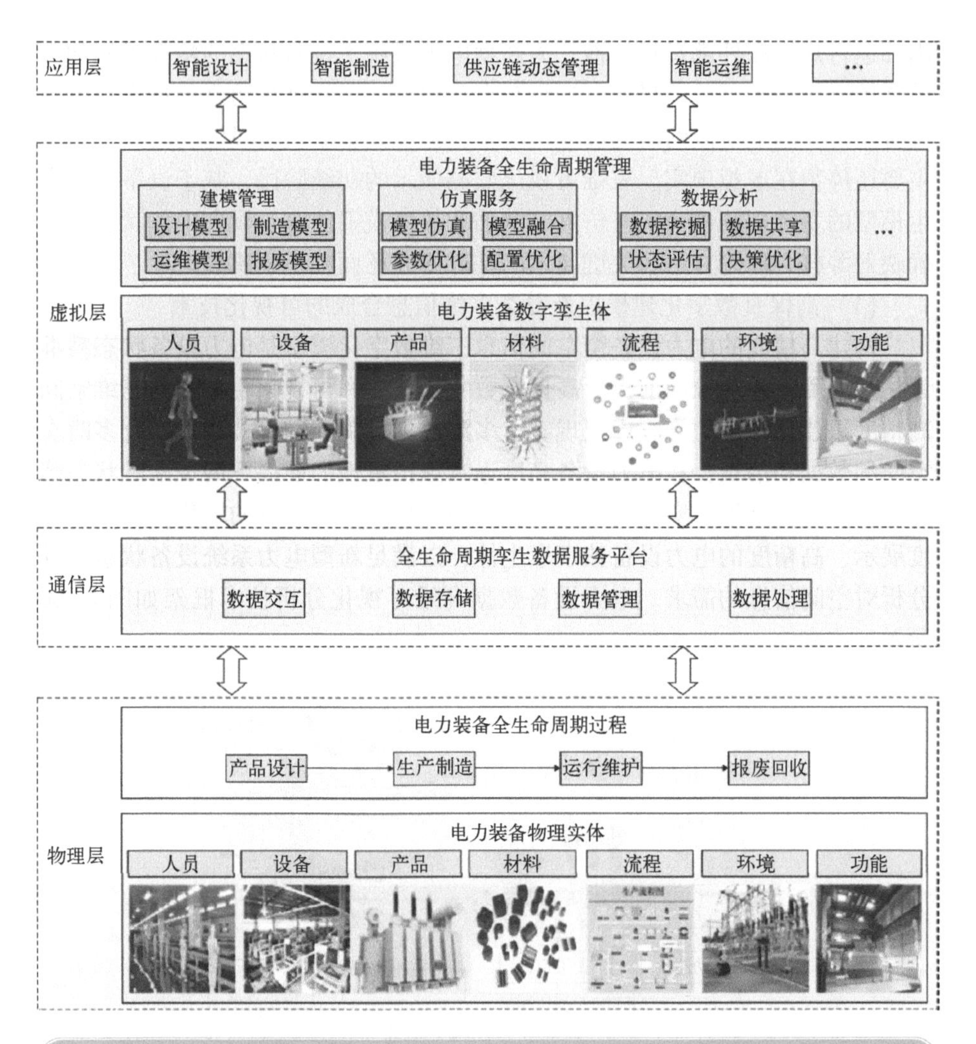

图 4-49 电力设备数字孪生通用框架

应用层为在数字孪生建模仿真的基础上，支撑电力装备全生命周期过程中不同环节的业务，包括设计制造、基建、供应链动态管理、智能运维等。数字孪生技术可以有针对性地为电力装备的不同需求进行相应的功能服务，如：订单管理服务；性能优化服务；电力装备物理实体生产质量的精准把控服务；健康状态评估服务；故障预测、诊断和定位服务；寿命预测服务等。

电力设备数字孪生主要通过高保真数字化建模、多物理场仿真以及关键状态参数和内部状态推演等技术手段，精准描述新型电力系统下电力设备的内部运行规律和外部运行特性，为新型电力系统下设备状态的精准感知和高效维护提供技术手段。目前，三维数字化建模、多物理场仿真等技术在电力设备设计、制造阶段的研究和应用较多，但在设备服役阶段的实时数字孪生主要还停留在虚拟现实、三维可视化监测展示的初级阶段，基于设备数字孪生模型的多物理场耦合实时仿真、缺陷和故障模拟仿真、设备内部状态的精确映射等核心理论方法和关键技术的基础研究还面临不少挑战。

（1）高保真数字化建模以及复杂多维信息合成的可视化技术

构建高精度的电力设备全空间信息三维数字化模型是电力设备状态精准评估和故障精确定位的前提。高保真数字化建模和可视化主要利用三维空间高精度重建、三维渲染、虚拟现实、多源数据精确配准等技术，融合多时态空间的数据和信息，在电力设备高度逼真虚拟重现的前提下展现多维状态感知和仿真分析结果，实现物理实物设备向虚拟数字化设备的转化，形成多维度展示、高精度的电力设备数字孪生体，以满足新型电力系统设备状态精准分析对空间信息的需求。电力设备数据高维可视化分析技术框架如图 4-50 所示。

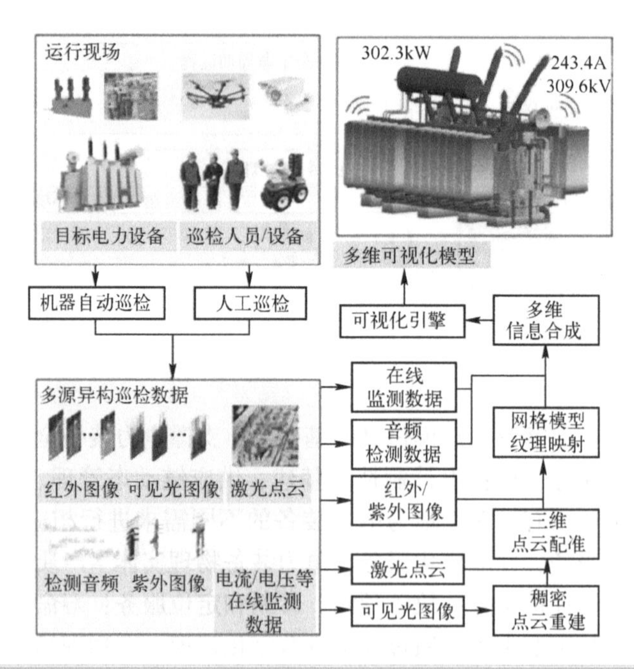

图 4-50　电力设备数据高维可视化分析技术框架

（2）基于数字孪生模型的多物理场耦合实时仿真技术

多物理场实时仿真是电力设备数字孪生的基础。基于数字孪生模型的多物理场实时仿真与传统仿真研究的主要不同之处是需要综合考虑电力设备的几何形状、物理参数、状态信息和标准规则等，建立多物理场、多尺度、多区域的设备数字孪生仿真模型。考虑到计算效率和边界条件，不同时间尺度、不同物理场仿真时采用的数值计算方法不同，故需要研究多时间尺度耦合的高精度混合仿真技术。另外，设备数字孪生体需要实时映射实际物理设备的运行状态，对仿真的实时性要求较高，而高精度的多物理场耦合仿真往往时间较长，难以满足数字孪生实时性的要求，须借助模型降阶等技术来降低模型收敛难度，加快模型求解速度，如图4-51所示。

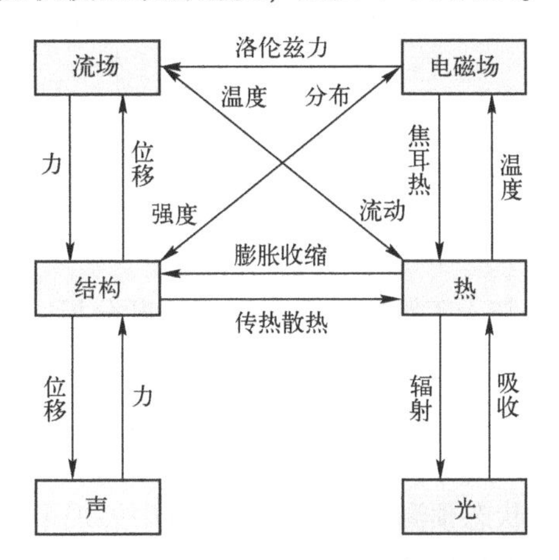

图4-51 多物理场耦合关系

（3）基于数字孪生模型的多物理场参数反演和运行工况模拟仿真技术

利用电力设备的数字孪生模型，对不同来源的状态数据进行多物理场、多参数反演计算和推演分析，构建电力设备内部状态与其可观测特征参数之间的映射关系，获得设备内部多场参数的分布情况及关键参数的量值，可实现设备关键状态的精准分析以及极端条件下电力设备失效机理和规律的推演，为设备的运行管理和长效服役维护提供科学依据。另外，通过构建设备不同运行工况及典型缺陷（局部放电、发热、机械异常等）的数值模拟和仿真计算模型、状态参量产生和传播模型以及传感器感知模型，实现不同运行工况下多物理场耦合故障过程仿真复现和缺陷诊断的虚拟试验，可以为不同工况设备状态变化提供重构和复现的手段，也可以为设备缺陷/故障的智能诊断以及精准定位提供案例样本和分析依据。电力设备多物理场反演技术框架如图 4-52 所示。

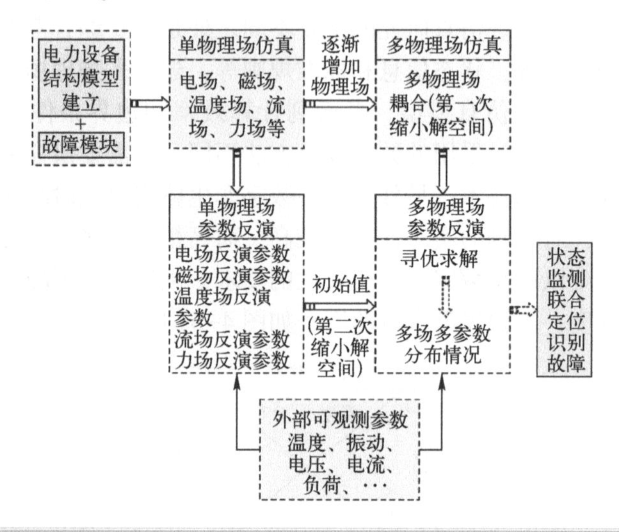

图 4-52　电力设备多物理场反演技术框架

（4）基于大数据与人工智能的设备状态诊断分析

目前，大数据分析、机器学习等技术在电力设备状态评估中的应用已经在我国电网公司逐步开展，取得了初步的应用成效。大数据分析可以有效提高电力设备状态评估的准确性，在历史知识提炼、个性化评价、异常快速检测、故障智能诊断和状态预测等各种应用场景中展现了良好的效果。电力设备状态智能分析典型流程如图 4-53 所示。

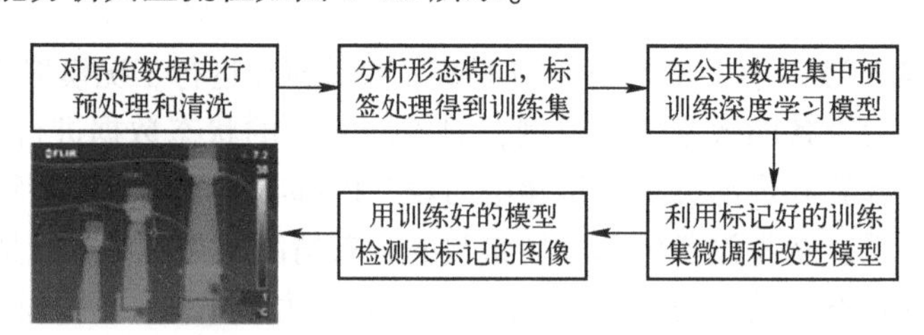

图 4-53　电力设备状态智能分析典型流程

针对实际电力设备故障案例样本较少，难以满足电力设备状态大数据分析和深度学习为代表的人工智能算法要求的问题，在数字孪生平台架构下，可以利用数字孪生体的故障模拟仿真模型和数值计算模型，通过不同工况和不同缺陷/故障的多物理场耦合仿真，得到不同类型、不同位置、不同严重程度的缺陷数据样本，从而基于大数据样本建立自动学习、持续迭代、自我完善的电力专用设备状态智能辨识模型，获得多个监测参量与缺陷的映射关系，实现设备故障隐患诊断和定位，以及设备状态的评估、预测和预警。

电力设备数字孪生目前还处于研究和应用的初级阶段，其核心的基础理论方法和关键技术还有待深入研究。

4.3.3 区块链技术

区块链技术于2008年由化名“中本聪”的学者在论文《Bitcoin：A Peer-to-Peer Electronic Cash System》中提出，是支撑以比特币为代表的数字加密货币交易的关键技术。其最初的应用目的是摆脱点对点交易过程中对第三方信任机构的依赖，实现交易的去中心化。

区块链技术是一种将密码学算法、分布式数据存储、点对点传输、共识机制、智能合约等新型计算机技术进行深度应用，从而实现去中心化、不可篡改、可追溯、公开透明等特性的数据库技术。能源电力行业具有业务流程长、参与主体多、分布范围广等特点，导致数据共享难、协同效率低、多方信任障碍等问题。区块链技术可以从本质上弥补能源互联网的无信任、无序、无规则等不足，是促进数据共享、优化业务流程、降低运营成本、提升协同效率、建设可信体系等的关键技术支撑手段，将在解决能源生产信息管理、能源交易、能源规划等能源电力行业问题中发挥重要作用。

在电力交易方面，随着分布式新能源的大规模开发和我国电力市场化改革的深入推进，点多面广、形式多样的分布式电源开始参与电力交易。利用区块链的可追溯、防篡改等技术特性，能够实现可再生能源电力消纳凭证在签发、交易等全流程中的透明性与可控性，有效服务电力市场交易主体，进一步优化营商环境，全面保障国家清洁能源消纳任务的完成。在分布式电力交易业务中，基于区块链的共识机制和智能合约，能够解决交易各方信息不对称导致的信任缺失问题，实现点对点安全交易，保障最优化电力供需匹配。

4.4 电力系统深度脱碳与碳评估

电力行业是我国最大的碳排放部门，碳排放量占全国碳排放总量的

40%以上。电力行业是我国实现碳达峰、碳中和目标的关键行业，不仅自己要达峰，而且还要支撑全社会尽早达峰，助力全社会低碳转型。控制电力行业碳排放量及推动电力系统深度脱碳是实现我国碳排放尽早达峰及碳中和的重要措施。本节主要介绍电力系统深度脱碳涉及的关键技术，煤电机组碳减排技术、碳捕集/利用与封存技术、绿电制氢技术，以电力碳排放核算与评估为核心的碳排放量化分析技术。

4.4.1 煤电机组碳减排技术

受我国能源资源禀赋影响，煤电是我国发电的主力，也是能源安全保障的基础，截至2021年年底，煤电装机占比约50%，发电量占比约60%。我国电力系统碳排放主要来自煤电机组运行，碳排放约为40亿t，煤电机组成为电力系统碳减排的主战场。2022年1月24日，中共中央政治局第三十六次集体学习提出，大力推动煤电节能降碳改造、灵活性改造、供热改造"三改联动"，2022年政府工作报告再次强调推动煤电"三改联动"。本节分别介绍国内外在煤电机组节能降碳改造、灵活性改造、供热改造中采取的不同技术路径。

1. 煤电机组节能降碳改造

煤电机组节能降碳改造、节能提效升级和清洁化利用的主要对象是供电煤耗300g以上的机组，特别是亚临界机组。亚临界煤电机组近4亿kW。煤电机组节能改造主要从主机、辅机、系统、供热、余热利用等几方面着手，如图4-54所示，降低机组发电和供电煤耗，起到节能效果。一方面，从煤电机组的综合节能改造来看，结合锅炉特性，从火电厂的煤场管理角度，合理管理煤的采购及掺配煤的比例，达到节约燃煤用量，降低煤耗的作用；另一方面，通过汽轮机通流改造技术和机组应用烟气余热深度利用技术来提升火电机组主机燃煤的利用效率，从而降低煤耗。下面主要介绍这两种技术的原理和实现路径。

（1）汽轮机通流改造

汽轮机通流改造，并同时进行提参数、冷端优化、增加外置式蒸冷器等改造，以达到降低煤耗的目的。重点针对服役时间较长、通流效率低、热耗高的60万kW及以下等级亚临界、超临界机组，推广采用汽轮机通流改造技术。针对亚临界机组汽轮机通流改造，通常可以归纳为以下几种路线。

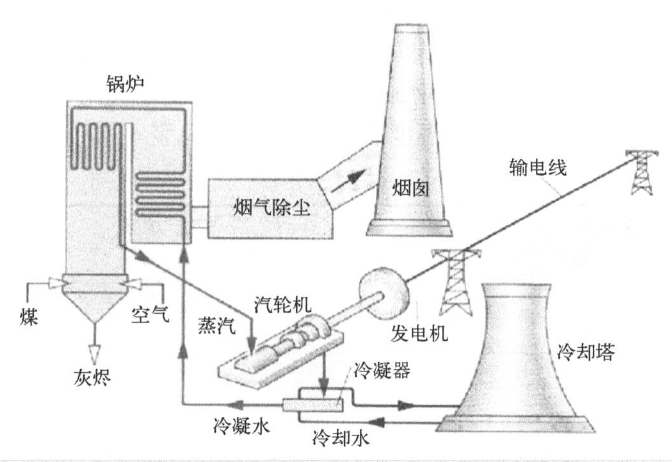

图 4-54 火电厂机组运行示意图

1）不提高进汽参数。国内实施最多的汽轮机通流改造方案，不改变汽轮机的进汽温度、压力参数，锅炉本体及主要辅助系统及汽轮机本体不需要改造，仅通过优化设计汽轮机通流部分，采用新型高效叶片和汽封技术来改造汽轮机，如图 4-55 所示，同时可以考虑增加外置式蒸冷器和冷端优化，进一步降低能耗水平。

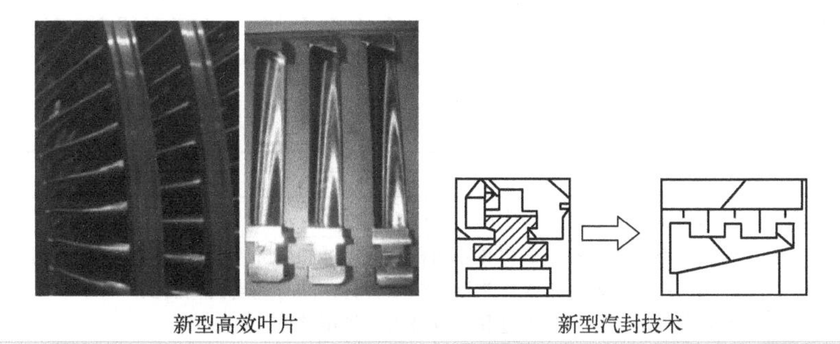

图 4-55 新型高效叶片和汽封技术示意图

2）小幅提高进汽温度。锅炉主蒸汽管道和再热器蒸汽管道不更换或局部少量更换，锅炉受热面也不配套改造的情况下，利用设备余量，在满足设备安全的前提下，提高汽轮机进汽温度。考虑提高压力对所有承压部件影响较大，参数改造一般只提高汽轮机进汽温度而不提高压力。对于亚临界燃煤机组，小幅提高进汽参数的通流改造，一般维持主汽和再热器汽温压力不变，主汽温度提高 3~5℃，再热器汽温提高 3~10℃。该技术国内已有实施，汽轮机通流改造方案和常规汽轮机改造方案相同，汽轮机本体和锅炉本体不需要改造，主要辅助系统变化不大，但对旁路及四大管道需要重点校核强度，局部薄弱的设备或材料需要更换，同时可以考虑增加外置式蒸冷器和冷端优化等技术，进一步降低煤耗水平。小幅提高进汽温度涉及的改造内容见表 4–4。

表 4–4　小幅提高进汽温度涉及的改造内容

主要部件	改造方案
汽轮机本体	不改造
锅炉本体	不改造
辅助系统	不改造
旁路及管道	校核强度
设备和材料	更换
其他改造	增加外置式蒸冷器和冷端优化

3）大幅提高进汽温度。汽轮机进行大范围改造，高中压缸外缸、高中压主汽门、调汽门均需要更换，只有低压缸外缸可以保留。锅炉需要进行大范围改造，主要包括：增加低温过热器和壁式再热器面积、增加分隔屏和后屏管排数量；升级末级过热器、末级再热器受热面管材，同时适当调整面积；更换分隔屏、后屏、末过和末再进出口集箱整体，增加锅筒内分离器数量等。更换主蒸汽管道、再热蒸汽管道需要。同时需要校核各承压部件强度是否满足要求，并进行材料的普查及残余寿命分析，必要时进行更换。大幅提高进汽温度涉及的改造内容见表 4–5。

表 4–5　大幅提高进汽温度涉及的改造内容

主要部件	改造方案
汽轮机本体	更换高中压缸外缸、高中压主汽门、调汽门
锅炉本体	增加低温过热器和壁式再热器面积、分隔屏和后屏管排数量、锅筒内分离器数量 升级末级过热器、末级再热器受热面管材，同时适当调整面积 更换分隔屏、后屏、末过和末再进出口集箱整体
辅助系统	不改造
旁路及管道	更换主蒸汽管道、再热蒸汽管道
设备和材料	非必须更换

（2）尾部余热利用

现役机组应用烟气余热深度利用技术。当前针对锅炉尾部余热利用一般有三条路径。

1）增加低温省煤器。采用该方案时，由于烟气温度较低，只能用来加热低压凝结水，汽轮机侧减少的抽汽为低品质蒸汽，采用该路径可以降低煤耗1.5~1.8 g/kW·h。

2）增加低温省煤器+热媒水新型暖风器。低温省煤器（低温段）回收热量用来加热冷风至50~90℃，以提高空预热器出口热量，提升炉效。同时，进入低温省煤器（高温段）的烟气温度提高，该部分高温烟气用来加热低压给水，相比于传统低温省煤器，该路径从节省低品质抽汽变为增加品质更高的抽汽，并且提高了热风温度，一般可以降低煤耗2.5~3.5 g/kW·h。

3）烟水复合回热系统。该系统先利用低温段烟气加热空气，然后置换出较高温烟气热能，再通过烟水换热器替代汽轮机侧高品质抽汽加热水，使得汽轮机侧高品质抽汽在汽轮机中充分做功，从而有效利用能量，降低机组的热耗。

2. 煤电机组灵活性改造

火电灵活性是电力系统灵活性的关键指标，也是电力系统灵活性的核心组成部分。火电灵活性通常指火电机组的运行灵活性，即适应出力大幅波动、快速响应各类变化的能力，主要指标包括调峰幅度、爬坡速率及启停时间等。尤其是我国要在沙漠、戈壁、荒漠等地区规划建设大型风电、光伏基地的政策发布后，对于基地配套电源的灵活性改造需求更加迫切。目前在丹麦、德国，硬煤火电机组最小出力可达25%~30%，褐煤机组最小出力可达40%~50%，爬坡速率可分别达到4%/min~6%/min和2.5%/min~4%/min。

国内火电灵活性改造的核心目标是充分响应电力系统的波动性变化，实现降低最小出力、快速启停、快速升降负荷三大目标，其中降低最小出力，即增加调峰能力是目前最为广泛和主要的改造目标。火电灵活性改造涉及的关键技术主要包括锅炉侧改造、汽轮机侧改造和控制与监测改造，部分东北火电灵活性改造机组情况见表4-6。

表4-6 部分东北火电灵活性改造机组情况

电厂名称	地区	所属集团	装机容量/MW	改造后最低出力/%	改造完成时间	改造方案
燕山湖发电厂	辽宁	国电投	1×600	50	2016	增加换热器
白城发电厂	吉林	国电投	2×600	45	2016	直热式电锅炉
京科热电厂	蒙东	其他	1×330	36	2017	蓄热罐
丹东金山热电厂	辽宁	华能	2×300	30	2017	蓄热式电锅炉
长春热电厂	吉林	华能	2×350	8.6	2017	蓄热式电锅炉
调兵山煤矸石发电厂	辽宁	铁法煤业	2×350	上网接近0	2017	蓄热式电锅炉

（续）

电厂名称	地区	所属集团	装机容量/MW	改造后最低出力/%	改造完成时间	改造方案
伊春热电厂	黑龙江	华能	2×350	上网接近0	2017	蓄热式电锅炉
大连庄河发电厂	辽宁	国电	2×600	30	2017	控制系统改造

（1）锅炉侧改造

锅炉侧灵活性改造重点解决燃烧稳定性、制粉系统稳定性、换热水动力稳定性、受热面高温腐蚀与疲劳损伤、空预器低温腐蚀及泄露、脱硝运行安全等问题。锅炉侧灵活性改造包括锅炉低负荷稳燃改造、宽负荷SCR脱硝灵活性改造、双燃料原煤仓改造、磨煤机管道入口风量测量装置改造、炉膛火焰监测改造、动态分离器改造等。下面重点介绍其中两种。

1）锅炉低负荷稳燃技术。锅炉在低负荷下运行时，火焰在炉内的充满程度会比高负荷时差，负荷降低到一定程度时，由于炉内温度下降，导致每分气流的着火距离增大，同时火焰对炉壁的辐射损失相对增加，所以就容易出现燃烧不稳定，甚至锅炉熄火。为提高燃烧稳定性，通常采用的技术路径包括：①低负荷精细化燃烧调整，主要针对燃烧器结构、磨投运方式、煤粉精度、一次风速、配风方式等内容；②燃烧器、制粉系统优化改造，改造内容涉及燃烧器、磨煤机动态分离器、风粉在线监测装置等；③改善入炉煤质，储备调峰煤、掺烧生物质等。

2）宽负荷SCR脱硝技术。国内普遍采用的NOx脱除技术为选择性催化还原法（Selective Catalytic Reduction，SCR），其要求烟气温度稳定在280～420℃范围内，才能保证还原剂与催化剂的良好作用。当机组低负荷运行时，烟气温度往往偏低，带来催化剂活性降低、还原剂结晶、空预器腐蚀等问题。为了保证SCR脱硝系统宽负荷运行，主要技术路线有两类：一是通过改造锅炉热力系统或烟气系统提高低负荷阶段SCR反应器入口温度；二是选用宽温催化剂，在常规V-W-TiO_2催化剂的基础上，通过添加其他元素来改进催化剂性能，提高低温下的催化剂活性。

（2）汽轮机侧改造

火电机组处于深度调峰状态，汽轮机侧重点关注汽轮机设备的适应性以及供热机组以热定电等问题。汽轮机侧改造主要包括深度调峰配气及滑压运行优化、冷端系统运行优化、主要辅机运行特性试验、叶片安全性校核或动应力试验、防水蚀喷涂、加热器热力系统疏水优化等。下面重点介绍汽轮机通流设计与末级叶片性能优化技术和供热机组热点解耦技术。

1）汽轮机通流设计与末级叶片性能优化技术。汽轮机在低负荷运行时，由于蒸汽流量减小，动叶片根部和静叶栅出口顶部易出现汽流脱离，造成水蚀。同时，汽流脱离引起的不稳定流场与叶片弹性变形之间的气动耦合可能激发叶片的自激振动，使之落入共振区。蒸汽流量不足也将导致重热效应，转子、汽缸等部件由于叶片摩擦鼓风而被加热，受热不均将产生涨差。为改善汽轮机低负荷运行特性，通常采用的技术路径为强化末级叶片性能、优化通流设计参数、增加冷却方式控制等。

2）供热机组热点解耦技术。热电联产机组调峰能力还受到供热负荷的制约。我国主力热电联产机组为抽凝机组，随着抽汽供热量的增加，调峰能力将逐渐被压缩。因此，在供热中期，热电联产机组调峰能力将进一步受限。为了实现热电解耦，采取的改造技术有：一是切除低压缸供热，中压缸排汽绝大部分用于对外供热，仅保持少量的冷却蒸汽，使低压缸在高真空条件下“空转”运行；二是在热源侧设置电热锅炉，主要包括直热式电热锅炉和蓄热式电热锅炉，实现热电解耦；三是设置储热罐，作为电网负荷较低时机组供热抽汽的补充。除了以上常用技术，还可以采用吸收式热泵、电驱动热泵等技术来实现热电解耦。

（3）控制与监测改造

煤电机组控制与监测改造技术主要包括宽负荷调峰自动控制优化技术、宽负荷调峰联锁保护优化技术、凝结水节流辅助负荷调节技术、真空耦合辅助负荷调节技术、高低旁辅助负荷调节技术等。下面重点介绍提高负荷响应速率协调优化控制技术和水冷壁安全防护技术。

1）提高负荷响应速率协调优化控制技术。锅炉惯性时间远长于汽轮机惯性时间，锅炉跟不上汽轮机是导致火电机组不灵活、参数不稳定的主要因素之一。目前常用的提高负荷响应速率技术有自动发电控制（Automatic Generation Control，AGC）协调系统优化控制技术、过热和再热汽温优化控制技术、变负荷和智能滑压优化控制技术、供热抽汽辅助负荷调节技术、给水旁路调节与0#高加抽汽调节技术等。

2）水冷壁安全防护技术。水冷壁分布于锅炉炉膛的四周，是锅炉的主要受热部分。当锅炉出力处于低负荷或快速变化时将影响水冷壁的安全运行。为此，需要精准的监控与有效的措施来维持良性的水循环。目前，主要的措施包括实时监测水冷壁的温度变化、汽包上下壁温及温差、汽包与水冷壁温差等参数及其变化。另外，核算管间偏差、核算水循环安全性、设置必要的壁温测点也具有重要作用。

火电灵活性主要涉及锅炉侧、汽轮机侧改造和控制与监测改造，其关键改造技术和具体路径见表 4-7。

表 4-7　煤电机组灵活性改造关键技术与具体路径

<table>
<tr><th>改造对象</th><th>改造技术</th><th>改造路径</th></tr>
<tr><td rowspan="5">锅炉侧改造</td><td rowspan="3">锅炉低负荷稳燃技术</td><td>低负荷精细化燃烧调整，主要针对燃烧器结构、磨投运方式、煤粉精度、一次风速、配风方式等内容</td></tr>
<tr><td>燃烧器、制粉系统优化改造，改造内容涉及燃烧器、磨煤机动态分离器、风粉在线监测装置等</td></tr>
<tr><td>改善入炉煤质，储备调峰煤、掺烧生物质等</td></tr>
<tr><td rowspan="2">宽负荷 SCR 脱硝技术</td><td>改造锅炉热力系统或烟气系统</td></tr>
<tr><td>选用宽温催化剂，提高低温下的催化剂活性</td></tr>
<tr><td rowspan="5">汽轮机侧改造</td><td>汽轮机通流设计与末级叶片性能优化技术</td><td>强化末级叶片性能、优化通流设计参数、增加冷却方式控制等</td></tr>
<tr><td rowspan="4">供热机组热点解耦技术</td><td>切除低压缸供热，低压缸在高真空条件下“空转”运行</td></tr>
<tr><td>在热源侧设置电热锅炉，实现热电解耦</td></tr>
<tr><td>设置储热罐，实现热电解耦</td></tr>
<tr><td>吸收式热泵、电驱动热泵等技术，实现热电解耦</td></tr>
<tr><td rowspan="2">控制与监测改造</td><td>提高负荷响应速率协调优化控制技术</td><td>AGC 协调系统优化控制技术、过热和再热汽温优化控制技术、变负荷和智能滑压优化控制技术、供热抽汽辅助负荷调节技术、给水旁路调节与 0#高加抽汽调节技术等</td></tr>
<tr><td>水冷壁安全防护技术</td><td>实时监测水冷壁的温度变化、汽包上下壁温及温差、汽包与水冷壁温差等参数</td></tr>
</table>

3. 煤电机组供热改造

随着国家节能减排指标的提高，对于 300 MW、600 MW 等级亚临界机组仅通过汽轮机通流改造（包括大幅提升参数）及相关辅助系统改造，煤耗指标很难满足国家政策中的相关要求。供热改造成为本轮节能减排的优先选择路径，具有改造投资小、收益高，能耗指标降低幅度大的特点。对于典型的国产亚临界纯凝机组，经过通流改造后，煤耗指标依然无法满足要求，供热改造降低煤耗指标的效果和单位降耗效果具有显著优势，关键需要配套外部热源。锅炉不进行大改动的情况下，300 MW 等级亚临界机组可以实现平均采暖期供汽量约 300 t/h，600MW 等级亚临界机组可以实现平均采暖期供汽量约 600 t/h。采暖期按 150 天计算，年运行按 5000 h 计算，典型亚临界机组供热改造煤耗变化及相应的单位煤耗降低见表4-8。纯凝机组供热改造可以大幅度降低供电煤耗40 g/kW·h左右，投资少，回收周期短，是提高机组能效水平和经济性的较佳途径。城市（工业园区）周边集中供热条件的亚临界纯凝发电机组应优先考虑实施供热改造，尤其对于装机容量200 MW以下的亚临界机组，供热改造是满足国家能耗指标的唯一出路。

表4-8　典型亚临界机组供热改造分析

项　　目	单　　位	300 MW机组	600 MW机组
进汽参数	MPa/℃/℃	16.7/538/538	16.7/538/538
改造后供电煤耗	g/kW·h	276.5	272.2
供电煤耗降低值	g/kW·h	42	38
供热负荷	MW	214	429

总体来看，由于在役亚临界机组存在多种机型和炉型，包括部分进口机组，不同生产厂家的锅炉和汽轮机组合种类较多，技术流派较多。随着服役时间增加，机组也或多或少进行了部分技改项目，因此，应针对不同机组、燃烧煤种、负荷率及设备性能、寿命等因素进行综合分析，确定最适合机组现有情况的节能降碳改造、灵活性改造、供热改造方案。

4.4.2　碳捕集、利用与封存技术

碳捕集、利用与封存（CCUS）是指将二氧化碳大型排放源所排放的二氧化碳进行捕集、压缩后输送并封存或进行工业应用的一种技术。2018年10月8日，联合国政府间气候变化专门委员会（IPCC）发布《全球升温1.5℃特别报告》，报告指出CCUS技术可有效改善全球气候变化，将是限制全球变暖的关键，对于实现碳中和意义重大，如果没有CCUS，绝大多数气候模式都不能实现深度碳减排目标。2019年，二十国集团（G20）能源与环境部长级会议首次将CCUS技术纳入议题。CCUS技术是未来碳中和目标下保持电力系统灵活性，实现大规模化石能源零碳排放的主要技术手段，可实现燃煤电厂真正意义上的近零排放。

世界主要发达国家很早就开展了CCUS项目的相关研究，早在20世纪70年代，国外就已经开始对碳捕集进行研究。美国是进行CO_2驱油研究试验最早、最广泛的国家。从1970年开始，美国就在得克萨斯州把CO_2注入油田作为提高石油采收率（EOR）的一种技术手段。进入21世纪以来，由于工业化步伐的加快以及全球变暖趋势的加剧，碳捕集项目受到越来越多国

家的重视，这些国家不断加速推进碳捕集项目的工业化。

我国对 CCUS 技术的研究起步较晚，自 2006 年开始才陆续出台关于 CCUS 技术的政策。随着工业化进程的加快，国内也开启了碳捕集项目的研究。2007 年，中国石油吉林油田和中石化华东分公司草舍油田开启了国内碳捕集项目的新篇章。相比国外，中国的 CCUS 项目起步较晚，且尚无百万吨级规模的捕集项目，国内以捕集量为十万吨级规模的项目为主。目前中国已投运或建设中的 CCUS 示范项目约为 40 个，捕集能力为 300 万 t/年，多以石油、煤化工、电力行业小规模的捕集驱油示范为主，缺乏大规模的多种技术组合的全流程工业化示范。

CCUS 按技术流程分为捕集、输送、利用与封存等环节。传统的 CCUS 是指将 CO_2从工业生产中分离出来并将其利用或者封存的过程。生物质能碳捕集与封存（BECCS）是指将生物质燃烧或转化过程中产生的 CO_2进行捕集、利用或封存的过程。直接空气碳捕集与封存（DACCS）则是直接从大气中捕集 CO_2，并将其利用或封存的过程。CCUS 技术及主要捕集、利用、封存类型如图 4-56 所示。

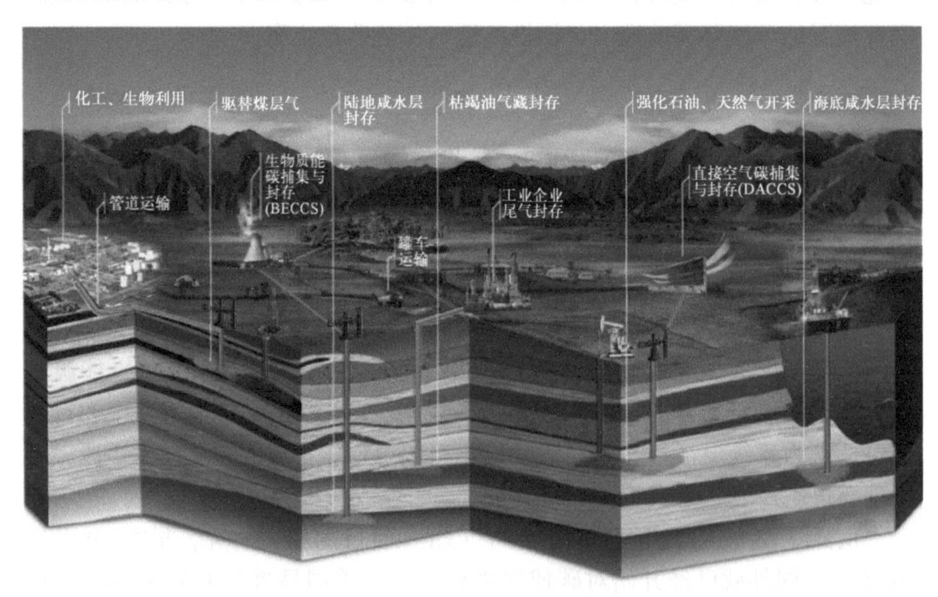

图 4-56 CCUS 技术及主要类型示意图

1. 碳捕集、利用与封存技术介绍

CCUS 技术流程及分类如图 4-57 所示。

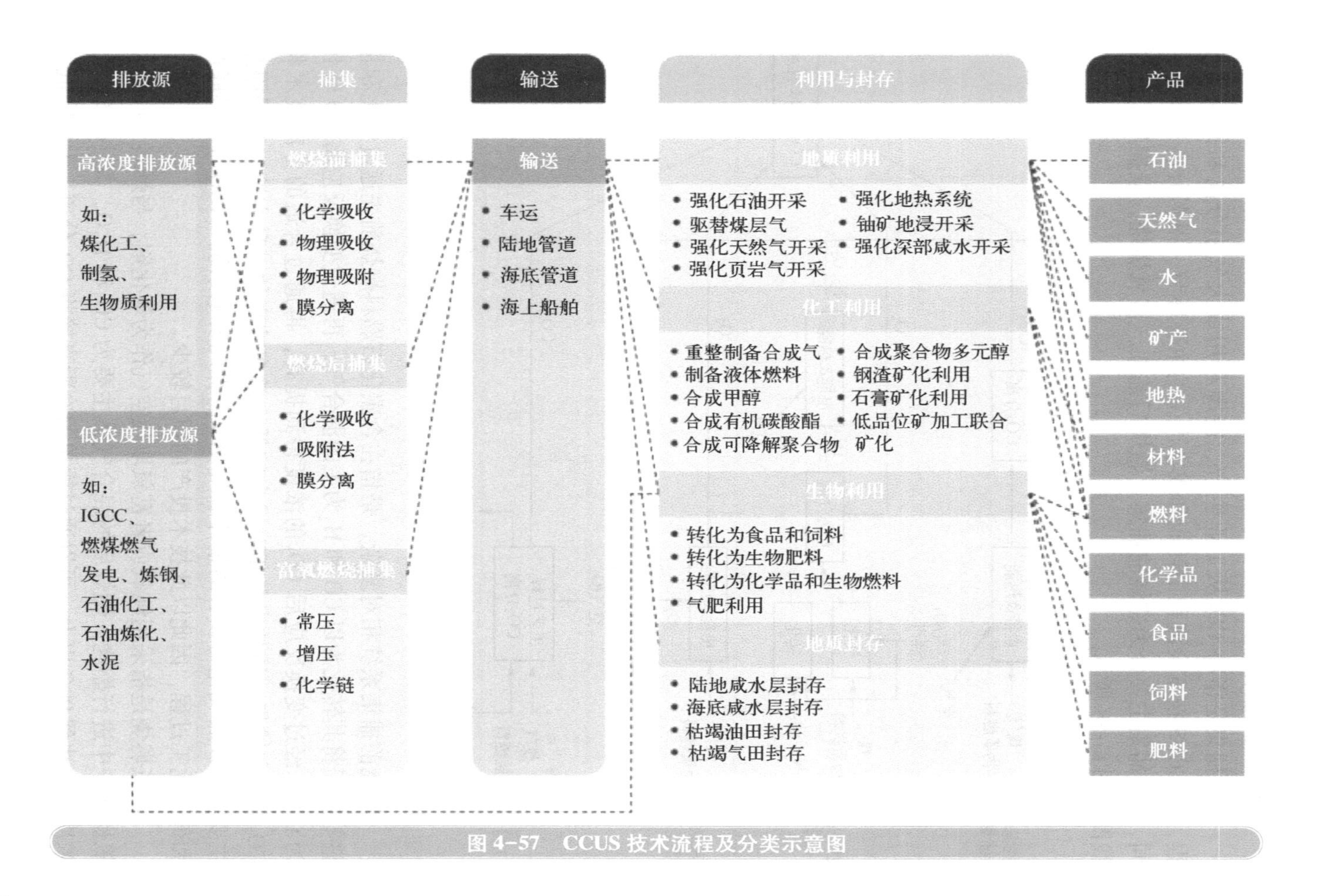

图 4-57　CCUS 技术流程及分类示意图

（1）CO_2捕集

CO_2捕集是指将CO_2从工业生产、能源利用或大气中分离和捕集的过程，是CCUS技术全流程中耗能和成本产生的主要环节。根据分离过程的不同，CO_2捕集主要分为燃烧前捕集、燃烧后捕集、富氧燃烧。碳捕集技术路线图如图4-58所示。

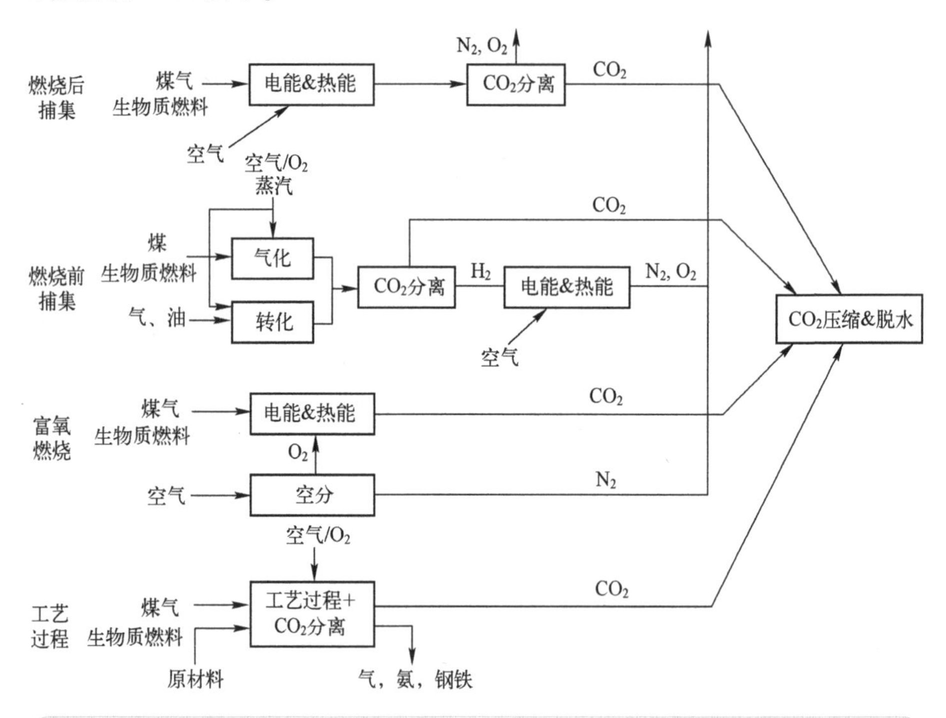

图4-58　碳捕集技术路线图

燃烧前捕集系统相对复杂，是指在含碳化石燃料燃烧前先通过气化和重整等过程将其转化为以CO和H_2为主的混合气，再通过变换反应将CO转化为CO_2，经过变换反应后CO_2的浓度得到提高，再通过合适的分离技术将CO_2分离和捕集。该技术是相对成本较低、效率较高的一种方法。其局限是主要基于以煤气化为核心的整体煤气化联合循环发电系统（IGCC）、多联产和部分化工过程，因此以此技术投产的项目较少。

富氧燃烧是指采用纯氧或者富氧取代空气作为氧化剂，与燃料一同在富氧燃烧炉中进行燃烧。燃烧后的混合气体主要为CO_2和H_2O，其中，CO_2的浓度能够达到90%以上，可以通过简单的冷凝直接将CO_2分离，大大降低了脱碳过程的能耗。由于富氧燃烧所需的氧气一般需要由空分装置供给，所以虽然 CO_2 捕集过程能耗降低，但空分设备的应用增加了相应的能耗，同时还将大幅度提高捕集的总投资。富氧燃烧技术发展迅速，可用于新建燃煤电厂及部分改造后的火电厂。

燃烧后捕集是指从燃烧后的烟气中分离和捕集 CO_2，目前发展相对成熟，可用于大部分火电厂、水泥厂和钢铁厂的脱碳改造，国内已建成数套十万吨级捕集装置。燃烧后捕集常用的方法有化学吸收法、物理吸收法、膜分离法、吸附法等。

1）化学吸收法是指化学溶剂通过与 CO_2 发生化学反应对 CO_2 进行吸收，当外部条件（如温度或压力）发生改变时，使得反应逆向进行，从而达到 CO_2 解析及吸收剂循环再生的目的。化学吸收法被认为是当前最有市场前景的吸附方法。在化学吸收法中，胺类溶液吸收效果较好，目前被广泛应用。

2）物理吸收法的原理是在加压条件下用有机溶剂对酸性气体进行吸收来分离脱除酸气成分。溶剂的再生通过降压实现，所需再生能量相对较少。典型的物理吸收法包含冷法和热法两种技术。物理吸收法适用于气体中 CO_2 浓度较高时的 CO_2 分离，如 IGCC 中的 CO_2 分离。它在较高的操作压力下进行，不适用于尾气中 CO_2 的分离。

3）膜分离法利用特定材料制成的薄膜对不同渗透率的气体来进行分离。

4）吸附法是通过吸附体在一定条件下对 CO_2 进行选择性吸附，而后通过恢复条件将 CO_2 解吸，从而达到分离 CO_2 的目的。

燃烧前捕集和富氧燃烧要求较高，需要合适的材料和操作环境，因此这两种技术的研究开发和示范项目较少。相比而言，燃烧后捕集技术是当前应用较为广泛且成熟的技术，该技术具有较高的选择性和捕集率，而且其工艺成熟、原理简单，与已建成的煤粉电站有较好的兼容性。

（2）CO_2 输送

CO_2 输送是指将捕集到的 CO_2 运送到利用或封存场地的过程。根据运输方式的不同，分为管道运输、罐车运输和船舶运输，其中，罐车运输包括汽车运输和铁路运输两种方式。在现有的输送方式中，罐车运输和船舶运输技术已达到商业应用阶段，主要应用于规模 10 万 t/年以下的 CO_2 输送。我国已有的示范项目规模都比较小，大多采用罐车输送。管道输送分为陆上管道输送和海底管道输送，海底管道运输成本比陆上管道运输高40%~70%。目前国内海底管道输送缺乏技术经验，还处于研究阶段。

（3）CO_2利用

CO_2利用是指通过工程技术手段将捕集的CO_2实现资源化利用的过程。根据工程技术手段的不同，可分为CO_2地质利用、CO_2化工利用和CO_2生物质利用等。其中，CO_2地质利用是将CO_2注入地下，促进资源开采、实现强化能源生产的过程，如提高石油、天然气采收率，开采地热、深部咸（卤）水、铀矿等多种资源。化工利用是指以化学转化为主要特征，将CO_2与其他物质转化为目标产物，主要包括一些大宗基础化学品以及有机燃料等。生物质利用是指以生物转化为主要特征，用于生物农产品增产与利用的各类技术，通过植物的光合作用等将CO_2用于生物质的合成，从而实现CO_2的资源化利用。主要产品有食品、饲料、生物肥料和生物燃料等。

（4）CO_2封存

CO_2封存是指通过工程技术手段将捕集的CO_2注入深部地质储层，实现CO_2与大气长期隔绝的过程。按照封存位置的不同，可分为陆地封存和海洋封存；按照地质封存体的不同，可分为陆上咸水层封存、海底咸水层封存、枯竭油气田封存等。

2. CCUS在新型电力系统中的应用

随着碳达峰、碳中和进程加快推进，电力系统电源结构由可控连续出力的火电装机占主导，向强不确定性、弱可控出力的新能源发电装机占主导转变，火电由支撑性电源向调节性电源转变。CCUS是碳中和目标下保持电力系统灵活性的主要技术手段。碳中和目标要求电力系统提前实现净零排放，大幅提高非化石电力比例，必将导致电力系统在供给端和消费端不确定性的显著增大，影响电力系统的安全稳定。充分考虑电力系统实现快速减排并保证灵活性、可靠性等多重需求，火电加装CCUS是具有竞争力的重要技术手段，可实现近零碳排放，提供稳定清洁的低碳电力，平衡可再生能源发电的波动性，保障电力供应安全。因此，在兼顾电力系统碳减排目标与灵活性、稳定性的情况下，CCUS是电力行业实现"双碳"目标的关键所在。目前国内已建成或运营的电力行业万吨级以上CO_2年捕集能力CCUS示范项目见表4-9。

表 4-9　我国电力行业 CCUS 示范项目

项　　目	捕集方式	规模（t/年）	运　　输	CO_2去向	现　　状
华能上海石洞口碳捕集项目	燃煤电厂燃烧后捕集	12 万	罐车运输	食品行业/工业	2009 年投运
中电投重庆双槐碳捕集项目	燃煤电厂燃烧后捕集	1 万	无	工业利用	2010 年投运
中石化胜利油田 CO_2 捕集和驱油示范	燃煤电厂燃烧后捕集	4 万	管道运输 80 km	EOR	2010 年投运
连云港清洁煤能源动力系统研究设施	IGCC 燃烧前捕集	3 万	管道运输	咸水层	2011 年投运
天津北塘电厂 CCUS 项目	燃煤电厂燃烧后捕集	2 万	罐车运输	市场销售食品应用	2012 年投运
华中科技大学 35 MW 富氧燃烧项目	燃煤电厂富氧燃烧	10 万	罐车运输	市场销售工业应用	2014 年投运，暂停运营
国电恒泰营城碳捕集项目	富氧燃烧	10 万	罐车运输	工业利用	2015 年投运
华能天津绿色煤电碳捕集项目	IGCC 燃烧前捕集	6 万~10 万	管道运输 50~100 km	EOR	2016 年投运，捕集装置完成，封存工程延迟
华润海丰碳捕集测试项目	燃煤电厂	2 万	罐车运输	食品行业	2019 年投运
国家能源集团锦界电厂碳捕集项目	燃煤电厂燃烧后捕集	15 万	罐车运输	咸水层	2021 年投运

（1）2025—2060 年火电 CO_2 排放

基于 2025—2060 年火电装机容量及发电量数据，测算出 2025 年火电产生的 CO_2 排放量约为 54.9 亿 t，2030 年火电产生的 CO_2 排放量约为 59.2 亿 t，2040 年火电产生的 CO_2 排放量约为 51.3 亿 t，2050 年火电产生的 CO_2 排放量约为 28.3 亿 t，2060 年火电产生的 CO_2 排放量约为 9.1 亿 t，数据详情见表 4-10。

（2）电力系统应用 CCUS 的经济性分析

CCUS 的技术成本是影响其大规模应用的重要因素，随着技术的发展，预计到 2025 年，我国全流程 CCUS（按 250 km 运输计，考虑捕集、运输、封存环节）的技术成本为 350~890 元/t，到 2030 年，将逐步降至 310~770 元/t，到 2060 年，将降至 140~410 元/t。我国火电机组加装 CCUS 的经济性分析见表 4-11。

表 4-10　中国 2025—2060 年火电 CO_2 排放

年份	装机/(亿 kW)				发电量/(万亿 kW·h)				火电排放 CO_2 /(亿 t)
	总装机	煤电	气电	煤气占比（%）	总发电量	煤电	气电	煤气占比（%）	
2025 年	29.49	13.0	1.61	49.5	9.86	5.43	0.64	61.6	54.9
2030 年	36.24	13.5	2.2	43.3	11.8	5.75	0.91	56.4	59.2
2040 年	50.11	12.3	2.5	29.5	14.0	5.05	0.65	40.7	51.3
2050 年	65.48	9.4	2.4	18	15.1	2.69	0.55	21.4	28.3
2060 年	70.89	4.0	4.0	11.3	15.7	0.66	0.62	8	9.1

表 4-11　我国火电机组加装 CCUS 的经济性分析

年份	CCUS 成本 /(元/t)	火电发电量 /(万亿 kW·h)	火电排放 CO_2 /(亿 t)	投入资金 /(万亿元)	度电增加成本 /(元)
2025 年	350~890	6.07	54.9	1.92~4.89	0.32~0.81
2030 年	310~770	6.66	59.2	1.84~4.56	0.28~0.68
2060 年	140~410	1.28	9.1	0.13~0.37	0.10~0.30

实现“双碳”目标，能源是主战场，电力是主力军。到 2030 年，我国火电 CO_2 排放达到峰值 59.2 亿 t，随着 CCUS 技术的进步及成本的降低，度电增加成本降至 0.28~0.68 元；到 2060 年，火电 CO_2 排放约为 9.1 亿 t，度电增加成本降至 0.10~0.30 元，此时火电已由支撑性电源转变为调节性电源，度电增加成本在可接受范围内。

4.4.3　绿电制氢技术

氢能是具有战略意义的能源类型，将成为能源转型发展的重要载体之一，影响未来能源发展格局。为促进国内氢能产业实现规范、有序、高质量发展，2022 年 3 月，我国发布《氢能产业发展中长期规划（2021—2035）》，其明确指出，氢能是未来国家能源体系的重要组成部分，是现有能源品类的有益补充。氢能发展重点是可再生能源制氢，通常称之为绿电制氢。在全球碳中和的大环境下，未来氢气将主要由可再生能源制取，绿氢将成为真正的新一代新能源。

1. 氢能的生产

（1）制氢方式

目前国内化石燃料制氢、化工副产氢和电解水制氢三种工业制氢技术都已经比较成熟，化工副产氢具备成本优势，长期来看电解水制氢将成主流。

1）化工副产氢。化工副产氢是指生产化工产品的同时得到氢气，主要有以下四种技术：焦炉气制氢、氯碱副产氢气、离子膜法生产氯碱氢以及丙烷脱氢（PDH）和轻烃裂解进行化工副产氢。目前来看，国内化工副产氢的利用是燃料电池行业供氢的较优选择，国内氯碱、丙烷脱氢和快速发展的乙烷裂解行业可提供充足的低成本氢气资源，主要集中在负荷中心密集的华东地区。

焦炉气制氢：焦炉气是焦炭生产过程中的副产品，通常生产1 t焦炭可副产420 Nm^3焦炉气。焦炉煤气中含氢气55%～60%（体积）、甲烷23%～27%、一氧化碳6%～8%等，将其中的萘、硫等杂质去除之后，使用变压吸附装置可以将焦炉煤气中的氢气提纯。以年产100万t的焦炭企业为例，可副产焦炉气4.2亿Nm^3，可制取1.68亿Nm^3，标准大气压下氢气的密度为0.09 kg/Nm^3，所以相当于1.512万t的氢气。2018年国内焦炭产量约为4.3亿t，理论上可提纯副产氢气量超过650万t/年。

氯碱副产氢气：提纯成本低，且接近用氢负荷中心，是较佳的氢源选择。烧碱行业在电解食盐水生产烧碱的过程中副产大量的氢气，国内烧碱产能从2008年的2472万t快速增长至2019年的4380万t。国内氯碱行业目前基本上全部采用离子膜电解路线，副产氢气的纯度一般在99%以上，一氧化碳含量较低且无化石燃料中的有机硫和无机硫，因此纯化成本相对较低，目前氯碱厂用于双氧水生产、制药、电子和石英加工的回收氢气成本约1.3元/Nm^3。离子膜烧碱装置每生产1 t烧碱可副产280 Nm^3（0.025t）氢气，理论上烧碱行业副产氢气量约为85.3万t。

丙烷脱氢和轻烃裂解进行化工副产氢：除了氯碱行业副产氢气之外，北美页岩油气革命之后国内轻烃资源利用项目高速发展，来自PDH和轻烃裂解副产的氢气在未来也有望成为国内燃料电池车用供氢的重要来源。以PDH装置副产氢气为例，粗氢气的纯度已经高达99.8%，而其中氧气、水、一氧化碳和二氧化碳的含量与燃料电池用氢气规格较为接近，仅总硫含量超出，但轻烃的原料属性决定了其杂质含量远低于煤制氢、天然气制氢和焦炉气制氢，仅需较小的成本对其净化便可用作燃料电池的稳定氢源使用。

成本分析：①从出厂成本来看，焦炉气、氯碱、丙烷脱氢制丙烯和乙烷裂解制烯烃副产的粗氢气可以经过脱硫、变压吸附和深冷分离等精制工序后作为燃料电池车用氢源，成本远低于化工燃料制氢、甲醇重整制氢和电解水制氢等路线。②从副产的氢气量来看，国内焦化行业产能巨大，可副产氢气量较大，但由于焦化产能集中在山西、河北和山东等华北地区，距离长三角等负荷中心较远，且分离精制成本较高，考虑到储氢和运氢后的综合成本，与氯碱、丙烷脱氢和乙烷裂解制氢相比更是不占优势。③此外，丙烷脱氢和乙烷裂解装置基本上集中在沿海港口地区，通过进一步的低投资强度的精制工序，氢气中总硫、一氧化碳等杂质的含量便可符合燃料电池用氢源标准，因此丙烷脱氢和乙烷裂解副产的氢气将是未来潜在最具优势的燃料电池车用氢源选择之一。

2）化石燃料制氢。化石燃料制氢已广泛应用于合成氨和炼厂加氢等大规模工业制氢。在国外，这些合成氨和炼厂的制氢装置大多采用天然气或者轻油作为重整原料；而在国内，随着新型气流床煤气化技术的成熟，普遍采用煤制合成气装置来制备并分离和提纯氢气。化石燃料制氢主要有以下两种技术：天然气重整制氢和煤制氢。

天然气重整制氢：目前工业用氢大部分是通过化石燃料的二次处理得到的，可通过蒸汽重整、氧化重整和自热重整等处理烃类或醇类，其中，蒸汽重整应用最为广泛。重整产品中除氢气外还包括一氧化碳、二氧化碳等杂质气体，必须通过净化工艺除去杂质气体，才能不影响燃料电池的正常使用。以天然气制氢的过程为例，在一定的压力和高温及催化剂作用下，天然气中的烷烃和水蒸气发生化学反应。转化气经过沸锅换热进入变换炉，使一氧化碳变换成氢气和二氧化碳，再经过换热、冷凝、汽水分离，通过程序控制将气体依序通过装有三种特定吸附剂的吸附塔，由变压吸附和升压吸附分离出氮气、一氧化碳、甲烷、二氧化碳等气体，从而提取出氢气产品。

煤制氢：国内基于富煤缺油少气的资源结构，煤制氢成为目前制取工业氢的主流路线。煤制氢包括以下几个单元：煤气化、一氧化碳耐硫变换、酸性气体脱除、硫回收、变压吸附提氢（PSA）等。煤制氢以煤和氧气为主要原料，通过气化反应制取粗合成气，通过变换工艺把粗合成气中的一氧化碳转化为氢气，变换气再经酸性气体脱除工艺脱除二氧化碳、硫化氢和羰基硫（H_2S和COS）等，净化气送至PSA进行提纯，生产出氢气产品，而硫化氢和羰基硫进入硫回收装置制成硫黄或硫酸。已建的大型炼厂煤制氢装置中，除个别装置采用干煤粉气流床气化技术外，多采用水煤浆气流床气化技术。

成本分析：相较于天然气制氢工艺，煤制氢有更多的“三废”排放。天然气制氢的特点在于流程短、投资低、运行稳定，但由于天然气价格相对较高，所以制氢成本高。煤制氢的特点在于流程长、投资高、运行相对复杂，但煤炭价格相对较低，制氢成本低。当制氢规模低于6万Nm^3/h时，煤制氢的氢气成本中固定资产折旧成本高，与天然气制氢相比没有优势，但当制氢规模大于6万Nm^3/h时，煤制氢成本中固定资产折旧成本较低，其氢气成本具有竞争能力。因此，制氢规模越大，煤制氢路线的成本优势越明显。

天然气制氢路线的制氢成本受天然气价格的变化影响较大，天然气价格上涨0.5元/Nm^3时，制氢成本提升约1850元/t。而煤制氢路线的制氢成本受煤炭价格变化的影响较小，煤炭价格上涨100元/t时，制氢成本仅提升约800元/t，由于煤炭价格的波动幅度远较天然气小，所以从原料价格的上涨趋势看，煤炭制氢的价格抗风险能力也要优于天然气。

3）电解水制氢。电解水制氢是在直流电的作用下，通过电化学过程将水分子解离为氢气与氧气，分别在阴、阳两极析出。电解水制氢是最清洁、最可持续的制氢方式，并将成为燃料电池发展中最具潜力的制氢方法之一。但是目前电解水制氢受制于较高的成本而难以大规模运用。根据隔膜的不同，电解水制氢可分为碱性电解技术（AEC）、质子交换膜电解技术（PEM）和固体氧化物电解技术（SOEC）。

成本分析：电解水制氢的成本主要包括固定资产折旧、运维费用（一般维护、电池组更换）、电力费用，其中，电力是电解水制氢最主要的成本。目前1MW的AEC和PEM电解装置固定资产投资分别约为1000欧元/kW和2000欧元/kW，SOEC电解装置目前尚未商业化应用，预估其固定资产投入为3000~5000欧元/kW。至2030年，预计PEM和SOEC将成为主流的电解水技术，至2030年，SOEC电解装置的投资有望下降至与AEC和PEM装置接近的水平。伴随新能源发电占比的持续提升，电解水制氢的成本可下降至15元/kg以下，预期2040年后可下降至10元/kg以下，为中长期的氢供给端成本提供了较大的下降空间。但同时，无论是天然气重整制氢或是新能源制氢，规模效应对于成本的影响均较为明显，因此区域集中式大规模制氢将是中长期成本下降的主要路线，而分布式终端制氢受制于规模有限，成本将依旧较高。

综上所述，三种工业制氢的技术都已经比较成熟，且氢源储备充足。综合比较，由于负荷中心的集中区域华东地区煤炭总量指标控制严格，且中期内天然气供给仍将紧张，投资较重的化石燃料制氢可行性仍待验证；电解水路线方面，目前国内采用谷电进行制氢的成本也达 23 元/kg，仍显著高于煤制氢约 9 元/kg 的生产成本，见表 4-12。目前来看，利用低成本的氯碱、PDH 和乙烷裂解等化工副产集中供氢+电解水分散式制氢或将是未来供氢模式的发展方向。中长期来看，在碳中和大背景下，可再生能源制氢将受益于发电成本降低与氢能产业链增效降本，成为氢能的主要供应方式。

表 4-12　三种制氢技术的成本对比

<table>
<tr><th>制氢种类</th><th>制氢方式</th><th>原料价格</th><th>制氢成本
/(元/kg)</th><th>制氢碳排放
/($kgCO_2/kgH_2$)</th></tr>
<tr><td rowspan="3">电解水制氢</td><td>商业用电</td><td>0.8 元/kW·h</td><td>48</td><td rowspan="2">33.75~43.41</td></tr>
<tr><td>谷电</td><td>0.3 元/kW·h</td><td>23</td></tr>
<tr><td>可再生能源弃电</td><td>0.1 元/kW·h</td><td>14</td><td>0.4~0.5</td></tr>
<tr><td rowspan="2">化石燃料制氢</td><td>煤制氢</td><td>550 元/t</td><td>9</td><td>22~35</td></tr>
<tr><td>天然气重整制氢</td><td>3 元/m^3</td><td>27</td><td>10~16</td></tr>
<tr><td colspan="2">化工副产氢</td><td>—</td><td>10~16</td><td>—</td></tr>
</table>

（2）电解水制氢的技术分析

1）碱性电解技术。碱性电解技术是目前成熟应用的电解水技术，由于堆叠组件技术成熟，避免了贵金属的使用，所以投资成本相对较少，但是较低的电流密度和功率密度增加了系统尺寸和制氢成本。单槽电解制氢产量较大，较易实现大规模应用，目前主要用于国内风电制氢项目。

2）质子交换膜电解技术。质子交换膜电解技术是基于固体聚合物电解质的电解水制氢技术（见图 4-59），目前技术尚不成熟，主要用于小规模制氢，优点在于高功率密度和电流密度，能提供高压纯氢，操作灵活，缺点是电解过程中产生的强酸性环境对电极及电极催化剂提出了较高的要求，只能采用贵金属作为催化剂，PEM 膜价格也比较高，使得电解池材料的整体成本大幅上升，阻碍了该技术的大规模应用。

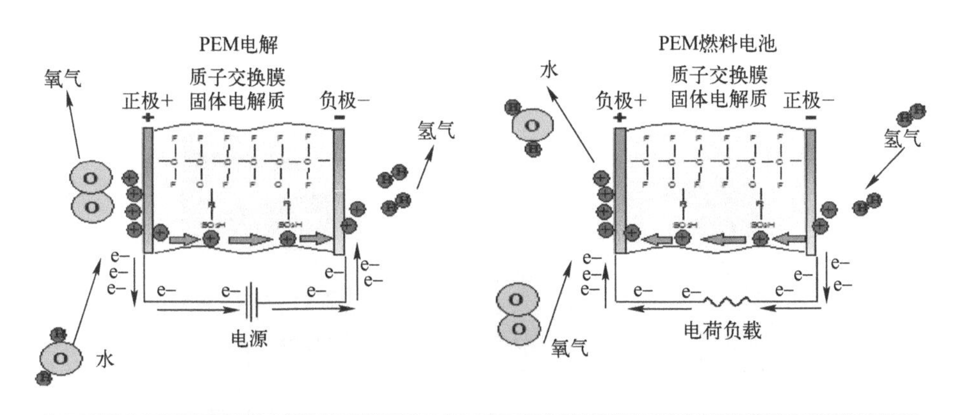

图 4-59　PEM 电解水制氢技术

PEM 电解系统可以以最低功率保持待机模式，并能在短时间内按高于额定负荷（100%以上，高达 200%）的容量运行。凭借优秀的调节功能，PEM 电解装置的运营商可以在其为客户提供氢气的同时，仍然能够以较低的额外 CAPEX 和 OPEX（运营成本）为电网提供辅助性服务，前提是有足够的氢存储量。电解压力方面，PEM 电解装置可以在比 ALK（碱性）电解装置（15 bar）更高的压力（30 bar）下生产氢气，可以更好地适应下游的高压需求。

同时，PEM 制氢设备简单、占地面积小、应用条件灵活。常规加氢站和加油站类似，占地面积大，建设成本高，而采用电解水制氢的小微型制氢加氢站体积小、装运方便（有条件的可以设计成可移动款式），非常适合在土地有限的大城市、临时场景、独立的产业园区使用。本田于 2016 年推出利用太阳能电解水制氢的小型加氢站，可以为公司内部的氢燃料电池汽车加注氢气。如图 4-60 所示，本田智能氢气站是世界上首个同时具备氢气制造、贮藏、填充功能的智能设备。

国外已有通过多模块集成实现百兆瓦级 PEM 电解水制氢系统应用的项目案例。其运行灵活性和反应效率较高，能够以最低功率保持待机模式，与装机规模较小、波动性较大的光伏发电系统具有良好的匹配性。目前国内较国际先进水平差距较大，体现在技术成熟度、装置规模、使用寿命、经济性等方面。

3）固体氧化物电解技术。固体氧化物电解技术是目前正在大力开发的一种电解技术，尚未实现工业化，采用固体氧化物氧离子导电陶瓷作为电解质，可以在高温下运行。其优势在于能量转换效率较高，材料成本低，可同时

图 4-60 本田智能氢气站

支持燃料电池运行，可用于水和二氧化碳电解生成合成气。该技术面临的挑战是高温对电池材料和组堆工艺的要求较高。由于 SOEC 电解制氢需要高温环境，其较为适合产生高温、高压蒸汽的光热发电等系统。

考虑到利用可再生能源电制氢场景的特性，其主要功能是利用富余的可再生能源制氢，避免可再生能源富余产生“挤出效应”而威胁电网频率稳定，提高可再生能源消纳能力。因此其关键技术指标与电网运行参数指标密切相关，主要包括响应时间、负载范围、系统效率、经济性等。目前可实现应用的三种电解水制氢技术主要性能对比见表 4-13，其中，相对于额定负载的负载范围是未来技术充分发展后可能达到的指标。

表 4-13 三种电解水制氢技术主要性能对比

项目	碱性电解水	质子交换膜电解水	固体氧化物电解水
工作温度/℃	60~80	50~80	600~1000
响应时间	分钟级	秒级/毫秒级	秒级
负载范围（相对于额定负载）	15%~100%	0~160%	20%~100%
单机规模/(Nm^3H_2/h)	≤1000	≤400	≤40
系统功耗/($kW\cdot h/Nm^3$)	4.3~6.7	4.7~7	~3.75

（续）

项　　目	碱性电解水	质子交换膜电解水	固体氧化物电解水
系统效率	63%~70%	56%~60%	90%
应用现状	充分产业化	逐步商业化	试验示范
与可再生能源的结合	适用于装机规模较大的风力发电系统，但需要针对不稳定电源特点进行开发	适用于装机规模较小、波动性大的光伏发电系统	适用于产生高温、高压蒸汽的光热发电系统

2. 氢能的运输与存储

目前氢储运成本约占终端氢成本的25%，因而提高储运效率、降低储运成本是目前各技术路线的发展重点，也是氢能成本降低的难点所在。氢储运技术包括气态储运、液态储运和固态储运三种方式，其中，气态储运包括高压气态长管拖车和管道运输，液态储运包括液氢和有机液体储运，固态储运主要以金属作为储氢载体。目前我国氢气运输均以高压气态长管拖车为主，各储运技术因各自特性而适用于不同情形，未来将并行发展。

（1）短距离少量运输

我国现阶段最常用、最成熟的短途少量运氢、储氢方式是高压气态长管拖车，储氢罐结构简单、前期投资小，适合短距离（<200 km）运输，但中长距离运输时成本会快速上升。受技术原因限制，目前我国长管拖车均采用20 MPa钢质储氢罐（Ⅰ型瓶），单车运氢量约300 kg，国外则采用45 MPa纤维全缠绕氢瓶（Ⅲ/Ⅳ型瓶）长管拖车运氢，单车运氢量可达700 kg以上，超过我国单车运氢量的2.3倍。

车载储氢由35 MPa Ⅲ型瓶逐步发展为70 MPa Ⅳ型瓶。车载储氢是燃料电池发展的关键部分，直接影响燃料电池汽车的续航里程和生产成本。目前国内外车载储氢均采用高压气态储氢，国内车企以35 MPa Ⅲ型瓶为主，国外以70 MPa Ⅳ型瓶为主。从技术上看，70 MPa Ⅳ型瓶采用塑料内胆，相比35 MPa Ⅲ型瓶具有质量轻、储氢密度高、循环寿命高等优点，为国际车企的主流方案。从成本上看，70 MPa Ⅳ型瓶生产成本相比35 MPa Ⅲ型瓶可节约10%以上，且更高的储氢密度可进一步提升车载储氢量、增加续航里程。2020年9月30日，我国70 MPa Ⅳ型瓶团体标准发布，有望步入发展快车道。预计2022年后我国70 MPa Ⅳ型瓶有望逐步对35 MPa Ⅲ型瓶实现部分替代。

（2）中长距离大规模运输

中长距离大规模运输主要包括管道输氢和低温液态储氢。

管道输氢是实现氢气大规模、长距离运输的重要方式，具有输氢量大、能耗小、成本低等优势。管道输氢的主要成本来自初始管道建设，因氢气易进入钢材内部发生“氢脆”，须使用蒙耐尔合金等特殊材料，导致输氢管道建设成本较高，每千米建设成本约500万元。目前全球范围内的输氢管道约4600 km，其中2500 km位于美国，1600 km位于欧洲，我国仅有约100 km，建设进度缓慢。氢能发展初期可探索天然气管道混氢方式以节约成本。目前全球范围内约有300万km天然气运输管道，远多于4600 km的输氢管道。在天然气中掺入少量氢气可直接通过天然气管道运输，节约相关基础设施建设成本。目前各国均有相关探索，但因运输安全性问题，氢气体积占比均限制在10%以内。

低温液态储氢是在标准大气压下将氢气冷却至-253℃形成液体，储存至低温绝热的液氢罐中，并装载于液氢槽车中进行运输。目前国外加氢站有1/3以上为液态储运，而我国液氢仅用于航空与军工领域，民用暂缺乏相关标准与应用。液态储运的优势是储运效率高，储氢密度约70 kg/m，是20 MPa高压气氢的5倍；液氢槽车单车装载量可达3 t，是高压长管拖车的近10倍，其示意如图4-61所示。其缺陷为液化过程能耗较高，液化1 kg氢气需耗电12~15 kW·h，储存容器使用超低温的特殊液氢罐，且存储过程中存在一定的蒸发损失。为抵消液化成本及蒸发损失，液氢储运在大于200 km的长距离、大规模运输中更具成本优势。

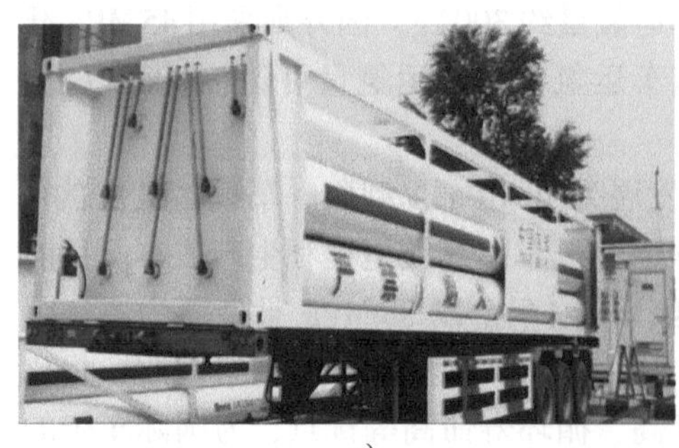

a)

b)

图4-61 长管拖车和液氢槽车

a）北京加氢站内的长管拖车 b）北京特种工程研究院45 m^3液氢槽车

（3）其他储运方式

其他储运方式主要为化学储氢后进行运输，包括有机液体储运、液氨储运、固体储运等技术，普遍具有储氢密度高的优点，但这些技术均未成熟，处于

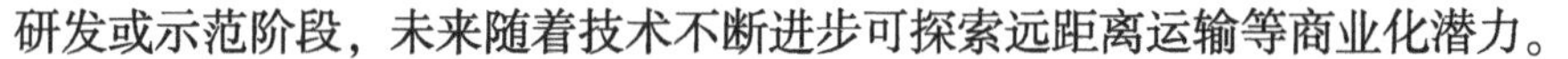

研发或示范阶段，未来随着技术不断进步可探索远距离运输等商业化潜力。

1）有机液体储运氢：利用不饱和有机物与氢气进行加氢和脱氢反应以实现氢气储存，加氢后形成的液体有机物性能稳定、安全性高、以液体运输且无须冷却，其储运方式与石油类似，可直接使用油罐车进行运输。但该方式存在反应温度高、脱氢效率低等问题，有机液体加氢及脱氢的转换过程所需能量占氢能量的35%～40%，总转换与再转换成本超过2.5美元/kgH_2。目前全球研发有机液体储氢的企业主要包括日本千代田、德国HT和中国氢阳能源等公司。

2）液氨储运氢：使用氢气作为原材料合成氨用以运输，并最终分解氨产生氢气。相比于氢，氨在-33℃即可实现液化，更易于储存与运输，且体积能量密度高于液氢。但与有机液体储运类似，其仍需要高额成本用以分解氨产生氢气，目前因技术与成本限制仍处于试验阶段。根据IEA预测，在2030年对大于3000km的远距离运输，船舶运输液氨相比于氢和有机液体将具有更大的成本优势。

3）固体储运氢：主要以金属作为储氢载体，部分金属在一定温度与压力条件下与氢气反应生成金属氢化物，运输后加热则可释放氢气。金属储氢具有体积储氢密度高、储氢压力低、安全性好等优势，但质量储氢密度一般低于3.8wt%。国外已将固态储氢系统用于燃料电池潜艇，国内仅在如皋等地开展了小规模示范应用。运氢方式汇总见表4-14。

表4-14 运氢方式汇总

运氢方式		运输量	应用情况	优缺点
气态	集装格	5～10kg/格	广泛用于商品氢运输	技术成熟，运输量小，适用于短距离运输
	长管拖车	250～460kg/车	广泛用于商品氢运输	技术成熟，运输量小，适用于短距离运输
	管道	310～8900kg/h	国外处于小规模发展阶段，国内尚未普及	一次性投资高，运输效率高，适合长距离运输，需要注意防范“氢脆”现象
液态	槽车	360～4300kg/车	国外应用较为广泛，国内目前仅用于航天及军事领域	液化能耗和成本高，设备要求高，适合中远距离运输
	有机载体	2600kg/车	试验阶段，少量应用	加氢及脱氢处理使得氢气的高纯度难以保证
固态	储氢金属	24000kg/车	试验阶段，用于燃料电池	运输容易，不存在逃逸问题，运输的能量密度低

3. 氢能与电能的关系

电制氢是氢能与电能密切结合的过程，下面在系统分析电制氢技术的基础上，进一步分析氢能与电能的关系。

1）电制氢可有效解决弃风、弃光、弃电问题。我国可再生资源丰富，但风能、太阳能发电都具有天然的波动性，影响电网的稳定性，在国家大规模发展可再生能源时，通过利用可再生能源电解水制氢，形成二次能源转化，能有效解决现在模式下的风电并网难题及弃风弃光问题。

2）电制氢设备具有参与电网调峰的能力。电制氢设备作为电网可变负荷，是电力系统中重要的灵活性调节资源和产能载体，有助于提升新能源的消纳能力、调频调峰能力和长周期调节能力。作为可控负荷，电制氢还可适时参与电力辅助服务获得调峰补贴。

3）电制氢可作为电网储能的一种方式。氢作为能源载体，可实现无碳能源的循环利用，可以将波动性的可再生能源电力通过“电-氢-电（或化工原料)”的方式加以高效利用，在电网出现弃风弃光或负荷低的问题时，用弃电及低价电进行制氢，在供电不足的时候，取用储存的氢能发电供热，这都是氢能与电能的密切协作，是储能应用的具体体现，也对电站稳态生产、提高经济效益、延长发电设备寿命、充分利用可再生资源有重大作用。

4）电制氢可应用于发电行业作为燃料掺烧。现役燃机的设计已经具有掺烧3%~5%氢气的能力，有些甚至能够掺烧高达30%比例的氢气，预计2030年能够生产完全以氢为燃料的燃机。目前美国、韩国已有氢能发电厂项目在建。在具有成本优势的情况下，氢能对于天然气的部分替代存在较好的市场空间，具有很好的经济效益和环保效益。

“双碳”目标下，在构建以新能源为主体的新型电力系统过程中，氢能和电能都将发挥举足轻重的作用，二者相互交织，呈现出辩证统一的关系。从终端用能角度看，未来终端能源发展的基调是：“能用电则用电，不能用电则用氢”。据国家电网能源研究院预测，我国2060年终端能源中，电能占70%，氢能占13%，保留小部分的化石能源，因此电能在终端用能中位于绝对主体地位，而氢能作为补充能源，可能会影响一部分用电量，但比例不高。

从氢能的来源看，尽管目前电制氢仅占氢能生产总量的2%左右，但到2060年，我国可再生能源电制氢将占制氢总量的80%。以上的氢能都是通过电解水的方式来获得的，总体上看，电是氢的基础，有电才有氢。未来电制氢主要有四个途径：一是新能源场站就地制氢+长距离输氢，中石化、中石油等油气公司近来获批新能源建设资质，在油气管道、运输车等输送体系方面也有先天优势，进展可能较快；二是点对点长距离输电+远程制氢，相当于制氢站作为大用户与远方的新能源场站进行直购电，这种途径在电网中已有实现，对电网安全稳定运行影响不大，但是会占用部分线路容量，且电价空间不大，整体经济性较差；三是分布式电源制氢，可能对配电网产生一定影响；四是利用电量峰谷差，在用电低谷期进行电制氢并存储，在高峰期进行氢能发电，参与电网调峰，这一途径需要电网深度参与和配合，对电网安全稳定运行提出了新的需求。电制氢与电网和气网的关系如图4-62所示。

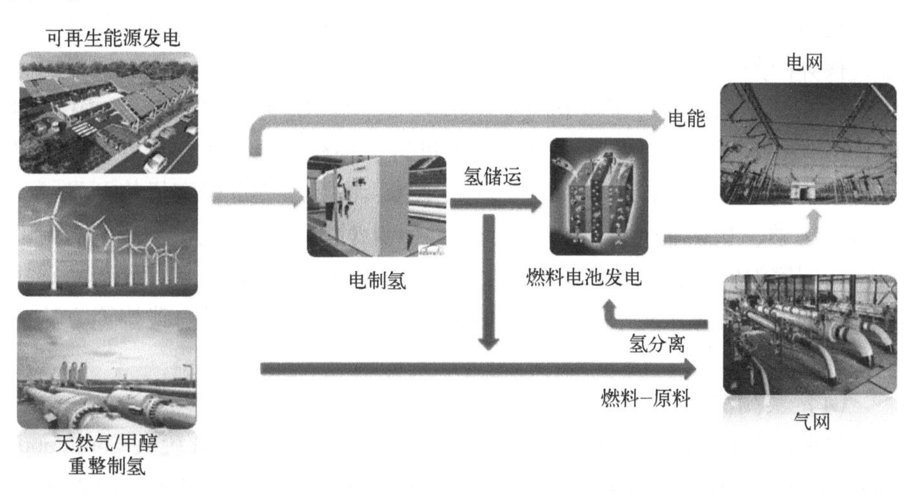

图4-62　电制氢与电网和气网的关系

总体而言，新型电力系统中，电能与氢能相互支撑，呈现出新型的竞合关系，但合作大于竞争。对电网企业而言，积极参与电制氢和氢能发展，有利于保障电网安全稳定运行，弥补氢能在终端利用中引起的电量损失，同时能带来多重收益，整体上利大于弊。

4.4.4　碳排放核算与评估

电力行业低碳转型是一项具有宏观性、全局性的战略工作。要顺利推进能源低碳转型与电力碳减排，前提是要做好电力碳排放核算与评估工作。本节主要介绍碳排放核算与评估领域的发展趋势、技术方法和标准规范。

1. 碳排放核算

碳排放核算是实现碳达峰、碳中和的基础，它们需要统一的数据标准与数据质量控制。碳排放核算的依据主要来自联合国政府间气候变化专门委员会（Intergovernmental Panel on Climate Change，IPCC）制定的 IPCC 清单指南。IPCC 清单指南目前主要有 1995、1996、2006 和 2019 四个版本：《IPCC 国家温室气体清单指南》（1995 年）是 IPCC 第一版清单指南，但很快出版了《IPCC 国家温室气体清单（1996 修订版）》；《2006 年 IPCC 国家温室气体清单指南》整合了《IPCC 国家温室气体清单（1996 修订版）》《2000 年优良做法和不确定性管理指南》和《土地利用、土地利用变化和林业优良做法指南》，构架了更新、更完善但更复杂的方法学体系，成为目前进行碳排放核算的关键指南；2019 年 5 月 12 日，IPCC 第 49 次全会（包括中国在内）的 127 个国家通过了《IPCC 2006 年国家温室气体清单指南 2019 修订版》，对 2006 版本中空白和过时的内容进行了补充和更新，为世界各国提供了清单编制的方法学依据。针对不同的主体，国际组织和研究机构开发了一系列方法学、核算报告标准（指南），如针对国家层面温室气体核算的《IPCC 国家温室气体清单指南》，针对城市、企业与组织、项目和产品碳排放核算的温室气体议定书（GHG Protocol）系列标准。常用的碳核算方法可分为三种。

（1）实测法

目前欧美国家碳监测已推广应用烟气排放连续监测系统（Continuous Emission Monitoring System，CEMS），如图 4-63 所示。烟气排放连续监测系统是指在生产和排污设备等装置上安装抓取系统，并实时上报数据。目前行业内 CO_2 在线监测技术主要是傅里叶变换红外检测技术（Fourier Transform Infrared Spectroscopy，FTIR），其工作原理是不同的气体对不同波长的红外线具有不同的吸收效应。如 CO_2 能最大限度地吸收波长约为 4.25 μm 的红外线，N_2O 能最大限度地吸收波长约为 4.5 μm 的红外波，因此当需要测量 CO_2 时，需要将红外源设计为发射 4.25 个波长，同时吸收的红外线的量与物质的浓度成正比，存在的 CO_2 越多，吸收的红外线就越多，落在探测器上的红外波数量就越少，最后经过处理可反向测算出 CO_2 浓度。

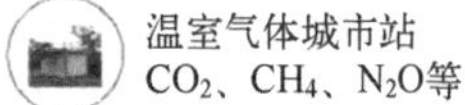

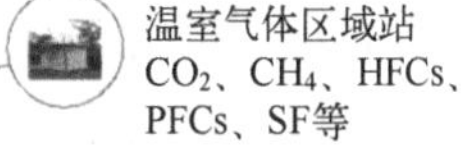

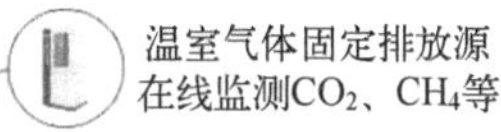

图 4-63　城市碳排放在线监测应用

（2）排放因子法

国内在国际气候公约 IPCC 清单指南的基础上逐步完善碳监测与核算方法和标准。国家发改委在 2013 年至 2015 年先后出台 24 个行业的企业温室气体排放核算方法与报告指南，生态环境部近期将部分碳排放的核算与报告要求文件升级为推荐性的国家标准，陆续发布了《企业温室气体排放报告核查指南（试行）》《企业温室气体排放核算方法与报告指南发电设施》等技术规范，并组织开展了温室气体排放报告、核查、配额核定等工作，我国对企业碳排放的主要核算方法为排放因子法。生态环境部 2020 年年底发文明确指出，重点排放单位应当优先开展化石燃料低位热值和含碳量实测，预计 CEMS 的大范围应用或将成为我国碳排放监测的重要发展方向，并率先应用于火力发电行业。

我国发电行业重点排放单位按《企业温室气体排放核算方法与报告指南发电设施（2022 年修订版）》要求核算碳排放量。发电设施二氧化碳排放量等于统计期当年各月度化石燃料燃烧排放量和购入使用电力所产生的排放量之和：

$$E = E_{燃烧} + E_{电} \tag{4-31}$$

式中，E 为发电设施二氧化碳排放量，单位为吨二氧化碳（tCO_2）；$E_{燃烧}$ 为化石燃料燃烧排放量，单位为吨二氧化碳（tCO_2）；$E_{电}$ 为购入使用电力产生的排放量，单位为吨二氧化碳（tCO_2）。

其中，化石燃料燃烧产生的二氧化碳排放 $E_{燃烧}$ 一般包括发电锅炉（含启动锅炉)、燃气轮机等主要生产系统消耗的化石燃料产生的二氧化碳排放，以及脱硫脱硝等装置使用化石燃料加热烟气的二氧化碳排放，不包括应急柴油发电机组、移动源、食堂等其他设施消耗化石燃料产生的排放。对于掺烧化石燃料的生物质发电机组、垃圾（含污泥）焚烧发电机组等产生的二氧化碳排放，仅统计燃料中化石燃料的二氧化碳排放，并应计算掺烧化石燃料的热量年均占比。

$$E_{燃烧} = \sum_{i=1}^{n}\left(FC_i \times C_{ar,i} \times OF_i \times \frac{44}{12}\right) \tag{4-32}$$

式中，FC_i 为第 i 种化石燃料的消耗量，对固体或液体燃料，单位为吨（t），对气体燃料，单位为万标准立方米（$10^4 Nm^3$）；$C_{ar,i}$ 为第 i 种化石燃料的收到基元素碳含量，对固体和液体燃料，单位为吨碳/吨（tC/t），对气体燃料，单位为吨碳/万标准立方米（$tC/10^4 Nm^3$）；OF_i 为第 i 种化石燃料的碳氧化率，以%表示；44/12 为二氧化碳与碳的相对分子质量之比；i 为化石燃料种类代号。

对于购入使用电力产生的二氧化碳排放 $E_{电}$，用购入使用电量乘以电网排放因子得到。

$$E_{电} = AD_{电} \times EF_{电} \tag{4-33}$$

式中，$AD_{电}$ 为购入使用电量，单位为兆瓦时（MW·h）；$EF_{电}$ 为电网排放因子，单位为吨二氧化碳/兆瓦时（$tCO_2/MW \cdot h$），电网排放因子采用 0.5810 $tCO_2/MW \cdot h$，并根据生态环境部发布的最新数值进行更新。

我国省级人民政府控制温室气体排放的目标责任落实情况自评估报告，也采用省级电网平均排放因子核算调入调出电力的间接碳排放，国家发改委先后发布《2010 年中国区域及省级电网平均二氧化碳排放因子》和《关于开展 2014 年度单位国内生产总值二氧化碳排放降低目标责任考核评估的通知》，国家生态环境部 2019 年发布的《二氧化碳排放核算方法及数据核查表》根据核算范围及发布时间推算最新版应为 2016 年或 2017 年数据，见表 4-15。

（3）质量平衡法

在工业生产过程中可视情况选择排放因子法和质量平衡法。工业过程使用包括温室气体、化石燃料碳的非能源使用产生的温室气体排放，主要是从化学或物理转化材料等工业过程中释放的。例如，钢铁工业中的鼓风炉将化石燃料用作化学原料时制造出氨气和其他化学产品，以及水泥工业均释放大量二氧化碳等。在这些过程中，可能产生许多不同的温室气体，包括二氧化碳、甲烷、氧化亚氮、氢氟碳化物（HFC）和全氟化碳（PFC）。本方法与新型电力系统相关性不大，具体计算方法可以参考《2006 年 IPCC 国家温室气体清单指南》。

表 4-15　各地区电网平均排放因子（单位：$kgCO_2/kW \cdot h$）

地区	2010 年	2012 年	2019 年	地区	2010 年	2012 年	2019 年
北京	0.8292	0.7757	0.6168	河南	0.8444	0.8063	0.7906
天津	0.8733	0.8917	0.8119	湖北	0.3717	0.3526	0.3574
河北	0.9148	0.8981	0.9029	湖南	0.5523	0.5166	0.4987
山西	0.8798	0.8488	0.7399	重庆	0.6294	0.5744	0.4405
内蒙古	0.8503	0.9292	0.7533	四川	0.2891	0.2475	0.1031
山东	0.9236	0.8878	0.8606	广东	0.6379	0.5912	0.4512
辽宁	0.8357	0.7753	0.7219	广西	0.4821	0.4948	0.3938
吉林	0.6787	0.7214	0.6147	贵州	0.6556	0.4949	0.4275
黑龙江	0.8158	0.7970	0.6634	云南	0.4150	0.3063	0.0921
上海	0.7934	0.6241	0.5641	海南	0.6463	0.6855	0.5147
江苏	0.7356	0.7498	0.6829	陕西	0.8696	0.7690	0.7673
浙江	0.6822	0.6647	0.5246	甘肃	0.6124	0.5729	0.4912
安徽	0.7913	0.8092	0.7759	青海	0.2263	0.2323	0.2602
福建	0.5439	0.5514	0.391	宁夏	0.8184	0.7789	0.6195
江西	0.7635	0.6336	0.6339	新疆	0.7636	0.7898	0.622

2. 碳评估

碳评估是碳排放情况的基本评价方法，主要针对国家核证自愿减排、碳排放流、碳足迹、低碳政策执行情况、碳减排责任履行情况、碳资产等开展综合统计与评估。下面主要介绍与电力系统关系密切的国家核证自愿减排方法学、电力系统碳排放流、电工装备及产品的碳足迹。

（1）国家核证自愿减排方法学

国家核证自愿减排简称 CCER（Certified Emission Reduction），是指依据《温室气体自愿减排交易管理暂行办法》的规定，经国家发改委备案并在国家注册登记系统中登记的温室气体自愿减排量，单位为“吨二氧化碳当量”。核算的 CCER 可以进入碳市场，碳排放配额不足的企业可以购买一定比例的 CCER 来等同于配额进行履约。CCER 是鼓励减排的补充机制，与碳配额相比使用范围受限，通常价格会低于配额价格。

国内能够产生 CCER 的项目主要包括风电、光伏、水电、生物质发电等，但前提是必须具有"额外性"（项目所带来的减排量相对于基准线是额外产生的），且有适用的"方法学"（经国家发改委备案认可的用以确定项目基准线、论证额外性、计算减排量、制定监测计划等的指南）。目前 CCER 方法学有 200 个，其中电网方面的方法学有 11 项，见表 4-16。

表 4-16　与电网相关的 CCER 方法学

方法学编号	自愿减排方法编号	方法学名称
AMS-Ⅲ. BB	CMS-020-V01	通过电网扩展及新建微型电网向社区供电
AM0035	CM-033-V01	电网中的 SF_6 减排
AM0045	CM-060-V01	独立电网系统的联网
AM0079	CM-066-V01	从检测设施使用气体绝缘的电气设备中回收 SF_6
AM0067	CM-083-V01	在配电电网中安装高效率的变压器
—	CM-096-V01	气体绝缘金属封闭组合电器 SF_6 减排计量与监测方法学
—	CM-097-V01	新建或改造电力线路中使用节能导线或电缆
—	CM-102-V01	特高压输电系统温室气体减排方法学
AMS-Ⅲ. AG	CMS-032-V01	从高碳电网电力转换至低碳化石燃料的使用
AMS-Ⅲ. AW	CMS-070-V01	通过电网扩张向农村社区供电
—	CMS-079-V01	配电网中使用无功补偿装置温室气体减排方法学

（2）电力系统碳排放流分析

电力系统碳排放流是依附于电力潮流存在且用于表征电力系统中维持任一支路潮流的碳排放所形成的虚拟网络流，在电力领域都可简称为碳排放流，如图 4-64 所示。在基于宏观统计法的碳排放分析中，碳排放仅根据一次能源消耗换算得到，在电力系统中仅将火力发电厂视为点排放源进行研究，与电力系统分析中的潮流计算相脱节，未体现电网的"网络"特征。将碳排放视为依附于潮流而存在的虚拟网络流的思想，将碳排放与电力潮流分析相结合，建立了电力系统碳排放流的理念和理论框架。

基本原理：以能源系统能流分析计算为基础，考虑不同能源生产节点的碳排放系数，将生产节点产生的碳排量以碳流形式在能源的传输、分配和使用环节进行转移计算，从而计量用户由于能源消费所承担的碳排放量。计算碳排放流的基本指标见表 4-17。

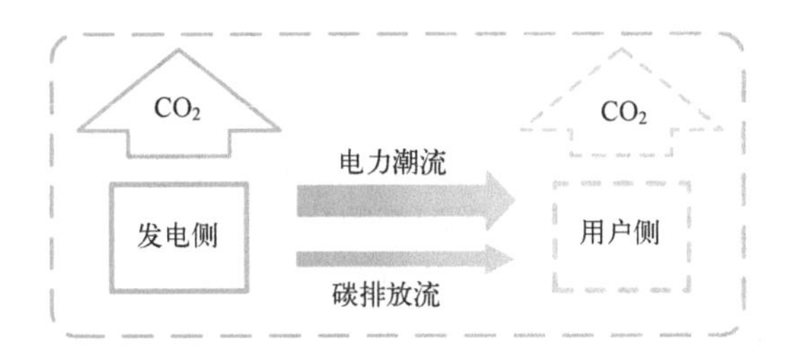

图 4-64 碳排放流分析技术示意图

表 4-17 计算碳排放流的基本指标

指标名称	指标含义
支路碳流量	一定时间内系统为维持有功潮流而在发电厂产生的碳排放累积量，表征支路上碳流的大小
支路碳流率	单位时间内系统为维持有功潮流而在发电厂产生的碳排放量支路有功功率，某条支路在单位时间内随潮流而通过的碳流量
平均支路碳流密度	支路中单位时间内随单位有功潮流通过的碳流量
节点碳势	在节点处消费单位电量对应发电环节的碳排放量

电力系统的碳排放流与潮流都受网络拓扑、线路和变压器阻抗、机组出力和节点负荷因素影响，在潮流分析中，当所有节点的有功功率、无功功率、电压和相角都通过计算得到后，所有支路的潮流就可以求得。根据碳排放流的性质，当某节点的碳势已知时，所有从该节点流出有功潮流的支路上，潮流的碳流密度均与该节点碳势相等；当系统中所有节点的碳势已知时，所有支路的碳流率可通过支路起始节点的碳势和支路潮流求得。若系统中各节点的碳势可通过计算得到，则各条支路乃至关键断面的碳流率和流量可求，见表4-18。

表 4-18 碳排放流计算的已知内容和待求内容

描述对象	已知内容	待求内容
潮流分布	系统潮流稳态分布	系统中的节点碳势 系统碳排放流分布
发电机组	接入系统的位置注入功率 机组碳排放强度	
用电负荷	在系统中的位置 负荷功率	电力消费碳排放强度 负荷碳流率

传统的碳排放计算基于燃料消耗数据，从发电口径进行统计和分摊。然而，随着“双碳”工作的不断开展，仅围绕发电侧的碳排放计算方法难以

界定不同主体的碳排放责任。碳排放流用于表征与能源网络中的能源流相耦合的碳排放，可更加直观地分析碳排放在能源网络中的产生源头、流动方向与分布状况，可对碳排放进行科学追溯，有利于计算不同商品中耦合的碳排放，对于全行业、全社会层面上碳配额的分配、分行业和分地区的碳减排目标设置具有重要的研究意义和实用价值。

（3）碳足迹评估

碳足迹也称碳指纹和碳排量，是指个体、家庭、团体或产品在其整个生命周期中所释放的温室气体总量，即"碳耗用量"，是用来测量因每日耗能所产生的 CO_2 排放对环境影响的新指标。确定碳足迹是减少碳排放行为的第一步，能为个体、组织、事件或产品改善减排状况设定基准线。

生命周期评价（Life Cycle Assessment，LCA）方法作为一种评价工具，主要应用于评价和核算产品或服务整个生命周期过程，即"从摇篮到坟墓"的能源消耗和环境影响。"从摇篮到坟墓"一般指的是从产品的原材料收集到生产加工、运输、消费使用及最终废弃物处置（ISO，1998）。目前比较常用的生命周期评价方法可以分为下列三类（依据方法的系统边界设定和模型原理）。

1）过程生命周期评价（Process-based LCA，PLCA）。该方法是最传统的生命周期评价法，同时仍然是目前最主流的评价方法（ISO，199SETAC，1993，1998）。它采用"自下而上"（Bottom-up）模型基于清单分析，通过实地监测、调研或者数据库资料（二手数据）收集来获取产品或服务在生命周期内所有的输入及输出数据，以核算研究对象总的碳排量和环境影响。根据ISO 颁布的《环境管理—生命周期评价—原则与框架》（ISO 14040）（ISO，1998），该方法主要包括四个基本步骤：目标定义和范围界定、清单分析、影响评价及结果解释。过程生命周期评价法多用于具体产品或服务的碳足迹计算。该方法的优势在于能够比较精确地评估产品或服务的碳足迹和环境影响，且可以根据具体目标设定其评价目标、范围的精确度。但是由于边界设定主观性强以及截断误差等问题，其评价结果可能不够准确，甚至会出现矛盾的结论。

2）投入产出生命周期评价（Input-output LCA，I-OLCA）。该方法克服了过程生命周期评价方法中边界设定和清单分析存在的弊端，引入了经济投入产出表。这个方法又称为经济投入产出生命周期评价（Economic Input-output LCA，EIO-LCA）法。此方法主要采用的是"自上而下"（Up-bottom）

模型，在评估具体产品或服务的环境影响时，首先“自上”进行，即需要先核算行业以及部门层面的能源消耗和碳排放水平［此步骤需要借助间隔发表（非连年发表）的投入产出表］，然后根据平衡方程来估算和反映经济主体与被评价对象之间的对应关系，最后依据对应关系和总体行业或部门能耗进行对具体产品或服务的核算。该方法一般适用于宏观层面（如国家、部门、企业等）的计算，较少应用于评价单一工业产品。该方法优势在于能够比较完整地核算产品或者服务的碳足迹和环境影响，但其受到投入产出表的制约，一方面时效性不强，因为该表间隔数年定期发布，另一方面表中的部门不一定能够很好地与评价对象相互对应，故而一般无法评价一个具体产品，同时它也不能完整核算整个产品生命周期的排放（运行使用和废气处理阶段均不核算）。

3）混合生命周期评价（Hybird-LCA，HLCA）。这是一种将过程法和投入产出法相结合的生命周期评价方法。按照两者的结合方式，目前可以划分为三种生命周期评价模型：分层混合、基于投入产出的混合和集成混合。总体来讲，该方法的优势在于不但可以规避截断误差，还可以比较有针对性地评价具体产品或服务及其整个生命周期阶段（使用和废弃阶段）。但是前两种模型易造成重复计算，并且不利于投入产出表系统分析功能的发挥，最后一种模型则由于难度较大、对数据要求较高而停留于假说阶段。

3. 低碳标准化

标准是开展碳排放相关工作的基础和依据，国际上主要发达国家的碳排放和碳减排评价制度已取得初步成果，均以健全的法律法规体系为保证，形成了诸多碳评估的第三方认证机构和标准。认证方面，如英国的标准协会（BSI）、节碳基金、SGS通标公司，德国的技术监督协会（TUV），法国的必维国际检验集团（BV），日本的品质保证机构（JQA），挪威的船级社等，都已在碳评估、碳足迹等方面形成了成熟的业务体系。标准方面，国际上以生命周期评价ISO 14040为基础形成的碳足迹相关标准主要有ISO 14064-1《温室气体　第一部分：组织层次上对温室气体排放和清除的量化和报告规范及指南》、ISO 14064-2《温室气体　第二部分：项目层次上温室气体减排和清除的量化、监测和报告规范及指南》、ISO 14064-3《温室气体　第三部分：温室气体声明审定与核查的规范及指南》、ISO/TS 14067《温室气体产品的碳排放量量化和交流要求和指南》、GHG Protocol《温室气体核算体系》、PAS 2050《商品和服务生命周期内温室气体排放评价规范》，碳中和相关标准主要有 PAS 2060《碳中和认证规范》、INTEB5《哥斯达黎加碳中和项目标准》和国际标准化组织正在研究制定的 ISO/WD 14068《碳中和及相关声明实现温室气体中和的要求与原则》，如图 4-65 所示。国内遵循《联合国气候变化框架公约》《京都议定书》《巴黎协定》的减排承诺，标准方面，我国低碳技术和碳排放评价方法学互不协调，缺乏宏观的标准体系框架，尚未建立成熟、全面的方法学体系。

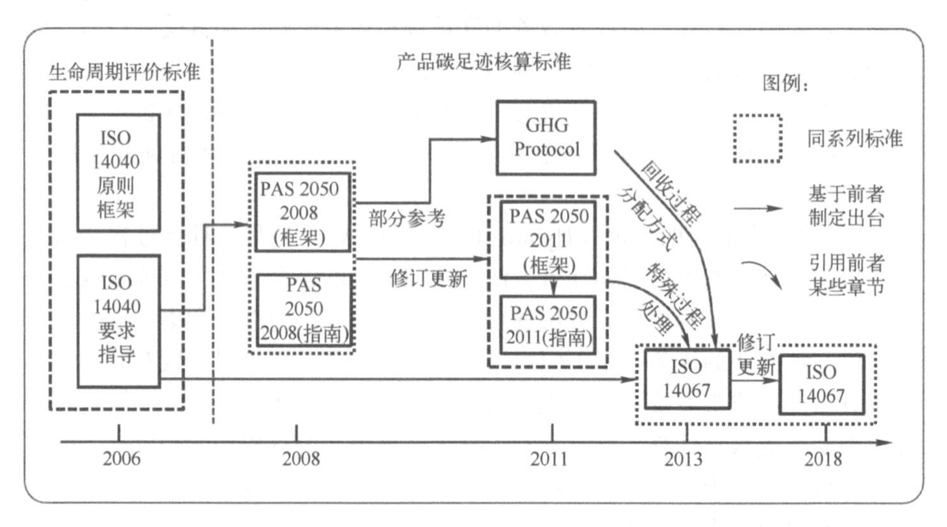

图 4-65　产品碳足迹核算标准

总体而言，我国碳核算规则逐步细化，电力碳排放核算能力初步具备。在国际气候公约的基础上，我国重点出台发电行业温室气体排放核算方法与报告指南，初步完善了核算方法和标准。现阶段电力系统碳核算较为粗放，碳监测处于起步阶段，预计 CEMS（烟气排放连续监测系统）的大范围应用或将成为我国碳排放监测的重要发展方向，并率先应用于火力发电行业。生态环境部已明确 2025 年建成碳监测评估体系。我国碳排放评估业务方兴未艾，但因起步较晚，与欧美等碳交易发达区域相比在碳计量、碳评价、碳认证等诸多方面还存在较大差距，主要表现为基础数据不准确、核查指南不健全、核算方法不完善、评估模型不统一、认证与标准化不成熟。随着"双碳"战略的逐步落实，我国在电力系统碳足迹、碳减排等方面的研究、标准和产品会逐步完善。

第5章 高比例新能源电力系统实践案例

5.1 德国能源转型实践

随着全球气候变化问题日益凸显，越来越多的国家将"碳中和"上升为国家战略，其中德国是应对全球气候变化、减少碳排放行动的有力倡导者。2000年，德国出台了《可再生能源法》，明确了能源转型的根本目标，且根据实际情况不断调整政策和可再生能源发电占比目标。在过去的20年中，其先后7次修订《可再生能源法》，涉及新能源上网电价调整、补贴分摊、并网技术管理要求、参与电力市场等多个方面，为新能源快速、健康发展提供了坚实的政策保障，并引入溢价补贴与竞争性招标机制，控制补贴规模，适应电力系统转型形势。2021年，德国全年新能源发电占比首次超过50%，部分时段甚至超过90%。2022年3月，德国新一届政府提出立法草案，计划年内再次修订《可再生能源法》，将100%可再生能源发电的目标由2040年提前至2035年。德国作为世界上最早启动能源转型的国家之一，在大力发展分布式新能源、推动高比例清洁替代的同时，保障了电网安全稳定运行和电力可靠供应，可为我国构建"以新能源为主体的新型电力系统"、实现"双碳"目标提供很好的借鉴。本节主要从德国的能源互联网、虚拟电厂、分布式光储、分布式新能源并网技术标准、平衡基团机制以及氢能战略几方面介绍德国能源转型的实践经验。

5.1.1 能源互联网

【案例1】"E-Energy"（信息化能源）计划

鉴于电能的不易存储性，传统电力供应是"以消耗决定电力生产"的模式，为适应大规模不稳定新能源电源的接入，这种电力供应模式发生了改变。2008年，德国在智能电网的基础上提出建设创新升级型能源网络——E-Energy，即在整个能源供应体系中实现数字互联以及计算机监控，涵盖了智能发电、智能电网、智能消费和智能储能4个方面，旨在推动地区和相关企业积极参与创建基于信息与通信技术的高效能源系统，以最先进的调控手段来应对日益增多的分布式能源与各种复杂用户终端负荷的挑战。E-Energy开发了基于能量传输系统的信息技术，实现了从发电机到用户消费的电力生产链各个环节的全程智能技术支持，构成全新的电力数据网络。在E-Energy下，传统的"以消耗决定电力生产"电力供应模式转变为"以电力生产决定消耗”的新模式。E-Energy 计划包括 6 个试点项目，见表 5-1。

表 5-1 德国 E-Energy 计划的 6 个试点项目

项 目 名 称	项 目 特 点
eTelligence 项目-区域一体化能源市场	运用互联网技术构建一个复杂的能源调节系统，利用对负荷的调节来平抑新能源出力的间歇性和波动性，提高对新能源的消纳能力，构建一个区域性的一体化能源市场
E-DeMa 项目-未来分布式能源系统的数字化交易	将用户、发电商、售电商、设备运营商等多个角色整合到一个系统中，并进行虚拟的电力交易，探索了分布式的能源社区中能源交易如何帮助系统运行和平衡
MeRegio 项目-基于简单信号的需求侧响应	通过感知每一位用户的负荷，定位配电网中最薄弱的环节，更好地预测、配置资源，从而降低电网的拥堵，提高配电网的运行效率
Moma 项目-城市级别的细胞电网	提出了细胞电网的概念，将城市根据不同的城区以及卫星城组合成一个个细胞，每个细胞都能独立进行平衡和优化，也能进行交互，相当于一个多级嵌套的微电网模型
Smart Watts 项目-能源互联网下的自调节能源系统	向用户传达其所用电力的来源以及用户所用电器的电力消耗水平，并将不同口径的数据都统一起来，打通了能源系统内部以及之间所有的信息壁垒
RegModHarz 项目-可再生区域能源系统	对分散风力、太阳能、生物质等可再生能源发电设备与抽水蓄能电站进行协调，令可再生能源联合循环利用达到最优

1. eTelligence 项目-区域一体化能源市场

（1）项目介绍

eTelligence 项目选择在人口较少、风能资源丰富、大负荷种类较为单一的库克斯港进行。物理结构上，该项目主要由一个风力发电厂（600 kW）、一个光伏电站（80 kW）、两个冷库（250 kW 和 260 kW）、一个热电联产电厂（460 kW）和 650 户家庭组成。项目的核心是运用互联网技术构建一个复杂的能源调节系统，利用对负荷的调节来平抑新能源出力的间歇性和波动性，提高对新能源的消纳能力，构建一个区域性的一体化能源市场。

（2）实施方案

典型的调节措施如下。

1）冷库负荷随着电价和风力发电的出力波动进行自动功率调节，真正实现面向用电的发电和面向发电的用电这两者的深度融合。

2）引入分段电价和动态电价相结合的政策，根据时段、负荷和新能源发电的情况来制定电价。

3）引入虚拟电厂的概念，对多种类型的分布式电源和负荷情况进行集中管理。

该项目基于 IEC 61850 通信标准。

（3）效果分析

经过几年的运行，eTelligence 项目取得了较好的经济效益和社会效益，主要体现在以下几个方面。

1）虚拟电厂的运用减少了 16%由于风电出力不确定性造成的功率不平衡问题。

2）分段电价使家庭节约了 13%的电能，动态电价使电价优惠期间的负荷增长了 30%，高峰电价时段的负荷减少了 20%。

3）虚拟电厂作为电能的生产消费者，根据内部电量的供求关系与区域售电商进行交易，可以降低 8%～10%的成本，以热为主动的热电联产作为电能的生产者实现电力的全量销售，在虚拟电厂的调节下，其利润也有所增加。

4）基于 eTelligence 项目设计的 OpenIEC 61850 通信规约标准已被德国业内所认可。

2. E-DeMa 项目-未来分布式能源系统的数字化交易

（1）项目介绍

E-DeMa 项目选址于鲁尔工业区的米尔海姆和克雷菲尔德两个城市，侧重于差异化电力负荷密度下的分布式能源社区建设，基本手段是将用户、发电商、售电商、设备运营商等多个角色整合到一个系统中，并进行虚拟的电力交易，交易内容包括电量和备用容量。其探索了分布式的能源社区中能源交易如何帮助系统运行和平衡。E-DeMa 项目共有 700 个用户参与，其中 13 个用户安装了微型热电联产装置。

（2）实施方案

E-DeMa 项目的核心是通过智能能源路由器来实现电力管理，既可以实现用电智能监控和需求响应，也可以调度分布式电力到达电网或社区其他电力用户。智能能源路由器由光伏逆变器、家庭储能单元或智能电表组合而成，根据电厂发电和用户负荷情况，以最佳路径选择和分配电力传输路由，然后传输电力。对于接收到的电能，能源路由器都会重新计算网络承载和用户负荷变化情况，分配新的物理地址，对其进行电力传输。对于结构复杂的网络，使用能源路由器可以提高网络的整体效率，保障电网的安全稳定。

（3）效果分析

通过在用户端安装终端设备，售电商可以整合分散的负荷和小型发电设

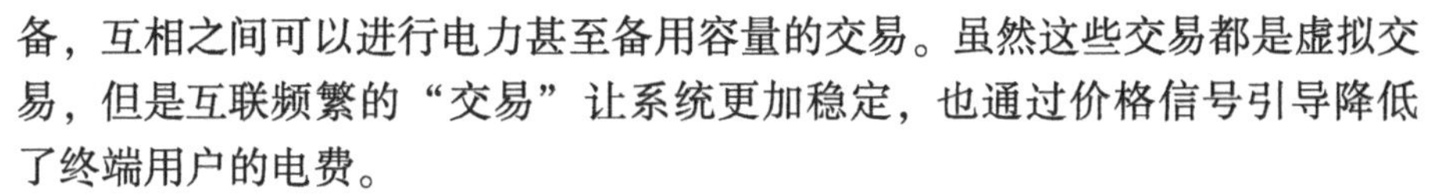

备，互相之间可以进行电力甚至备用容量的交易。虽然这些交易都是虚拟交易，但是互联频繁的“交易”让系统更加稳定，也通过价格信号引导降低了终端用户的电费。

3. MeRegio 项目–基于简单信号的需求侧响应

（1）项目介绍

MeRegio 项目开展于德国南部格平根和弗莱阿姆特两个乡间小城，那儿有比较发达的工商业。当地已有大量的分布式可再生能源接入配电网，由于配电网的网架结构比较薄弱，分布式电源的接入引起了一系列的电网问题，故此项目旨在通过感知每一位用户的负荷，定位配电网中最薄弱的环节，更好地预测、配置资源，从而降低电网的拥堵，提高配电网的运行效率。共有 1000 个工商业组织和家庭用户参与了此项目。

（2）实施方案

主要措施如下。

1）在电价方面，引入红绿灯电价制度，在这种制度中红色表示高电价，黄色代表中等电价，绿色表示低电价。

2）在负荷曲线方面，智能电表把用户的实时负荷数据上传到数据中心，建立每个用户的负荷曲线，电网公司将实时负荷数据与负荷预测系统结合，分析出下一阶段整个电网的负荷情况，定位潮流下的可能阻塞节点，再将这一信息解码为用户能够理解的颜色信号并发送到用户端。

（3）效果分析

不同颜色的电价使得用户更加注重自己的用能情况，既节省了成本也避免了阻塞。在最好的情况下，当电价从红色（高电价）变为绿色（低电价）时，用户会增加 35%的用电。

4. Moma 项目–城市级别的细胞电网

（1）项目介绍

Moma 项目开展于德国南部的工业城市曼海姆，这里有着众多的卫星城市，且能源供给很大程度上来自分布式能源。其主要贡献是提出了细胞电网的概念。

（2）实施方案

将城市根据不同的城区以及卫星城组合成一个个细胞，每个细胞都能独立进行平衡和优化，也能进行交互，相当于一个多级嵌套的微电网模型。这些细胞有不同层级，每一级的细胞都可以独立平衡，上层系统尝试减少下级细胞之间的交互，减少无用的能量交换。这个项目构建的不仅仅是设备模型，也是信息模型，这个模型让信息真正能够和设备的物理运行匹配起来。

(3) 效果分析

将电网进行细胞划分包括如下优点。

1) 尽量使得能源就近消纳，减小输送损耗。

2) 保障电网的安全，当一个细胞电网崩溃时，不至于大电网崩溃，可以立即拉停细胞电网并快速重新启动。

3) 降低了由大量分布式设备引起的电网管理复杂度，其分区、分层的特点适合未来能源发展的思路。

4) 分布式数据处理与储存提高了数据处理的实时性。

5) 有些细胞有时可保证自给自足，形式上可以与上级网络脱离开来。

5. Smart Watts 项目-能源互联网下的自调节能源系统

(1) 项目介绍

共有 250 个家庭参与了位于亚琛的 Smart Watts 项目，其目标是运用高端成熟的信息与通信技术来追踪电力从生产到消耗价值链中的每一步，进而向用户传达其所用电力的来源以及用户所用电器的电力消耗水平。

(2) 实施方案

基于动态电价开发了许多落地的软硬件应用，比如能够查看自家所有设备用电情况的智能 App，能够设定用能策略并自行追踪动态电价来控制家电的运行以及充电桩的运行。将不同家用电器、不同市场数据、不同电网数据和售电公司结算数据都统一起来的信息通用接口与转换装置 EEbus，真正打通了能源系统内部以及之间所有的信息壁垒，让所有信息都能够在一个平台上进行优化。

(3) 效果分析

实际试验的数据结果表明：在价格最低的时段，负荷上升了 10%；在价格最高的时段，负荷下降了 5%。

6. RegModHarz 项目-可再生区域能源系统

(1) 项目介绍

RegModHarz 项目开展于德国的哈慈山区，其基本物理结构为两个光伏电站、两个风电场、一个生物质发电站，共 86 MW 发电能力。RegModHarz 项目的目标是对分散风力、太阳能、生物质等可再生能源发电设备与抽水蓄能电站进行协调，令可再生能源联合循环利用达到最优。

（2）实施方案

为了实现区域100%的可再生能源供应，引入了虚拟电厂、动态电价和储能技术，并将其整合到一个系统中。虚拟电厂能够帮助管理分散的发、用电设备，甚至可以在市场上交易获得额外收入；动态电价起到了需求侧响应的效果，引导用户用能；而储能利用了电转气技术，将多余绿电转化为氢气并在需要时再转化为电力。

（3）效果分析

实现了一个时间段内的100%可再生能源供应。

5.1.2 虚拟电厂

【案例2】Next-Kraftwerke虚拟电厂运营商

（1）项目介绍

Next-Kraftwerke是德国大型虚拟电厂的运营商，也是欧洲各种能源交易所的认证电力交易商。Next-Kraftwerke成立于2009年，是欧洲建立最早、规模最大的虚拟电厂之一，总共聚合了11049台机组，联网容量9016 MW，其中包括沼气电厂、热电联产厂、水电、光伏、电池储能、电转气、电动汽车、参与需求侧响应的工业负荷。

（2）实施方案

可提供的服务如下。

1）接入平台服务。

2）市场准入和电力交易服务，包括各种欧洲电力交易所的日前和日内短期平台、平衡服务和期货平台以及场外交易。

3）调度服务，优化分布式资产的生产以带来显著的收入增长，调度控制包括装置的启动和停止、装置的功率限制等。

4）平衡服务，能连续发电、具备远程控制及快速响应能力的装置可以成为提供平衡能量的虚拟电厂的一部分，在不平衡的情况下，虚拟电厂将收到来自输电系统运营商的命令，执行功率调整以平衡偏差。

对接入装置的控制方式：Next-Kraftwerke的聚合服务由其控制系统完成，使用基于大数据（如电厂运行情况、天气数据、市场价格信号、电网数据）的智能算法，使可再生能源发电机组和工业用户更加灵活，对价格信号的响应更快。该系统既允许Next-Kraftwerke、单个资源、输电系统运营商和电力交易所之间进行通信，又能为单独资源制订计划并自动调整。通过就地单元+中央控制系统，将各参与者、各个系统集成到虚拟电厂。参与者可以通过网站、App 查看和管理系统的状态，调用系统的性能值和月收入，并下载重要文件，还可以直接在智能手机上接收来自系统的故障报告或有关平衡能源请求的通知。

(3) 效果分析

由于电力供应的迅速变化，市场价格波动很大。可操纵资产的运营商可以利用不断变化的能源价格：在价格高的时候发电，在价格低的时候让设备待运，这样既可以增加利润又可以支持电网的可持续利用。

5.1.3 分布式光储

【案例 3】分布式光储补贴政策

(1) 项目介绍

德国的分布式光储补贴政策历时 6 年，共分为两个阶段，见表 5-2。

表 5-2 德国分布式光储补贴政策

发布时间	补贴对象	条件要求	补贴标准
2013 年 3 月	与户用光伏配套的储能系统	光伏的峰值功率在 30 kW 以下 只能将最高 60% 的光伏发电送入电网 储能系统具备 7 年以上质保	30%的储能系统安装补贴 德国复兴信贷银行（KfW）的"275 计划"对购买光伏储能设备的单位或个人提供低息贷款 新安装光伏和储能系统的用户，补贴金额最高可达 600 欧元/kWp；对于在原有光伏系统基础上安装储能系统的用户，补贴金额最高可达 660 欧元/kWp
2016 年 3 月	资助对象为与光伏设备配套的固定式电池储能系统（而非光伏设备），并且只能有一个与光伏设备配套的电池储能系统可以获得补贴	储能电池搭配的光伏系统必须于 2012 年 12 月之后安装，且峰值功率不能超过 30 kWp 光伏系统回馈到电网的功率不得超过峰值功率的 50% 系统服役年限至少为 20 年 电池系统必须具有 10 年质保期 安装商必须具有相关资质	依据申请年份的不同，银行提供的补助比例也不同： 2016. 3—2016. 6：借贷补助比例 25% 2016. 7—2016. 12：借贷补助比例 22% 2017. 1—2017. 6：借贷补助比例 19% 2017. 7—2017. 9：借贷补助比例 16% 2017. 10—2017. 12：借贷补助比例 13% 2018. 1—2018. 12（KfW 申请截止日）：借贷补助比例 10%

第一个阶段是2013—2015年。在这个阶段，光储补贴政策主要为户用储能设备提供投资额30%的补贴，并通过德国复兴信贷银行（KfW）对购买光伏储能设备的单位或个人提供低息贷款，对于新安装的光伏储能系统给予最高600欧元/kWp的补贴，而对于进行储能改造的光伏系统最多可给予660欧元/kWp补贴。该政策还要求补贴对象满足两个必要条件：一是光伏运营商最高只能将其60%的发电量送入电网；二是只支持具备7年以上质保的储能系统。

第二个阶段是2016—2018年。新的补贴政策延续了上一期的机制，补贴的形式主要是低息贷款和现金补助，补贴总额约3000万欧元。与第一阶段政策不同的是，第二阶段只允许用户最高将光伏系统峰值功率的50%回馈给电网，以鼓励用户最大限度地自发自用，电网运营商承担核查功率限值的职责。另外，对于不同时间提出的申请，可申请的补贴率（补助资金相对于储能设备价格的比例）随时间递减。补贴项目的资金通过德国复兴信贷银行发放，资金来源于德国联邦经济事务和能源部（BMWI）的拨款。

（2）效果分析

从政策执行效果来看，分布式光储补贴已经推动德国成为全球最大的户用储能市场之一。2013年，德国家用和商业用储能系统还不足1万套，到2018年年底，这一数字已经增长至12万套，其中，绝大部分来自户用储能，此外，商业储能系统的安装量也在不断增长。虽然光伏规模的不断扩大使光伏上网补贴从2017年7月1日起逐年下降，德国复兴信贷银行也于2016年10月终止了用户侧光储补贴政策，但由于分布式光伏已规模化接入电网，储能系统成本又在快速下降，加之其他储能补贴政策也在陆续出台，使得德国的用户侧光储能市场在光储补贴取消的情况下依然向前发展。德国联邦政府设计光储补贴政策的初衷是为了帮助分布式储能进入市场、降低储能技术成本、促进储能的商业化应用。从目前的市场表现来看，这一目标已经实现，德国户用储能应用发展迅猛，光-储、光-储-充互补的“分布式”户用已经成为德国户用光储系统的主要构建模式，通过市场机制实现了分布式新能源与电网的灵活、有效互动。德国户用光储系统典型架构如图5-1所示。

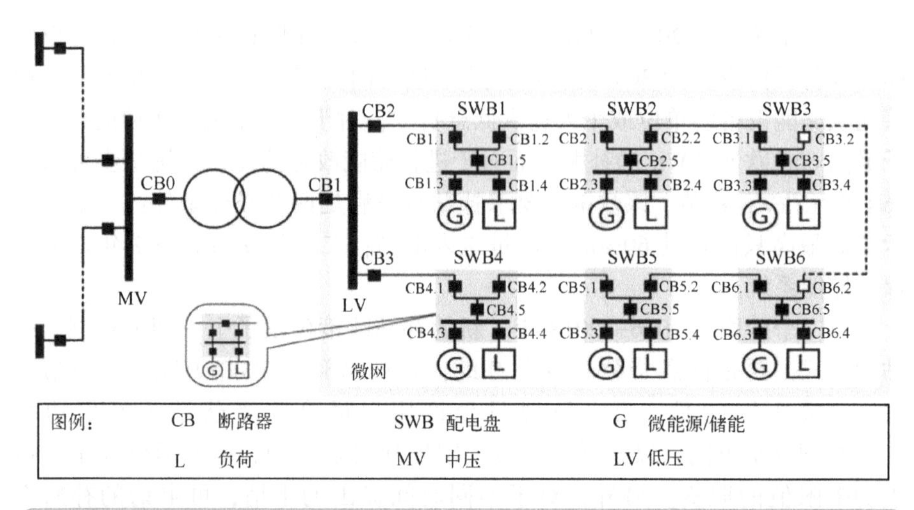

图 5-1 德国户用光储系统典型架构

5.1.4 分布式新能源并网技术标准

【案例 4】分布式新能源并网技术标准

德国作为世界上最早启动能源转型的国家之一，在大力发展分布式新能源的基础上，出台了严格的分布式并网技术标准和检测认证条例，实现了分布式光伏的可观、可控。

1. 并网技术要求

（1）项目介绍

德国可再生能源大部分是以分布式形式接入电网的。德国先后制定发布了《发电系统接入中压电网并网规范》（VDE-AR-N 4110）和《发电系统接入低压电网并网技术要求》（VDE-AR-N 4105），分别对接入低压电网和中压电网的分布式光伏提出了明确的技术要求。其中，VDE-AR-N 4110 适用于1~60 kV 电压等级，VDE-AR-N 4105 适用于1 kV 及以下电压等级，技术标准极其严格，各项指标均有详细规定，对于实现分布式电源的快速并网、确保电网的安全稳定运行有重要作用。

（2）实施方案

VDE-AR-N 4110 适用于连接至配电网运营商（DSO）侧中压电网并与该网络并联运行的发电设备的规划、建设、运行和改造，包含电能质量、频率和电压响应、有功和无功功率调节等技术标准。VDE-AR-N 4105 提出接入低压电网的分布式电源的并网管理要求，包括必须符合的监管规定、电站接入系统申请文件、电站调试验收程序等管理流程，制定了电能质量、频率和电压响应、有功和无功功率调节等技术标准。

德国中、低压标准均要求分布式新能源应具备有功频率响应能力，对响应速度和响应时间有明确要求，比如延迟时间不超过2 s，调节时间不超过20 s。故障穿越包括低电压穿越和高电压穿越：低电压穿越方面，德国标准要求的电压最低跌落深度为0.15 p.u.，故障穿越时间150 ms；高电压穿越方面，德国标准对中低压分布式新能源均提出了高穿要求。

2. 并网检测认证

（1）项目介绍

德国实行严格的并网检测认证制度，以确保分布式光伏建设质量和安全运行，对不满足要求的分布式新能源不允许并网。德国在VDE-AR-N 4105和VDE-AR-N 4110基础上，建立了分布式光伏并网检测认证采信机制，检测认证结果作为并网安全的约束条件，电网对结果具备一票否决权。

（2）实施方案

在检测认证过程中，德国要求逆变器企业依据相应标准委托第三方完成产品并网认证。分布式光伏电站业主须在电站并网前提交由第三方检测认证机构出具的电站并网性能静态仿真和动态仿真报告，并由电网公司评估合格后才准许并网，形成了相对完善的检测认证采信闭环机制。

3. 调度控制技术

可观、可控方面，德国已实现容量100 kW以上分布式光伏的可观、可控。配电网运营商通过脉动控制（Ripple Control）通信方式实现和分布式光伏的双向互动。

接入承载力评估方面，德国基于热稳定、短路电流、电能质量、电压变化等指标开展分布式新能源接入承载力评估，总体要求高，且配电网运营商有一票否决权。

5.1.5 平衡基团机制

【案例5】平衡基团机制

（1）项目介绍

可再生能源的比例越高，系统的波动性越大，系统平衡成本也越高，但德国却是个特例。根据德国联邦网络管理局统计，从2009年到2020年，德国平衡发电和用电的调频功率非但没有增加反而有所下降。德国的现货市场设计了一种平衡基团的机制，是一种以平衡基团为交易基本单位、交易和调度机构为组织实施主体的分散式市场模式。平衡基团的物理本质为平衡基团责任方代理的一系列机组和用户形成的聚合体，通过中长期、日前、日内市场交易签订物理合同，自行制定发用电计划，实现基团内部电力发用平衡。交易机构为平衡基团参加中长期、日前、日内交易搭建平台，调度机构动态评估日前、日内的电网运行风险，实时环节通过"平衡市场"和"再调度"保障电网平衡和运行安全。

（2）实施方案

平衡基团是一个虚拟的市场基本单元，在此单元中，发电和用电量必须达到平衡，当单元内部达不到自平衡时，就必须买入或卖出电量来保持平衡。平衡基团可大可小，德国任何一个参与电力交易的能源公司，都必须拥有至少一个平衡基团，平衡基团责任方可以是单纯的一家发电厂，也可以是负责给一片小区供电的能源公司。德国的平衡基团主要有四种类型：①发电企业直接代理一系列用户组成市场单元，与用户签订售电合同，以内部净发电能力或净购电需求为基准进行市场交易；②发电企业集合内部各类型机组作为一个市场单元，直接参与市场交易（和我国当前模式类似）；③售电商代理一系列用户组成市场单元，与用户签订售电合同，以用电需求为基准进行市场交易；④代理商代理一系列发电、用户资源组成市场单元，代理商代理各发用电资源参与市场交易并形成发用电计划。

根据平衡指南，每个平衡责任方必须在每个结算周期（15 min）内平衡或帮助电力系统达到平衡，同时每天预测自身区域内流入与流出的电量，并制成计划上交给输电网运营商，而输电网运营商会根据这些表格在内部平衡之后做出全区域的计划。德国存在四大输电区域，每个大输电区又由许多平衡基团组成，全国总共有 2700 多个平衡基团，用 2700 多种方式来控制平衡，可以说是一种分而治之的平衡机制。平衡基团的机制是德国电力市场设计的核心，一方面保证了电量可以像证券一样进行交易，另一方面保证了电网发电和用电的平衡，维护了电网的稳定。

（3）效果分析

平衡基团的预测和平衡控制做得越好，系统需要的平衡功率就越少。平衡基团的机制也在很大程度上促进了可再生能源预测的发展，因为每一个平衡基团都必须认真做预测，预测做得不好会直接影响平衡基团的收益。

5.1.6 氢能战略

【案例 6】氢能战略

（1）项目介绍

德国将发展氢能视为促进能源转型、实现深度脱碳目标的手段。2020 年 6 月 10 日，德国发布了《国家氢能战略》，明确提出将可再生能源电解水得到的氢作为重要能源载体，用于工业、交通等领域实现深度脱碳，同时也可以作为存储可再生能源的媒介，平抑出力波动。德国将氢能战略的实施计划分为两个阶段：第一阶段（2023 年之前），采取 38 项措施，迅速壮大并夯实国内市场；第二阶段（2024 年起），在巩固国内市场的基础上，拓展欧洲和国际市场，服务德国经济。预计到 2030 年，德国的电解制氢能力将达到 5 GW，用于制造绿色氢气（简称绿氢）的可再生能源发电装机能力为 20 TW · h。2035—2040 年，德国将再增建 5 GW 的电解制氢设备。德国从其国内氢能供需趋势研判，国际定位为氢能进口国、氢能利用技术出口国。

（2）实施方案

德国氢能的生产、储运及应用如图 5-2 所示。

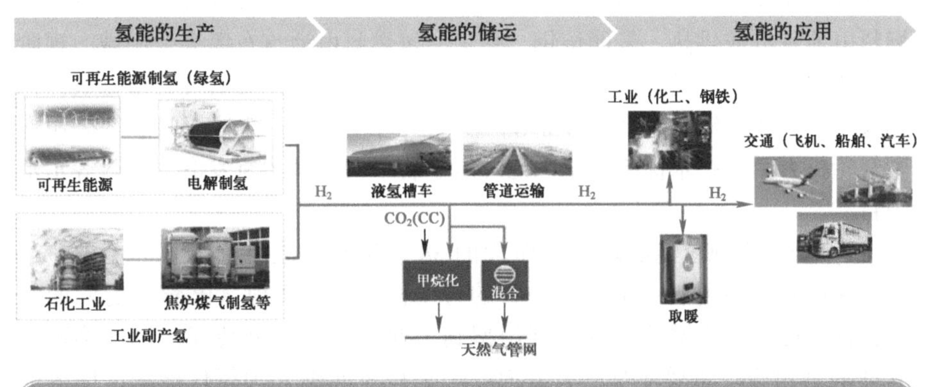

图 5-2 德国氢能的生产、储运及应用

1）氢能的生产。德国设定的制氢能源最为单一，突出强调使用绿氢（可再生能源制氢）和工业副产氢，可再生能源制氢规模世界第一。德国制定这一路线主要是由于德国油气资源匮乏，但可再生能源相对丰富，特别是北海地区的风能资源条件全球最优。2020 年，德国可再生能源发电量已经占到了该国电力消费的49.1%。南欧还有光伏电力可以供德国进口使用。此外，德国石化工业发达，工业副产氢资源相对丰富。

2）氢能的储运。

在国际运输方面，德国作为欧洲中部的陆上能源枢纽，强调建立跨欧洲的氢能管道运输系统。

在国内运输方面，近期主要研发氢气和天然气管道混输技术，利用成熟的天然气管网实现运输，后期待氢能需求增加后，再修建独立的氢气运输管道或将天然气管道改造为氢气管道。

3）氢能的应用。德国的氢能应用首先是工业领域，其次是交通领域，然后是取暖。工业领域强调在化工和钢铁行业替代传统石化原料，交通领域则强调首先发展氢燃料电池飞机和船舶，然后为燃料电池汽车。在氢气应用方面，德国燃料电池供应和制造规模世界第三，建有世界第二大加氢网络（在营加氢站60个），并且拥有全球首辆氢燃料电池列车（续航里程近1000 km）。

4）电力多元化转换（Power-to-X）理念。围绕深度脱碳和促进能源转型，德国创新提出了电力多元化转换理念，致力于探索氢能的综合应用。具体而言，在氢气生产端，利用可再生电力能源电解水制取低碳氢燃料，从而构建规模化绿氢供应体系；在氢气应用端，将绿氢用于天然气掺氢、分布式燃料电池发电或供热、氢能炼钢、化工、氢燃料电池汽车等多个领域。现阶段，德国政府与荷兰等国正在开展深度合作，重点推广天然气管道掺氢，构建氢气、天然气混合燃气（HCNG）供应网络。其中，依托西门子等公司在燃气轮机方面的技术优势，德国已开展了若干天然气掺氢发电、供热等示范项目。

5）德国实施氢能战略第一阶段的38项措施。战略为绿氢的制取、运输、使用和再利用制定了协调一致的行动框架。为实现《巴黎协定》的气候目标，促使经济增长从资源利用型到工业模式创新型转变，德国确定了38项具体措施。主要涉及三大方面：一是将氢能确立为替代能源，使氢能可持续地成为工业原材料，增强德国经济实力，保障德国企业在全球市场上的机遇；二是继续开发与之相配套的运输和配送基础设施，促进氢能的科学研究，培养专业人才，保障绿氢产业良性发展；三是抓住全球合作契机，不断完善框架条件，继续扩建氢能制取、运输、储存和应用的高质量基础设施。另外，保证氢能安全，建立国际互信，在开发绿氢技术“本土市场”

的基础上，拓宽进口渠道，建立绿氢国际市场和合作框架。

德国实施氢能战略第一阶段的38项措施中，4项为制氢领域，9项为交通运输领域，4项为工业领域，2项为供暖领域，3项为基础设施/供应领域，16项为其他领域，见表5-3。

表5-3 德国实施氢能战略第一阶段的38项措施

领域	行动计划
制氢（4项）	(1) 改善利用可再生能源发电的框架条件，合理设计能源价格构成，研究减免绿氢制取所耗电力的税费；(2) 挖掘电解槽运营商与电网、天然气管网运营商开展新型业务模式和合作模式的可能性；(3) 加大对电解槽的投资，研究用于生产绿氢的招标模型；(4) 对利用海上风能生产绿氢加大投资
交通运输（9项）	(5) 落实《欧盟可再生能源指令》，利用绿氢代替传统燃料；(6) 继续实施国家氢和燃料电池技术创新计划，激活市场对于氢能车辆的投资；(7) 至2023年，EKF（能源与气候基金，现已改为“气候与转型基金”，即KTF）提供11亿欧元用于电基燃料（特别是电基煤油和高级生物燃料）的开发和推广；(8) 促进以需求为导向的燃料补给基础设施建设；(9) 促进欧洲基础设施发展，修订《欧洲替代燃料基础设施指令》，为燃料电池汽车行驶提供更多便利；(10) 建立具有竞争力的燃料电池系统供应产业，建立氢能技术中心和创新中心，从而打造燃料电池车辆平台；(11) 支持零排放车辆在城市交通中的使用；(12) 建立基于碳排放的卡车收费体系；(13) 倡导国际统一的交通领域氢能和燃料电池系统标准
工业（4项）	(14) 加强氢能在钢铁和化工领域作为燃料的使用，推动工业领域的过程排放实现温室气体的低排放或零排放；(15) 制定“碳差价合约”试点计划，主要针对钢铁和化工行业的过程排放；(16) 增加对低排放工艺和氢能制造工业产品的需求；(17) 为钢铁、化工、物流、航空等能源密集型行业制定基于氢能的长期脱碳战略
供暖（2项）	(18) 继续实施能效激励计划，追加资金，支持高效燃料电池加热系统的采购和使用；(19) 联邦政府研究为“氢就绪”设备系统提供财政支持
基础设施/供应（3项）	(20) 全面掌握现有基础设施通过重复利用和改建再利用等方式满足氢能转型需求的可能性与可行性，制定氢能基础设施新建与改扩建的监管框架；(21) 协调电力、天然气和供暖基础设施间的耦合；(22) 在新建基础设施时，加氢站网络布局须特别注意以需求为导向
其他（16项）	研究、教育与创新（7项）；欧洲层面的行动（4项）；国际市场与合作（5项）

5.1.7 德国能源转型实践对我国的启示

总体来看，德国能源转型有很多实践案例，成效也十分显著。中德两国在很多方面存在差异，应结合自身国情，学习和借鉴其转型成功的经验。

1）在政策方面，及时修订《可再生能源法》等法律法规，提高中国《可再生能源法》的合理性、可行性和可操作性，推进中国可再生能源立法不断完善，促进可再生能源产业持续发展。合理设定可再生能源中长期发展目标，优化装机布局与投产时序，推动政府统筹做好资源灵活性调节与新能源发电容量协调规划，加快灵活调节电源建设，科学制定消纳目标。适度调整可再生能源的补贴政策，分类实施电价补贴；加强针对可再生能源研发的补贴，尽快降低可再生能源发电成本。

2）在并网技术方面，不断完善技术标准体系，强化技术标准的技术导向、技术规范和技术措施作用。全面梳理现有分布式新能源接入的相关技术标准，缩短分布式新能源并网技术标准的制定和修订周期；进一步规范接入方式，制定接入主要技术原则和典型接网方案，规范引导科学合理接入。强化功率调节、频率异常响应、电能质量监测、逆变器低电压穿越和防孤岛/防雷接地、并/离网运行、储能配置与运行等技术和安全要求。提高检测、并网、技术监督等的执行力度，提高新能源的电压、频率等涉网性能，实现与常规电源同质化管理。建立分布式新能源有序发展的评估预警机制，引导分布式新能源与电网、负荷协调发展。

3）在电力系统建设方面，加强“源网荷储”一体化，提高“源网荷储”协同主动规划、控制及管理水平，电源侧、电网侧、负荷侧、储能侧同时发力，以能接入、可消纳、可互动为目标，不断提升电力系统的综合承载力。

- 在源侧，提升新能源发电主动支撑能力。应用电压源型新能源主动支撑技术，降低宽频带振荡及暂态过电压风险，减少因稳定问题带来的弃风弃光电量，和常规电源一起保障高比例新能源电力系统稳定运行；提升海量分布式新能源全景感知及发电状态估计水平，提高分布式新能源自治-协同控制水平，挖掘分布式新能源对新型电力系统的友好支撑作用。
- 在网侧，加强输配微电网协同发展。应用特高压柔性直流、新型柔性交流、柔性低频交流输电技术，加强跨区跨省骨干电网建设。加强分布式智能电网建设，利用中低压柔性互联技术，构建配电网“闭环设计、闭环运行”模式，提高配电网一次网架灵活性；采用统一物联终端及数据平台，提高配电网可观、可测、可控能力；构建

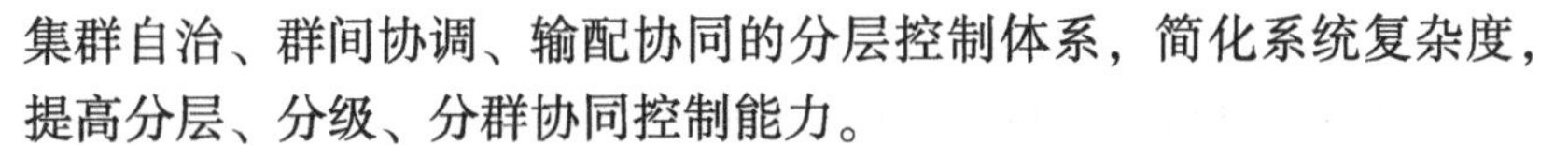

集群自治、群间协调、输配协同的分层控制体系，简化系统复杂度，提高分层、分级、分群协同控制能力。

- 在荷侧，挖掘灵活性资源调节潜力。充分发挥需求响应及虚拟电厂在保障供电安全、提升电网灵活调节能力、促进新能源消纳、提升用户能效和服务水平等方面的重要作用。精准挖掘负荷资源可调节潜力，建立分层、分级、分类需求侧灵活资源池，建立需求侧资源互动平台；构建规模化灵活资源虚拟电厂，适应由于新能源出力波动带来的电网平衡调节需求；探索需求侧资源参与电力市场的交易等机制、商业模式，促进电力市场向用户进一步开放。
- 在储侧，推动新型储能技术应用，坚持推进分布式新能源采取“新能源+储能”的开发模式，引导、鼓励社会投资建设大容量电网侧独立储能电站，并通过电力市场疏导成本。

4）在市场机制方面，不断进行机制创新和突破，建设充分适应高比例新能源电力系统特征的电力市场。完善新能源参与市场的机制，有序放开新能源参与市场，推动新能源参与电能量、辅助服务等市场，完善新能源参与市场的交易机制，以绿电交易为主要方式推动新能源参与中长期交易。完善需求侧资源参与互动机制，增强用户侧调节效果的电价优化机制，完善需求响应资金补贴和成本疏导政策，推动需求侧资源参与电力市场。健全储能配套市场及价格机制，建立抽水蓄能及电网侧储能成本疏导机制，推动储能参与各类电力市场，探索适合新型储能的辅助服务市场机制。建立“电-碳”市场协同体系，建立碳排放权交易、可再生能源配额制等多种绿色交易协调机制。

5）在氢能发展方面，氢能是一种来源丰富、绿色低碳、应用广泛的二次能源，是加快能源转型升级、培育经济新增长点的重要战略选择。我国发展氢能产业需要结合我国实际国情，综合考虑我国的资源禀赋、产业基础、技术发展、实际需求等多方面因素，明确我国发展氢能产业的目标、模式及路径。一是明确产业定位，利用氢能的特点和优势，发挥其在可再生能源消纳、增强能源系统灵活性等方面的作用，更好地与既有的各种能源品种互动，促进能源转型；二是逐步构建绿色低碳的多元化应用场景，逐步构建在交通、储能、工业、建筑等领域的多元化应用场景；三是推动技术与市场、供应与需求共同发展。遵循“需求导向、安全至上、技术自主、协调推进”原则，布局生产、储运及相关基础设施建设，推动氢能供应链各环节协同发展。在新型电力系统建设中，可以把氢能作为理想的电力能源载体，通过电制氢、氢储能、氢发电等，为电力系统发、输、配、用各环节提供支撑，促进可再生能源消纳，参与电力系统长周期（跨季节）电力电量平衡，结合氢能交通、工业用氢等场景，推动氢能分布式生产和就近利用；探索电制氢、氢发电参与需求响应、辅助服务等电网互动的运营模式。

5.2 美国PJM电力市场与能源转型

PJM于1927年成立，是由美国东部宾夕法尼亚州、新泽西州和马里兰州的三家公共事业公司组成的电力联营体。经过几十年的发展，PJM已经成为北美地区最大的互联电力系统。目前，作为一个区域输电组织（Regional Transmission Organization，RTO），PJM拥有900多家电力运营商，能够为宾夕法尼亚、新泽西、马里兰、特拉华、弗吉尼亚等13个州和哥伦比亚特区的6500万客户提供服务。

5.2.1 PJM电力市场

PJM管理着世界上最大的竞争性电力批发市场，通过系统规划和竞争性批发市场的运作，PJM在很大程度上实现了充足的电力供应。PJM充分发挥了市场的强大作用，以最低的成本吸引投资者对新技术进行投资，并通过提供财政激励和鼓励竞争来提高电力供应的可靠性。

PJM电力市场包括容量市场、能源市场和辅助服务市场，一方面，每个市场都有其独立功能，另一方面，所有市场都需要协同工作，才能为能源供应提供正确的价格信号。

【案例1】PJM容量市场

（1）项目介绍

PJM的容量市场在1998年设立，最初是采用容量信用交易模式的容量信用市场。2007年4月，PJM采用可靠性定价模式（Reliability Pricing Model，RPM）取代原有的容量信用市场后正式投入运行。

容量市场的成员由负荷资源（负荷服务商）和发电企业（容量拥有者）组成。

PJM的容量市场通过竞争性拍卖提高可靠性，确保容量资源提前3年满足系统可靠性要求。存量资源和新增资源都可以参与竞争性拍卖。

容量供给侧资源包括以下几类：外部发电资源、规划的发电资源（包括新机组和已有机组升级）、现有需求侧资源、规划的需求侧资源、用户能效资源以及获审批的输电线路升级。

负荷服务商包括当地公用事业、竞争供应商和公共电力。

2020年9月，联邦能源监管委员会（FERC）发布了第2222号令，该命令的颁布使得通过聚合连接到配电系统的分布式资源在区域电力市场上与大型公用事业发电厂的竞争成为可能，涉及的分布式资源包括太阳能、生物质能、风能、存储、需求响应和其他分布式能源（DER）。

PJM市场出清在需求曲线、供给报价曲线、位置约束和资源约束的条件下，以最小化容量成本为目标运行优化算法，从而形成各地区的容量出清价格和容量转移权（CTR）价格。需求曲线代表负荷服务商确保拍卖中的容量，位置定价反映传输限制并提高最需要的位置的容量。另外，PJM要求参与承诺的资源必须可用，并在需要时能够实时响应并履约义务，否则将面临重大经济处罚。

PJM的容量市场还提出了固定资源要求（FRR）备选方案，即允许某些负荷服务商，特别是公用事业公司，选择退出RPM拍卖，通过自供或双边合同履行其负载的容量义务。

（2）实施方案

PJM容量市场由多重拍卖市场组成，包括一个基本拍卖市场（Base Residual Auction）、三个追加拍卖市场（Incremental Auction）和一个双边市场。市场成员也由负荷服务商和容量拥有者组成。

PJM将每年的6月1日至次年的5月31日定义为一个容量交付年。基本拍卖市场在每个容量交付年前3年的5月份举行。PJM通过基本拍卖市场获得足够的容量，并将容量购买费用按负荷比例分摊给区域内的各负荷服务商（Load Serving Entity，可以理解为一个供电企业）。

在基本拍卖市场，PJM根据对3年后的负荷预测，组织容量拥有者竞价，以满足电网3年后的机组容量需求，购买容量的费用根据规则分摊给负荷服务商。PJM区域内的存量机组必须作为电源提供者参与基本拍卖市场。区外机组、规划中的机组、现存的或规划中的负荷资源，以及获得审批的输电扩容工程可以自愿选择参加基本拍卖市场。存量机组或负荷资源如果没有参与基本拍卖市场的报价，则会失去参与任何一次追加拍卖的资格。在容量市场中获得出清的机组，必须参加相应容量交付年电能量市场的竞价。

市场成员可以在第一次和第三次追加拍卖中购买容量来替代其无法履约的售出容量，比如工程的延迟或取消、现有机组的毁损等。

在目标年份的前一年，PJM 将重新进行负荷预测，如果此次预测比基本拍卖前的预测高 100 MW 以上，则组织第二次追加拍卖以补足差额，并将购买费用按规则分摊给负荷服务商。

负荷服务商可以通过双边交易市场获得其在容量拍卖中未满足的容量。

（3）效果分析

PJM 现行的容量机制从 2007 年实现以来运行平稳，有效刺激了发电侧的投资。2018 年容量市场在 PJM 的批发市场成本中占比为 20%。

【案例 2】PJM 能源市场

（1）项目介绍

PJM 能源市场确保电力在一天中（实时市场）和第二天（日前市场）满足消费者的需求。它是最大的 PJM 市场，通常占批发电力成本的 60% 左右。日前市场和实时市场都专注于以最低成本采购电力以满足消费者的需求。

能源市场的价格基于位置边际定价（LMP）。LMP 反映了电力价格以及电网各点的拥堵和损失成本，这些价格可以作为市场参与者做出未来投资决策的基准信号。LMP 较高的位置表明新的传输将缓解拥堵并为消费者提供最大的经济利益，较低的 LMP 则表明需求客户可以找到最便宜的电力。

（2）实施方案

1）日前市场。日前市场为下一个营业日采购电力，每小时电价是根据发电报价、负荷服务商的需求投标以及提交给市场的其他交易计算得出的。PJM 以最低成本的方式实现市场出清，参与日前市场出清的资源有义务在第二天提供电力，与实时市场中的清算金额存在一定偏差。

在发布日前市场结果后，PJM 执行第二次资源承诺，称为可靠性评估和承诺（RAC）运行，其中包括更新的资源报价和可用性以及更新的负载预测信息，以保障第二天的供应可靠性。

2）实时市场。实时市场或平衡市场是 PJM 采购电力并立即交付的现货市场。每 5 分钟，PJM 会向电力供应商提供调度信号，指示其能量输出应该是多少，以便跟踪供需波动并以最低成本维持电网平衡。

【案例3】PJM辅助服务市场

（1）项目介绍

PJM为二次频率响应和电力系统备用产品运营辅助服务市场。能源、储备和监管的承诺通过各种市场清算过程共同优化，从而找到最经济的资源集来满足综合要求。

（2）实施方案

1）监管市场。PJM的监管市场为参与监管的资源提供基于市场的补偿。调节市场中的资源主要有两类：一类是能够快速调整其输出的常规发电资源，另一类是具有更快调节能力的动态调节资源，如电池。市场通过能源和储备的协同优化，提前1h确定参与调节的承诺资源，来满足RTO的监管要求。调节信号则每2s发送到提供调节的资源，从而保持系统平衡和频率稳定。

2）储备市场。PJM的储备市场为参与电力系统各种运营储备的资源提供补偿。2020年5月修订的市场规则明确了在日前市场和实时市场采购以下三种储备产品：

① 响应时间为10 min或更短的同步储备。

② 响应时间不超过10 min的非同步预留。

③ 响应时间不超过30 min的二级储备。

储备产品的采购最终需要满足运营储备需求曲线（ORDC）或需求曲线要求。随着系统储备水平的降低，这些曲线会提供逐渐升高的价格信号。ORDC所需的储备量不仅考虑系统中单一最大意外事件的损失，而且计及了风能和太阳能输出、发电机停机、与邻近系统的净互换预测中固有的不确定性。

【案例4】通过市场补偿的服务

目前PJM市场中仍有一些辅助服务没有明确其补偿模式。其中一些服务根据PJM关税得到补偿，而其他服务则没有。

1）电压控制：能够提供无功功率支持的发电机以及在PJM的调度指令下重新调度资源以解决电压问题的发电机，可以通过联邦能源监管委员会批准的费率按月获得补偿。

2）黑启动能力：PJM使用提案请求（RFP）流程来评估未来黑启动资源的需求和采购，其中包括经济评估。选定的黑启动资源有资格获得补偿来抵消提供黑启动服务的成本。

3）惯性和初级频率响应：根据目前已有的规则，对提供惯性和初级频率响应的发电机并没有明确的补偿机制。

5.2.2 PJM的能源转型

在全球积极应对气候变化的大背景下，世界各国都在大力推动可再生能源发展。PJM服务于一个由不同州组成的地区，各州复杂的政策对大电网的可靠运行都有着显著的影响。这些政策有多种形式，如RPS、零排放信用、碳限额和投资计划、能源效率激励措施、电气化目标和海上风电拍卖等。PJM也在积极采取多项措施来促进可靠且具有成本效益的能源转型，在改善互联流程、探索容量市场的潜在功能、提高电力系统可靠性、PJM地区可靠输送海上风电的相关措施等方面都开展了研究。

在政策的推动下，PJM不断努力推动着能源转型，在可再生能源发电和储能增加、传统火力发电退役方面取得了一定的成效。2006年夏季高峰时段的每日燃料组合为36%的煤炭、30%的天然气、26%的核能和5%的可再生能源。相比之下，2020年，PJM在夏季每日高峰时段的燃料组合结构为43%的天然气、26%的核能、22%的煤炭和6%的可再生能源，煤电供应大幅减少。

2021年12月，PJM发布了《PJM的能源转型：分析框架》白皮书，以支持州和联邦的脱碳政策、规划未来的电网、促进创新为三大支柱，形成了PJM未来五年战略，其分析框架如图5-3所示。

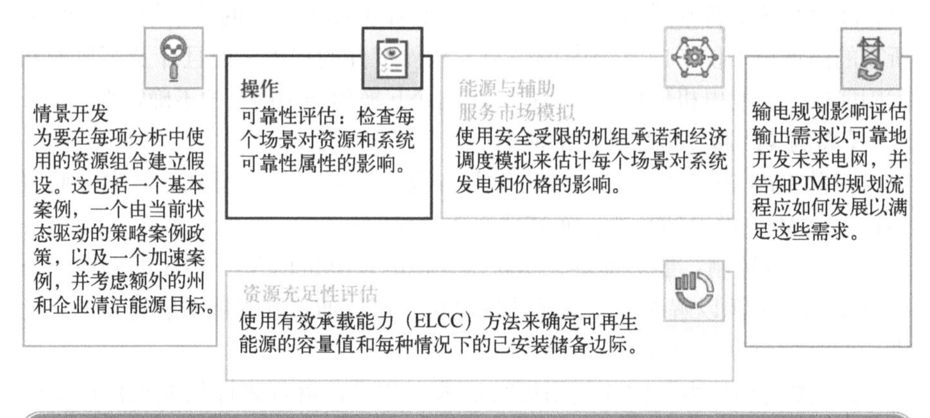

图5-3 PJM能源转型分析框架

【案例5】PJM未来发展情景

白皮书提出了PJM的未来发展情景，并以此作为研究PJM不断变化的资源组合影响的基础。

通过分析推动 PJM 各州清洁能源增长和发电退役的政府和企业政策、PJM 互联系统发展趋势以及不断发展的系统组合行业预测，PJM 提出了陆上风能、海上风能和太阳能资源不同发展程度下的三种场景。

1）基数：最新的区域输电扩展计划中预计的风能、太阳能、电池储能和太阳能存储混合资源的数量。

2）政策：基于截至 2020 年 4 月实施的国家政策，参考国家和企业 2035 年的清洁能源目标，该场景下，陆上风电、海上风电、太阳能发电规模分别为 19 GW、11 GW 和 24 GW，PJM 足迹中 22%的能源来自可再生能源发电，并能够提供高达 90%的 PJM 瞬时峰值，未来根据政策变化更新此场景。

3）加速：参考延长至 2050 年的其他州和企业清洁能源目标，此场景下，陆上风电、海上风电、太阳能发电规模分别为 36 GW、29 GW 和 55 GW，PJM 足迹中 50%的能源来自可再生能源发电，提供的能源比 PJM 的瞬时峰值多 30%。

【案例 6】五个关键重点领域

重点领域 1：正确计算发电机的容量贡献至关重要。

资源充足性决定了电力系统是否有足够的可用发电量来可靠地满足客户需求。从历史上看，每小时风险状况与需求高峰期密切相关。随着可再生资源渗透率的提高，净需求峰值（负荷减去可再生能源发电量）向日落时间移动，风险状况向晚间转移。ELCC 方法正确地捕捉到了可再生资源的容量价值，并且在能源市场模拟中没有出现过负荷事件，该方法在 2021 年 7 月得到 FERC 批准。对于 PJM 和利益相关者来说，不断改进和整合复杂的方法以准确解释所有发电资源的容量价值贡献至关重要。

一般来说，随着可再生能源渗透率的增加，它们在 ELCC 下的容量价值贡献会降低。因此，在可再生资源渗透率最高的情况下，需要在预测的峰值负载之上额外增加 78%的铭牌容量才能满足 10 年中的一年负载损失预期（LOLE）。在这些水平上，有一段时间，超过 130%的瞬时电力需求由可再生资源提供。在模拟中，超过电力需求 30%的剩余发电量被输出到东部互联网络。

重点领域 2：随着不确定性的增加，灵活性变得越来越重要。

在电力系统运行中，预测偏差的存在总是会带来一定程度的不确定性。白皮书重申了运营灵活性的必要性，以应对不确定性的增加。

直观地说，添加零边际成本的可再生资源降低了所有情景中的平均位置边际定价（LMP）（高达26%）。因此，能源市场的整体规模在资源收入和负载费用方面最多缩减了40%。PJM和利益相关者需要继续致力于价格形成机制研究，以确保系统的灵活性需求在市场上透明定价。

一般来说，与实时系统条件相一致的透明价格信号将最好地激励最佳运营和投资。辅助服务产品的远期采购可以补充实时价格信号（就像容量市场补充能源市场一样）。基于市场方法采购灵活性资源，可确保真正需要的辅助服务能够获得透明的定价和有竞争力的采购，并保障整个系统获得收益。

重点领域3：热发电机提供必要的可靠性服务，在大规模部署替代品之前需要保障充足供应。

鉴于基于逆变器的资源的行为与传统的旋转质量发电机的行为有很大不同，定性评估显示，在没有任何改革的情况下，随着可再生资源渗透率的增加，基本可靠性服务总体下降。在不同发展阶段，需要根据实际情况开展详细研究以准确评估电网稳定性。当前，热发电机提供基本的可靠性服务，在大规模可靠替代品出现之前，仍然需要充足的热发电机来保持电网稳定。PJM和利益相关者必须确保市场结构提供正确的激励措施以维持可靠性服务的充足供应。总体而言，由于东部互联网络的巨大规模（是得克萨斯州惯性的7倍），预计在短期内尚不会产生大范围影响。另外，与系统强度相关的局部弱电网问题必须在燃料混合过渡的早期得到缓解。

重点领域4：区域市场促进可靠且具有成本效益的能源转型。

白皮书研究显示，与PJM互联能够促进可再生资源整合，并在规模经济方面获得好处，地理多样性能够大大削弱不断变化的资源组合对电网基本可靠性属性的影响。例如，地域多元化与高度集中的可再生能源发电组合相比，每小时的爬坡要求减少了一半。

系统互联显示出了强大的优势。在2020年，PJM的电力输出增长了140%，其中与中大陆独立系统运营商（MISO）的交换电力流量峰值超过了20 GW，达到历史最高水平的两倍多。此外，在2021年得克萨斯州的冬季活动期间，PJM向MISO输出了超过14 GW的电力，再次显现了系统互联和发电组合多样性的重要性。

重点领域5：可靠性标准需要适时发展。

对基本可靠性服务的定性分析强调了需要加强联邦能源管理委员会

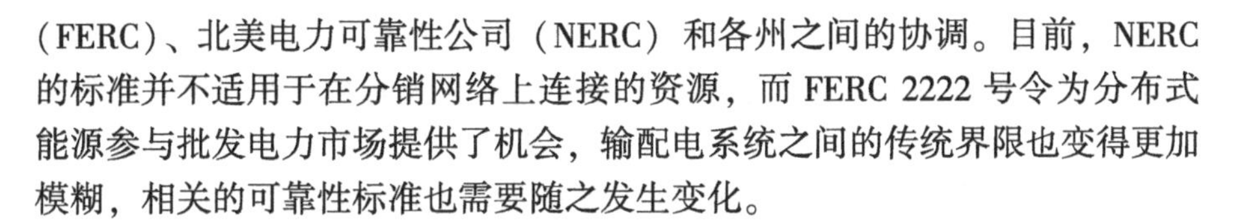

(FERC)、北美电力可靠性公司（NERC）和各州之间的协调。目前，NERC的标准并不适用于在分销网络上连接的资源，而FERC 2222号令为分布式能源参与批发电力市场提供了机会，输配电系统之间的传统界限也变得更加模糊，相关的可靠性标准也需要随之发生变化。

5.2.3 PJM电力市场对我国电力市场的启示

成熟的电力市场机制是各类市场资源得以利用的重要保障。市场机制的健全程度决定了各类主体在电力市场中的参与程度，完善的电力市场交易机制能够提供良好、广阔的交易平台，有利于充分发挥各类资源的价值。当前，我国在电力市场方面面临着现行上网电价机制无法维持火电机组生存、辅助服务费用仅在发电侧分摊而未疏导至用户侧、现行需求侧响应补偿机制难以为继、规模化储能的应用将推高供电成本等困难和挑战。充分研究并借鉴国外电力市场运营经验，探索更加适合我国国情和发展需求的电力市场体制机制具有重要意义。PJM电力市场在以下几个方面对我国电力市场运营具有启示作用。

（1）建立全国统一的电力市场体系

健全适应新型电力系统的市场机制，建立全国统一电力市场体系，加快电力辅助服务市场建设，推动重点区域电力现货市场试点运行，完善电力中长期、现货和辅助服务交易有机衔接机制，探索容量市场交易机制，深化输配电等重点领域改革，通过市场化方式促进电力绿色低碳发展。

（2）完善绿电交易机制

创新有利于非化石能源发电消纳的电力调度和交易机制，推动非化石能源发电有序参与电力市场交易，完善有利于可再生能源优先利用的电力交易机制，通过市场化方式拓展消纳空间，试点开展绿色电力交易，鼓励新能源发电主体与电力用户或售电公司等签订长期购售电协议。

（3）积极推动新兴市场主体参与电力交易

支持微电网、分布式电源、储能和负荷聚合商等新兴市场主体独立参与电力交易。积极推进分布式发电市场化交易，支持分布式发电（含电储能、电动车船等）与同一配电网内的电力用户通过电力交易平台就近进行交易，电网企业（含增量配电网企业）提供输电、计量和交易结算等技术支持，完善支持分布式发电市场化交易的价格政策及市场规则。完善支持储能应用的电价政策，促进提升系统灵活性。当前，我国电力市场的参与主体大多为大工业用户、售电公司，其根本盈利模式与需求响应程度关联不大，导致其开展需求响应的动机不足。要积极鼓励需求侧响应服务提供商（Demand Response Provider，DRP）聚合用户侧资源参与电力市场交易，从而能够更好地聚合需求响应资源进行统一调度，并使终端用户获得稳定受益。

5.3 丹麦绿色低碳能源体系构建实践

丹麦是个能源资源相对匮乏的北欧国家，除石油和天然气外，其他矿藏较少，国内煤炭，铁矿石等矿产全部依靠进口，对外能源依存度较高。但丹麦依靠得天独厚的风资源优势，在世界风电技术发展中占据重要位置，在可再生能源发展、电力系统绿色低碳转型方面取得了斐然成绩。

5.3.1 国家层面的100%绿色电力供应计划

为持续刺激丹麦能源系统持续向低碳绿色方向发展，最大限度减少能源对外依存度，丹麦从国家层面注重绿色电力供应，全面支撑高比例新能源电力系统的安全可靠运行。

【案例1】丹麦气候行动计划

（1）项目介绍

2019年12月6日，丹麦议会通过了丹麦首个气候法案，承诺到2030年将温室气体排放量减少到1990年的70%，并在2050年实现碳中和。作为支撑该法案的首批具体计划，2020年5月，丹麦政府提出了首个气候行动计划（Climate Action Plan），按照该计划，丹麦将于2030年实现100%绿色电力供应，其中50%的能源由风电、光伏和潮汐能提供，其余均来自生物质能。为实现100%绿色电力供应的目标，丹麦主要从如下6个方向布局相关产业和技术，这6个方向将成为今后丹麦能源技术国家层面发展的长期目标。

1）建造能源岛。

2）发展绿色P2X（Power to X）或碳捕获技术。

3）提高建筑物的能耗效率。

4）采用区域分布式供暖或电热泵，实现绿色供暖。

5）提高工业中的绿色能源供应占比和能源使用效率。

6）实现废物处理行业 2030 年气候中和。

（2）效果分析

2030 年之前丹麦不同行业温室气体排放量的规划数据如图 5-4 所示，从中可以看出其行动计划的预期效果，以及 1999 年以来不同行业的温室气体排放量统计数据。需要说明的是，这些数据均以 1990 年数据为基准，从而折算得到当年的百万吨二氧化碳当量。图中的数据没有考虑土地资源利用、林业等部门，因为这些部门的碳排放量需要单独计算，图中数据也根据丹麦和其他国家的电力贸易情况进行了调整。图 5-5 为 2017—2030 年，丹麦电力系统中用于区域供热的不同类型能源的消耗量。

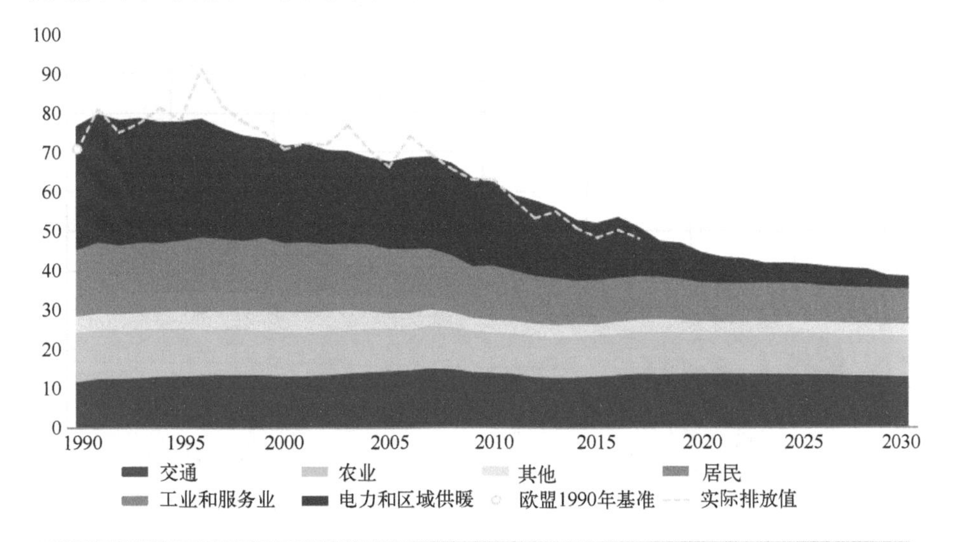

图 5-4 丹麦不同行业温室气体排放量规划数据（1999—2030 年，来源丹麦能源署）

5.3.2 大力发展可再生能源发电技术

为实现 100%绿色电力供应，丹麦充分利用国内的风、光、水、森林等资源，大力发展包括风电、光伏、生物质和潮汐能等可再生能源发电技术。图 5-6 给出了 2017—2030 年丹麦风能、太阳能光伏、生物质能和水电在可再生能源发电中的占比及发展规划。可以看出，风电在可再生能源发电中占据绝对优势，这主要得益于丹麦大力发展海上和陆上风电新技术，同时不断创新生物质能发电技术。

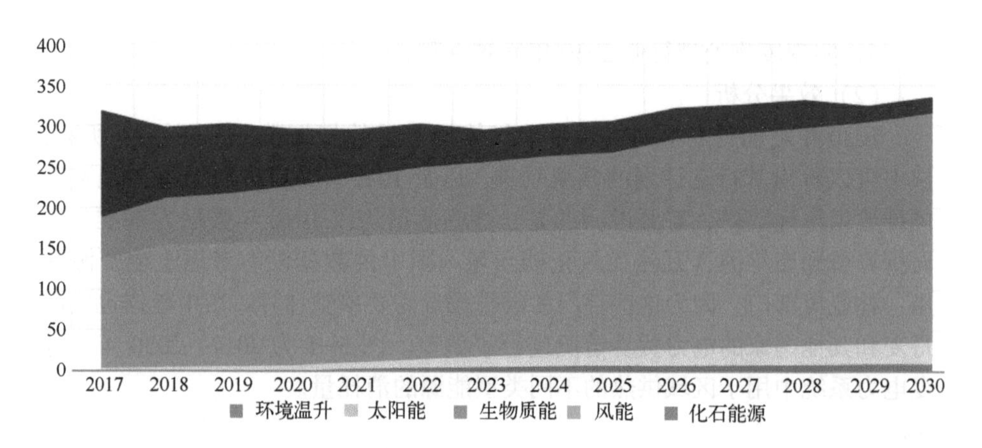

图 5-5　丹麦电力系统中用于区域供热的不同类型能源的消耗量（2017—2030 年，来源丹麦能源署）

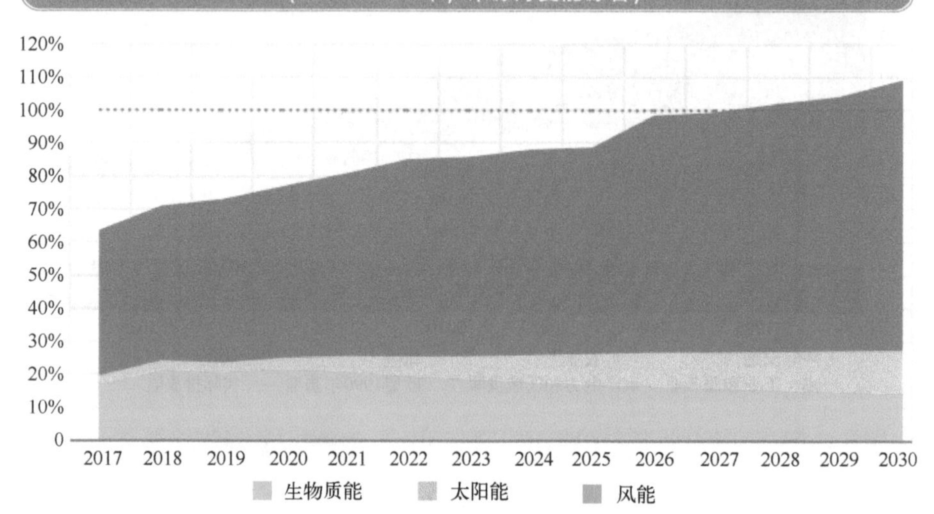

图 5-6　丹麦风能、太阳能光伏、生物质能和水电在可再生能源发电中的占比（2017—2030 年，注：水电比例非常小所以纳入太阳能中，来源丹麦能源署）

世界上第一台风力发电机就诞生于丹麦，作为世界最大的风电设备生产国之一，世界十大风机生产厂家中有 5 家在丹麦。丹麦风电行业各项标准也是全球风电行业的标杆，世界 60% 以上风机制造厂商的技术都应用或借鉴于丹麦。依托强大的技术、制造产业链，丹麦风力发电的装机总量一直都位居世界前列，人均风能拥有量居世界首位。在过去 10 年中，风能和太阳能的贡献率在丹麦电力供应中翻了一番。2020 年，丹麦的风能和太阳能发电量分别达到 16.27 TW · h 和 1.2 TW · h，约占总耗电量的 46%和 4%，加上生物质能等其他可再生能源，丹麦 80%的电力供应都来自可再生能源。按照这个发展速度，丹麦有望在 2028 年提前实现 100%绿色电力供应的目标，比原来规划的 2030 年提前两年。

在陆上风电方面，在传统风电技术发展基础上，丹麦今后的主要研究方向是缩小风电机组间距，以更好地利用场址，同时在城市规划中合理计划，为陆上风电提供装机场址。海上风电是丹麦风电的重点发展方向，全球第一个海上风电场是在丹麦首次研究建成的，在海上风电技术方面，除了研发新式发电技术，如波轮发电之外，丹麦还要在北海地区开发较大的海上风电场，如准备建造迄今丹麦最大的 1GW 的 Thor 海上风电场。

【案例 2】丹麦最大海上风电场-Thor 海上风电场

（1）项目介绍

根据丹麦 2018 年签订的相关能源协议，2030 年前建成的海上风电装机容量至少达到 2.4 GW，其中包括三个大型海上风电场，其中之一为 Thor 海上风电场。该风电场位于近丹麦西海岸的北海海域，装机容量为 1GW，预计将包括 72 台 14 MW 的风电机组，安装在水深 23～32 m 处。项目预计于 2025 年 1 月 1 日之前完成海上风电场本体建设、海上升压站建设、连接海陆的海底电缆敷设及并网发电准备工作，2027 年 12 月 31 日之前完成整个项目的并网发电。

2022 年 5 月，丹麦能源署（DEA）已经向 Thor Wind Farm I/S 颁发了一份可行性研究许可证，旨在对该项目的具体技术进行资质鉴定，以便开展风电机组、电缆等基础设计工作。丹麦 Energinet 公司已经开始进行项目可行性研究工作，其中还包括岩土取样的可行性研究，即 CPT、振岩心钻探、热导率、岩心钻探和 PS 测井等工作的可行性。同期，中标商德国莱茵集团（RWE）已选择 Thorsminde 港 Thor 海上风电场的运维基地，风电场和运维基地之间距离约 22 km，预计将于 2026 年起全面投用。

（2）效果分析

项目预计 2027 年全面投入使用，届时将成为 3 个海上风电场中最早投运的一个，为 100 多万丹麦家庭提供绿色电力。该项目总投资成本估计为 155 亿丹麦克朗，包括海上风电场建造和电网连接，整个项目没有国家资助，均由私营公司私募建造。中标商德国莱茵集团将获得为期 20 年的电价补贴，仿照英国差价合约（CFD）机制，根据招标确定的差价合约发放补贴。如果届时法律允许，项目还将被授予30年的发电业务许可，并有可能再额外延期5年。开发商将在2025—2028年向丹麦政府支付约28亿丹麦克朗（约合人民币26.9亿元），这将是世界上首个需要向国家付款的海上风电场。

【案例3】丹麦能源岛建设

为了加大对远海风能的利用，丹麦探索能源岛模式的海上风电开发利用技术。能源岛主要用于连接远海大型风电机组，建造能源岛相当于建成一个海上能源枢纽，可用于发电、储能及制氢等。以能源岛为中心，辐射式建立海上风力发电机，从而可以更高效地利用海上风能。同时，在能源岛宏观设计时横向辐射发展，可以向更远的海域继续探索，为进一步拓展远海风电开发项目打下基础。面对近海可用海域逐渐缩小、风能密度不如远海的现状，能源岛计划有望成为海上风电由近及远大规模开发的破局关键点。

（1）项目介绍

按照丹麦行动计划，丹麦2030年前将在北海建设世界上首例的能源岛两个，可使丹麦可再生能源装机容量至少增加4 GW，甚至可以达到10 GW的装机。能源岛的建立将充分挖掘北海的风能潜力和丹麦的风电优势，实现从岛上成百上千的风力涡轮机向周边北海国家分配绿色电力的供电模式，标志着海上风能发电新时代的开始。两个能源岛建成后，丹麦将成为全球首个从单体海上风场转向能源岛的国家，将为丹麦和其他欧洲国家提供更多的绿色电力，为欧洲电网创造绿色能源供应模式。能源岛还可以将剩余风电转化成绿色燃料，为航空和重型陆地运输供能。

两个能源岛中的一个位于北海距日德兰半岛约50英里的海域，到2030年将至少有3 GW的海上风电连接到丹麦和荷兰，长期容量将达到10 GW。这个人工岛距离丹麦北海海岸线约100 km，装机容量为2 GW，预期将来会扩大到不少于10GW。初始阶段将有18个足球场那么大，约合12万m^2，未来可能超过这一面积。能源岛将与200个大型海上风力涡轮机相连，这个平台除了输送大量电力，还可以容纳其他电力设施。一些富余电力甚至可通过电解将海水转化为氢气，为飞机、船舶和重工业创造可再生燃料来源。

（2）效果分析

上述这个能源岛的项目将是丹麦历史上最大的建筑工程，估计耗资2100亿克朗。能源岛利于扩建，例如可以扩建一个港口，也可以增设用于存储和转换的附近的海上风电辅助装备。根据北海能源岛的战略环境评估

（SEA），规划能源岛建设包括两个阶段。

第一阶段，将建立至少 3 GW 装机的海上风电，如果以该岛为中心增加每平方千米的电力，则可达到同一区域 12 GW 的装机增量。

第二阶段，海上风力发电总装机容量至少为 10 GW（第一阶段和第二阶段之和），若增加该区域内每平方千米的装机容量，则区域内装机可达到 40 GW（第一阶段和第二阶段）。

这个能源岛预计 2033 年左右投入使用，届时北海能源岛将至少包含 3 GW 的海上风电，以及总计至少 10 GW 的近海风电；2040 年为目标时间点，即通过增加每平方千米的装机容量，建立一个高达 40 GW 的总海上风电系统。

SEA 战略规划可超越政治协议，更具广泛性，以确保这一丹麦最大建筑工程的实施灵活性。第一阶段和第二阶段都必须考虑到 Power-to-X（P2X）工厂和其他创新技术。图 5-7 所示为能源岛概貌以及和其他欧洲国家电力的预期联络图。

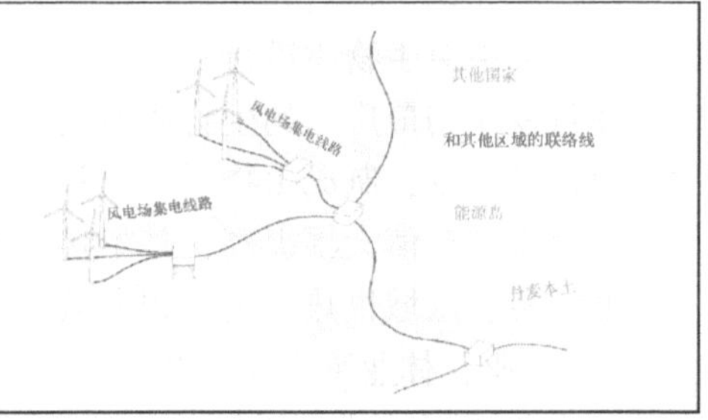

图 5-7　能源岛概貌以及和其他欧洲国家电力的预期联络图（图片来源：丹麦能源署）

另一个能源岛位于波罗的海西南部的 Bornholm（伯恩霍尔姆岛），面积为 588 km^2，人口约 4 万。建设成为能源岛之后，该岛的发电能力将提高 2 GW。同样，它将为丹麦和周边的其他欧洲国家生产绿色电力，丹麦电网运营商 Energinet 已与比利时和德国的输电运营商签署了合作协议，这意味着欧洲超级电网更接近于成为现实。

【案例 4】丹麦生物质发电厂

为了减少能源的对外依赖、提高能源供应安全，丹麦对可再生能源发展非常重视并取得了举世瞩目的成绩。自从 1988 年丹麦建设了世界上第一个秸秆生物质发电厂后，生物质燃烧发电技术在丹麦得到了广泛应用，迄今为止，丹麦仍是这一领域世界最高技术水平的保持者。丹麦已建立了130家秸秆发电厂，使生物质成为了丹麦的重要能源。为了增加生物质能的使用，丹麦修改了供热法案，鼓励大型热电厂、天然气供热厂采用生物质燃料；同时加强沼气基础设施发展，对沼气的生产和使用给予补贴。

在丹麦，生物质能利用技术有固体、液体和气体三种形式。生物质固体燃料是指将农作物秸秆或林业加工废弃物压缩成颗粒或块状燃料，这样不仅便于长距离运输，而且热值大幅提高，可代替煤炭在锅炉中直接燃烧进行发电或供热，也可用于解决农村地区的基本生活能源问题；生物质液体燃料是指将生物质通过有关技术转化为乙醇或柴油，代替石油产品用于驱动运输车辆；生物质气体燃料是指将生物质通过有关技术转化为沼气或其他合成气，可用于发电、供热或生活能源。

（1）生物质固体燃料

大部分生物质原始状态密度小、热值低，虽然不经过处理也可以作为能源使用，但无论是运输和储存，还是利用效率方面，都不能与化石能源相提并论。但如果对生物质进行一些处理，就可以有效弥补其不足，固体成型技术是在丹麦使用最广泛的生物质能利用技术，该技术通过机械装置对生物质原材料进行加工，制成生物质压块和颗粒燃料。经过压缩成型的生物质固体燃料，密度和热值大幅提高，基本接近于劣质煤炭，便于运输和储存，可用于家庭取暖、区域供热，也可以与煤混合进行发电。未经过加工的生物质（主要是农业、林业废弃物）也可以直接用于发电和供热。图5-8所示为丹麦某一生物质固体成型工厂的内部设施及外部环境。图5-9所示为生物质供热和发电系统结构图。

图5-8　丹麦生物质固体成型工厂的内部设施及外部环境

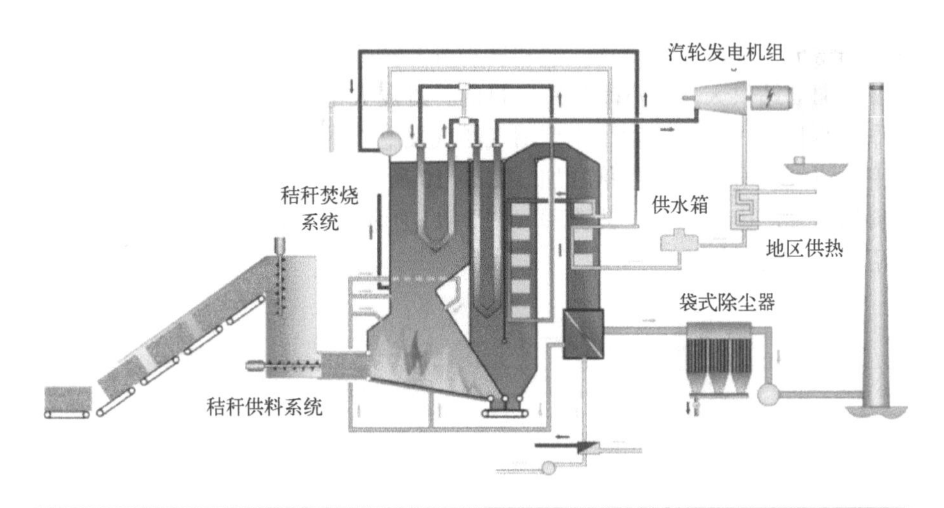

图 5-9 生物质供热和发电系统结构（图片来源：Dong Energy 2007）

（2）生物质液体燃料

在丹麦生物质液体燃料主要基于两种技术：一种是通过种植能源作物生产乙醇和柴油，目前这种技术已相当成熟，并得到了较好的应用；另一种是利用农作物秸秆或林木质生产柴油或乙醇，目前这种技术还处工业化试验阶段。总体来看，生物质液体燃料是一种优质的工业燃料，不含硫及灰分，既可以直接代替汽油、柴油等石油燃料，也可作为民用燃烧或内燃机燃料，用途较为广泛。

（3）生物质气体燃料

生物质气体燃料在丹麦主要有两种技术：一种是利用动物粪便、工业有机废水和城市生活垃圾通过厌氧消化技术生产沼气，用作居民生活燃料或工业发电燃料，这既是一种重要的保护环境的技术，也是一种重要的能源供应技术，目前，沼气技术已非常成熟，并得到了广泛的应用；另一种是通过高温热解技术将秸秆或林木质转化为以一氧化碳为主的可燃气体，用于居民生活燃料或发电燃料，由于生物质热解气体的焦油问题还难以处理，致使目前生物质热解气化技术的应用还不够广泛。

近 20 多年来，丹麦新建设的热电联产项目都是以生物质为燃料，同时，还将过去的许多燃煤供热厂改为了燃烧生物质的热电联产项目。丹麦森林覆盖率高，林木质资源十分丰富，因此，丹麦正在开发利用林木质制取燃料乙醇的技术。

另外一种生物质气体燃烧发电技术——沼气发电技术在丹麦非常成熟。

它将动物加工副产品、动物粪便和食物废弃物等生产的沼气净化后，压缩送到城市加油站供天然气汽车使用。目前，丹麦大量的公交车和轿车以这种沼气作为燃料。丹麦还开发了小型沼气燃气发电技术，大大提高了沼气的应用水平，沼气发电站数量成倍增加。图 5-10 所示为丹麦常见的以有机废料为原料的沼气厂生产利用工艺流程，图 5-11 所示为丹麦常见的生物质发电厂的沼气发生装置。

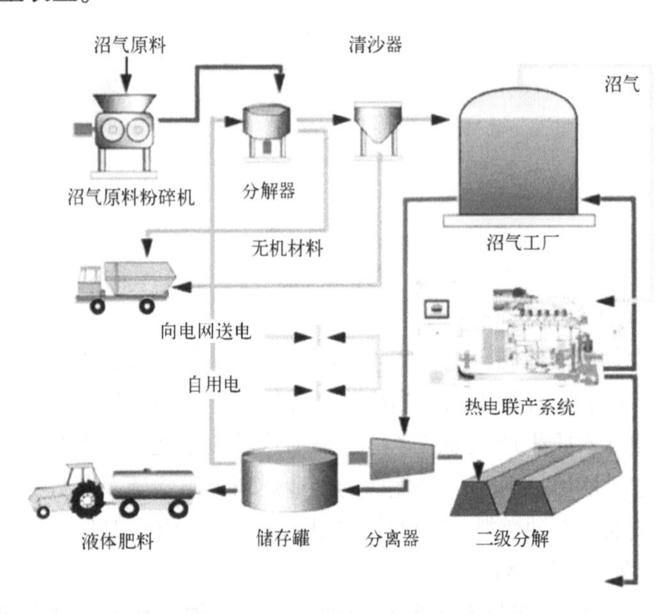

图 5-10　以有机废料为原料的沼气厂生产利用工艺流程

图 5-11　丹麦生物质发电厂的沼气发生装置

5.3.3 持续推进火电机组灵活性改造及优化

面对风电接入比例不断提高给电力系统运行带来的挑战，丹麦一直在尝试提高火力发电厂的灵活性。对于火电厂，由于部分功率需要补偿高比例风力发电所导致的功率波动，则需要电厂能够快速、经济地启动，并实现最小功率发电控制，这需要火电机组具有较高的灵活性。

【案例 5】丹麦燃煤电厂灵活性提高及优化配置实践

丹麦的基荷主要由燃煤电厂承担，火电厂的灵活性执行标准较高，在设计阶段已经是欧洲的标杆。目前丹麦在燃煤机组负荷变化率方面的标准是 4%/min，最低运行功率可达额定功率的 10%~20%，即对于额定装机容量为 500 MW 的燃煤电厂，可以每 min 增加或减少 20 MW 的输出，最低运行功率可低至 50 MW。丹麦燃气电厂的负荷变化率可达 9%P / min，最小运行功率可低至 10%P，可实现 1 h 内快速启动。

（1）项目介绍

表 5-4 概述了基于不同厂家的丹麦和德国火电厂的灵活性参数［Blum R，Christensen T（2013），Feldmüller A（2013）］。可以看出与燃煤电厂相比，燃气电厂的灵活性通常更高。开放式循环燃气轮机（OCGT）和燃气式蒸汽轮机（ST）在灵活性方面优于联合循环燃气轮机（CCGT）。从表 5-4 还可以看出，在所有机组中，丹麦电厂的灵活性平均水平比德国电厂更高。

表 5-4 丹麦和德国不同发电机组的典型灵活性参数

电厂类型	国家	技术状态	最大负荷率 /(%/min)	最低运行阈值 (%)	来源
燃煤电厂	DK	成熟	3~4	10~20	a
	DE	成熟	2~3	45~55	a
	DE	成熟	1.5	40	b
	DE	研发	4	25	b
	DE	不成熟	6	20	b
燃气蒸汽轮机（ST）	DK	成熟	8~10	<20	a
开放式循环燃气轮机 (OCGT)	DE	成熟	8	50	b
	DE	研发	12	40	b
	DE	不成熟	15	20	b
联合循环燃气轮机 (CCGT)	DK	成熟	3	50~52	a

（2）实施方案

为了确保电厂实际运行层面的效益最大化，有的丹麦燃煤电厂还应用了电厂灵活性资源优化组合配置，方法如下。

1）采集现场数据，确定各个燃煤电厂的灵活性上下限值。

2）研究未来10~20年的运行场景，优化燃煤电厂长期发电计划，预测可能出现的最大负荷波动数值。

3）评估系统中所有可能的灵活性措施及其经济效益，按照目标函数进行灵活性优先级排序。

4）根据不同目标函数，优化电厂配置组合。

5）对每个火电厂单独进行优化，并逐级迭代优化研究范围内所有火电机组的组合配置。

（3）效果分析

基于这种通过经济效益排序的优化分析，可以确保最少的人力、物力成本和各个电厂之间的协调运行，最大程度利用电厂的灵活性。

除了以上几种手段，丹麦政府还通过引入辅助服务交易市场，来鼓励大功率风电机组及海上风电等电网友好型风电机组并网的手段，从而充分优化网内灵活性资源。

5.3.4 大力推进分布式区域能源系统构建

丹麦的分布式区域能源系统是国际标杆，其国内通过推广应用该技术，不仅大幅提高了能源效率，而且实现了全国各个区域间的能源独立。分布式区域能源系统为丹麦构建国家智慧能源系统奠定了良好基础。

以行政区划或居住社区为单位，通过适应区域能源需求的能源系统和相应综合集成系统，实行地区分布式供暖、区域供冷或区域供电，以提高能源利用效率，实现节能减排。区域能源系统中的区域可以是行政划分的城市和城区，也可以是居住小区、建筑群或开发区和园区。据测算，丹麦城市供热和供冷占城市能耗总量的一半左右，所以区域供热和供冷是高效能源系统的支柱。丹麦结合各地特点，在不同区域使用多种可再生能源（生物质能、风能等）来供热、供电。在结构设计上，系统的每个环节都经过不断完善和优化，形成了一些行之有效的区域能源管理模式，例如它所实施的热计量、热网平衡和独立热耗控制联合解决方案，在高效利用能源、保证能源供应方面发挥出了重要作用。实践证明，丹麦实行区域能源发展模式的节能量

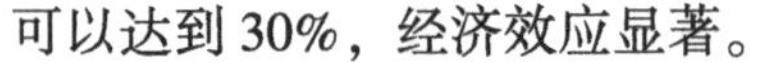
可以达到30%，经济效应显著。

【案例 6】松德堡示范效应

（1）项目介绍

松德堡位于丹麦南部，是一个中等规模的城市。城市对节能环保非常重视，投入巨大，是丹麦三大绿色低碳示范城市之一，于 2007 年启动实施“零碳项目”，计划于 2029 年年底前实现“零碳城市”目标。按照该计划，到 2029 年，整个松德堡地区在包括道路运输在内的所有能源使用实现零碳，从外部进口的能源也应是来自风电或其他可再生能源的零碳能源。能源平衡项目不涉及产品进口所产生的能耗/碳排放，以及农业和垃圾场直接排放的温室气体。

围绕这一目标，他们通过实施区域能源战略打造绿色城市和社区，如使用热泵和区域供热等技术方案降低整个城市的碳排放；在区域供热领域采用地热、太阳能、木屑燃烧驱动热泵、垃圾焚烧和秸秆焚烧供热等新热源。其目标是将松德堡市发展成为一个以节能技术、区域供热以及可再生能源技术（光伏发电和氢系统）为重点的清洁技术区域。

（2）实施方案

松德堡市重点从以下方面着手构建。

1）大力发展绿色建筑。松德堡已经建有 SIB 零碳住宅，即建筑本身自产自供所需的热能和电能。预计到 2029 年，这样的零碳建筑将在辖区内普及，所有公共建筑设施也将按照比现行丹麦建筑标准更高的能效标准建成。

2）约 55%的家庭住宅使用基于地热、生物质、沼气和太阳能的绿色集中供热；在农村地区，利用大型沼气场将农肥转换为能源，通过垃圾焚烧、风力发电机及太阳能电池板为地区供应电能，农民种植的能源作物转换为沼气或生物乙醇，并应用于非电动交通运输工具；市内的交通车辆设计为适合电动汽车行程相对较短及晚间充电的模式；实现本地可再生能源和地区内所需热能和电能的自平衡，并在一定程度上辅以离岸风能，使松德堡成为零碳地区。

3）南丹麦大学和零碳项目公司已经与本地企业联手开发新的太阳能电池技术。所开发出的新纳米技术材料将成为未来太阳能电池的重要组成部分。预计未来几年内这种材料会应用在透明、灵活的微型太阳能电池上，将这种电池镶嵌到玻璃窗上，可为室内提供照明电源。

4）激励并采取政府财政支持的方法推广农村地区居民改用热泵取暖，

代替现有的电炉、油炉及燃气炉。鼓励每个居民和企业根据能源价格和供应量自行安排能源使用时间和数量。

(3) 效果分析

从丹麦开始实施新能源发展战略以来，丹麦经济快速增长，但能源消耗总量基本维持不变，这和松德堡示范效应的推广密不可分。自该地区率先提出零碳实施路线图以来，其节能环保发展模式对整个地区乃至丹麦全国实现绿色发展产生了积极的带动作用。首都哥本哈根也按照区域能源系统模式建设，目标是到2025年成为世界上第一个实现零排放、碳中和的首都。图5-12所示为安装了世界上最大太阳能集中供热系统的丹麦马斯塔尔地区鸟瞰图。

图5-12 安装了世界上最大太阳能集中供热系统的丹麦马斯塔尔地区鸟瞰图

5.3.5 推进可再生能源消纳的P2X技术应用

作为目前唯一一种可行的大规模跨季节储能技术，Power to X（电转X，P2X）技术一直被欧洲专家给予厚望，该技术被誉为消纳可再生能源的利器、能源转型的基石、解决电网波动的关键。根据丹麦气候行动计划，2030年前，丹麦将大力推进该技术应用。

P2X的核心是利用电解水反应生产氢气，并将其与大量甲烷混合后输入天然气管道，或是进一步转化成甲烷或其他合成燃气。根据终产物的不同，又可以分为Power to Gas（P2G），Power to Power（P2P），Power to Heat（P2H）等多种形式，因此绿电除了直接应用外，通过P2X技术进行转换后也可以提供给无法直接使用绿色电力的部门，如航空、重型运输等。

【案例7】丹麦科技大学MeGA-StoRE项目（Methane Gas Storage for Renewable Energy）

2016年1月，丹麦科技大学（DTU）与Lemvig沼气厂合作开展了MeGA-StoRE项目，通过沼气厂将风电转化为甲烷气体，随后输送到天然气输送网。项目第一步是将多余的风电通过电解转化为氢气；第二步是在沼气厂中将氢气与二氧化碳进行反应生成甲烷气体和水。由于沼气中的二氧化碳浓度高达35%，沼气厂成为收集二氧化碳气体的理想场所。目前Lemvig沼气厂的测试设施在24 h内可生产24 m^3沼气。该项目将继续扩大规模，并将在未来几年应用于其他项目。

该技术通过电解池将富余电能转化为氢能，再通过甲烷化反应将沼气中的二氧化碳加氢甲烷化生成生物天然气，其工艺流程如图5-13所示。

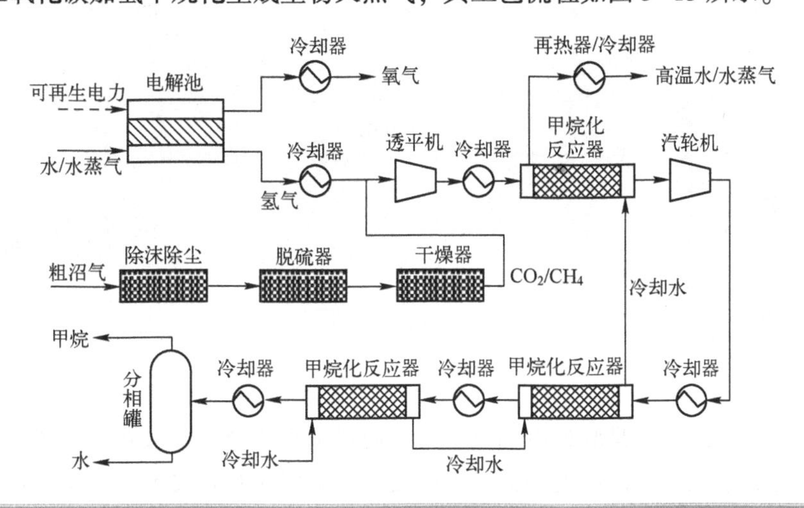

图5-13　P2X工艺流程示意图

5.3.6　推广新能源汽车与可再生能源融合应用

虽然近年来世界上大部分国家的电动汽车保有量逐年增长，但主要还是依靠化石燃料驱动的电网提供电力，交通运输部门温室气体排放量不容忽视。随着电动汽车的发展，使用由可再生能源驱动的电网为电动汽车供电，将有效减少化石燃料供电产生的污染物排放量。在丹麦，大力推动新能源汽车与可再生能源融合发展，是丹麦促进用能侧绿色发展、深入挖掘需求侧响应能力的重要手段。由于有大量的分布式可再生能源微电网，丹麦的可再生能源应用也和电网深入耦合，从而可为电动汽车和车队提供方便、快捷的动力供应。

【案例8】Parker 项目（2016年8月~2018年7月）

（1）项目介绍

丹麦 Parker 项目是全球首个完全意义的 V2G 商业中心，覆盖了多个车队、车辆和区域。Parker 项目建立在 EDISON 和 Nikola 两个项目的基础上，为了解电动汽车在支持电力系统方面的潜力奠定了基础。图5-14所示为丹麦 Parker 项目团队及实验室内部图。

图5-14 丹麦 Parker 项目团队及实验室内部图（图片来源：NUVVE）

该项目的目标是验证电动汽车可以通过垂直整合资源来支持电网，从而为本地和系统范围内的电网提供无缝支持；确保应对有关市场、技术和用户的障碍，为进一步的商业化铺平道路，并对电动汽车满足电网需求的能力进行评估。新能源汽车与可再生能源融合的应用研究，可以确保不同系列品牌的电动汽车生产厂商均采用统一的产品技术，具备和电网互动的能力，并为将来统一标准，在全球范围内推广应用该 V2G 技术做好准备。

项目主要参与方有 DTU Elektro/PowerLabDK（项目负责人）、NUVVE（集成商）、日产、PSA 集团、三菱汽车（汽车 OEM）、Insero（其他）、Frederiksberg Forsyning（车队）、Enel（充电桩）、三菱公司（技术服务），多家电动汽车制造商的多个车型参与此项目的联合测试。Parker 项目还将与 Frederiksberg 导航连接并提取数据。Frederiksberg 导航是由10台日产

eNV200汽车和10个EnelV2G充电站的实际系统组合而成的测试系统。总部设在加州的Nuvve是电力双向流动控制平台的供应商，最初该平台由特拉华大学开发，目前由Nuvve提供商业化运行支撑服务。这些合作厂商将通过系统测试和展示各汽车品牌的V2G服务来探索最可行的商业机会，从而探索确定经济和监管的潜在难点，评估该技术应用对电力系统和市场的经济和技术影响。该项目预算金额为14731471丹麦克朗，由ForskEL出资建设。

（2）效果分析

该项目研究了电动汽车向电力系统提供电力的能力，重点示范了电动汽车参与电网的频率调节服务。丹麦电动汽车参与调频服务的需求大，特别在响应时间和V2G需求方面，也是目前丹麦认为最具商业价值的服务项目。经过验证，Parker项目使用的电动汽车产品（PSA、三菱和日产）与DC V2G充电器（Enel X）技术上能够提供丹麦目前使用的所有频率调节服务，并将为电网提供更高端的需求服务。

该项目的第二个目标是开发实用的通用V2G CHAdeMO通信协议，该协议针对电动汽车和充电基础设施的技术能力，以支持V2G服务。经过验证，CHAdeMO是目前唯一支持V2G的标准。此外，该项目开发了一种测试模式，用于评估项目车辆的性能。根据测试，可以评估7种不同的性能指标，包括激活时间、设定点粒度、准确性和精度等。结果表明，所测试的车辆（日产聆风、日产Evalia、标致iOn、三菱欧蓝德PHEV）具有良好的性能，可以作为汽车模型和标准基准。

该项目的实施结果表明了开发车网融合的分布式系统的可行性，可以通过车辆的堵车管理、负载转移、调峰和电压控制等手段，同时配备高效充电器控制无功功率，最大限度地减少电网损耗。

5.3.7 丹麦绿色能源电力发展对我国的启示

近年来，我国可再生能源发展很快，特别是伴随新型电力系统的建设，风电和光伏发电规模增加。与丹麦相比，我国能源供应主要是煤炭，非水电可再生能源在能源电力消费中比重都比较低，特别是近几年北方可再生能源丰富的地区，一方面大量燃烧煤炭、另一方面许多清洁电力无法并网的不合理现象普遍存在。这也表明我国还没有建立起适应可再生能源特点的电力运行管理体系，没有建立起优先利用可再生能源的理念和意识。因此，我国能源电力发展需要借鉴丹麦经验，实现经济的绿色低碳发展。

1）风电的发展方面。作为海陆风电机组生产大国，丹麦的风电制造技术一直稳居国际前列，风电装机容量大，风电机组技术提高很快，同时是世界上第一个倡导使用风电机组技术质量认证和采用标准化系统的国家。在国内建设新型电力系统的过程中，风电的渗透率必将越来越高，为提高风电机组的并网性能，要让风电机组在高渗透系统、弱支撑系统，乃至无同步支撑系统中发挥重要作用，就必须强化风电机组制造和控制技术，从源头提升高比例新能源系统的安全稳定性，提高风电输送能力。

2）生物质能利用方面。丹麦具有丰富的生物质能利用和开发实践经验，均取得了很好的利用效益。而在我国生物质供热、发电技术还处于起步、摸索阶段。我国生物质资源以秸秆为主，小农自然经济导致燃料分散难收集、收购难、成本高，导致很难发展大型生物质发电项目。基于我国秸秆资源的分布情况，可以发展以清洁供热为主的分布式农林生物质发电项目，降低项目投资成本，缩小燃料收购半径。

3）分布式区域能源系统建设方面。丹麦大量的分布式区域能源系统促进了家庭住宅使用基于地热、生物质、沼气和太阳能的绿色集中供热，并应用于非电动交通运输工具，许多市政车辆的使用模式也可以设置为适应电动汽车行程相对较短及晚间充电的特性，从而实现本地可再生能源和地区内所需热能和电能的平衡，实现区域能源的自给自足。考虑我国偏远地区、农村和边境地区的供电，这种分布式的区域自给自足的能源系统可以作为一种解决方案。

4）数字技术的应用方面。在丹麦国家级可再生智慧能源系统中，数字技术是可再生能源发电高性价比集成的基础。通过数字化建立耦合的能源系统，结合大数据分析、人工智能和信息物理系统，这使得以更低的容量成本实现更大比例的可再生能源开发成为可能，所以我国还是要加快国网云、数据中台、电网资源业务中台等数字化平台的建设，推广网上电网等业务应用，深化新能源云应用，建设能源大数据中心，开展人工智能、大数据、区块链等新一代数字技术的融合应用与创新，拓展“双碳”能源数字产品。

5.4 中国新型电力系统实践

5.4.1 配电侧新型电力系统实践

【案例1】镇江扬中整县光伏接入配网先导示范工程

扬中是全国高比例可再生能源示范城市，有“绿色能源岛”之称，光伏发展基础好。2021年，扬中电网最大负荷为39.6万kW，光伏装机为24.5万kW，装机渗透率达61.9%，为江苏省第一。台区与中压线路光伏倒送现象普遍，节假日期间存在220kV变压器倒送主网现象。

该工程选取扬中新坝镇城镇场景与油坊镇农村场景下各2 km^{2}典型光伏倒送区域，开展“近区消纳型”“绿电存储型”新型电力系统建设，试点应用柔性互联、分布式储能等新技术，深化融合终端、光伏开关等设备应用，解决区域内光伏消纳难、能效低等技术问题，打造整县接入配网样板工程。

（1）低压柔性互联工程

扬中新坝镇建新村光伏安装条件优越，单台区光伏容量远景可超400kW，届时配变将存在倒送超容风险。该工程在村内的典型光伏高渗透率台区与邻近的高负荷台区之间建设低压柔性互联装置，实现各台区的负载率均衡控制，可使光伏高渗透率台区配变午间最大倒送负载率由107%降低为70%，有效削减了倒送高峰，在避免增容改造的同时实现光伏近区消纳，如图5-15所示。

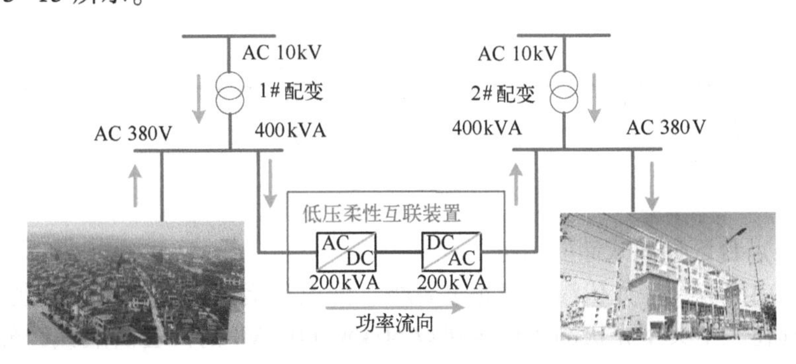

图5-15 扬中低压柔性互联工程

(2) 光储充直柔微电网工程

随着扬中光伏与电动汽车规模快速扩大，直流源荷分布更加密集。针对这一问题，在扬中电气工业品城建设光储充直柔高效微电网，微电网包含分布式光伏发电系统、直流充电桩、钛酸锂电池储能系统和低压柔性互联装置，保障光伏、储能、充电桩的直流接入与就地消纳，实现绿电存储，平抑快充尖峰，支撑电网一次调频，如图 5-16 所示。

(3) 三端口中压柔性互联工程

扬中 10 kV 联南线大量光伏倒送，未来最大倒送负载率可达 45%。在 110 kV 新坝变电站内建设 3 MW/1.5 MW/1.5 MW 三端口中压柔性互联装置（见图 5-17），连接来自 110 kV 联合变的 10 kV 联南线和 10 kV 联春线末端与来自新坝变的 10 kV 新江线首端，通过线路间功率互济，缓解光伏溢出线路的倒送压力，避免线路增容，降低倒送电能跨多个电压等级传输造成的损耗。依托中压互联与线路配电自动化配合，还可实现故障隔离后的负荷快速转供，进一步提升系统供电可靠性。

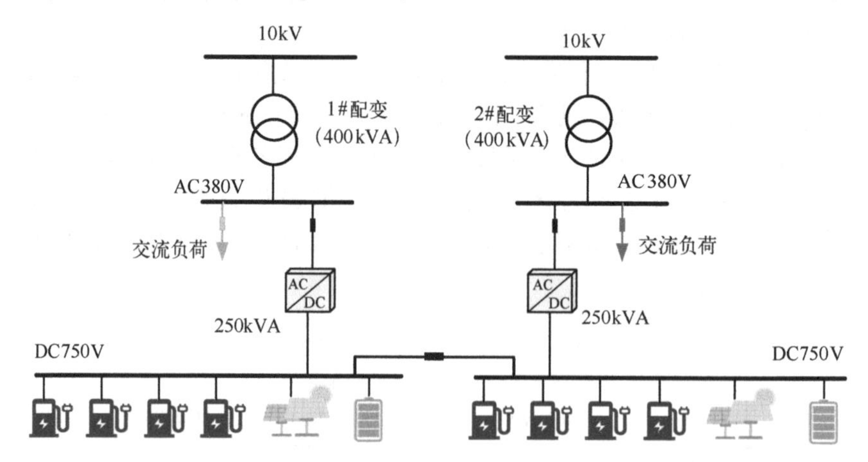

图 5-16　扬中电气工业品城光储充直柔微电网

(4) 台区分散式储能示范工程

扬中部分台区光伏渗透率超过 80%，配电网运行时潮流倒送问题严重。该工程在三个典型光伏倒送台区建设 50 kW/60 kWh 的两套磷酸铁锂分散式储能系统和一套固态电池分散式储能，如图 5-18 所示。台区分散式储能可以通过存储白天盈余光伏，减少台区倒送 10 kV 线路的功率，在夜间对负荷供电，实现台区全"绿电"消纳。当中压线路发生故障或停电检修造成台

区外部电源缺失时，分散式储能可进入离网运行状态，保障台区3~5 h的供电，提升台区供电可靠性。

图5-17　扬中环网柜式三端口中压柔性互联装置

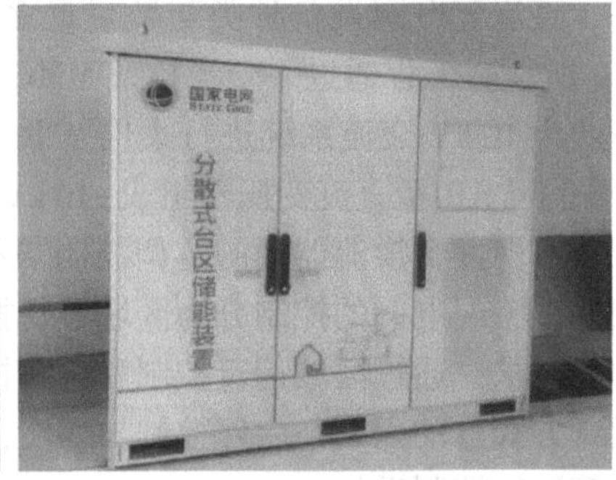

图5-18　扬中台区分散式储能

（5）分布式资源管控系统

建成分布式光伏可观可测平台，选取扬中调度管辖的光伏电站为基准站，根据基准站的出力实时监测数据，估算扬中县域分布式光伏实时出力并进行短期/超短期预测，预测精度可达90%。开展基于融合终端的台区分布式光伏分钟级监控方案试点，包括“集中器-融合终端”本地交互方案、新型融合终端直接采集方案、光伏智能开关方案和即插即用单元方案等。逐步实现分布式光伏“可观、可测、可控、可调”，支撑系统安全运行与台区安全检修，如图5-19所示。

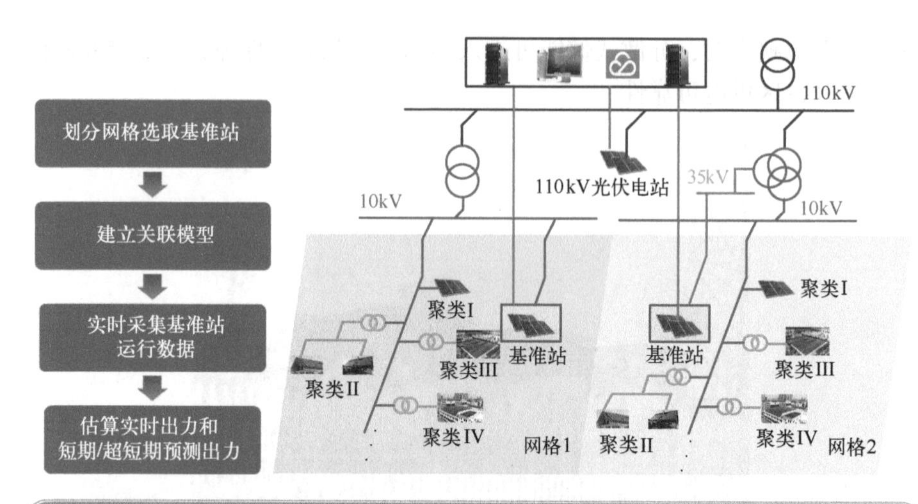

图 5-19　基于基准站的县域分布式光伏观测技术

【案例 2】吴江中低压直流配用电系统示范工程

苏州吴江中低压直流配用电系统示范工程是世界规模最大、涵盖应用场景最多、直流配电网设备种类与数量最多的直流配用电系统示范工程，如图 5-20 所示。工程通过一个半桥型 MMC 和一个混合桥型 MMC 的交直流换流器将两个 10 kV 交流系统进行柔性互联，并通过多台混合式直流断路器/负荷开关和 DAB 型直流变压器组成±10 kV 的中压直流配电网与±375 V 的低压直流用电网。各换流器间的协调控制与故障恢复是整个工程的控制大脑。中压交、直流配电网的控制分为区域运行控制和协调控制，根据系统运行方式及功能需求，通过区域运行控制和协调控制的策略配置实现中压直流骨干网架运行方式自动识别、启停控制与切换，以及合解环控制、检修控制、故障恢复等运行控制操作。

【案例 3】四端口柔性互联主动配电网

苏州四端口柔性互联主动配电网位于苏州工业园区，采用柔性直流互联技术实现中压配电网花瓣式接线瓣间合环运行，实现能量多向柔性控制、均衡负荷和连续负荷转供，提升供电质量和供电可靠性，实现系统结构可靠建设目标，如图 5-21 所示。该工程还助力园区资源高效利用，对多样性能源建立适用于工业园区的多能互补集成微电网系统，结合灵活可靠的系统结构，充分协调利用地区多种能源，大大提升多能利用效率，推动资源高效利用。它针对园区的绿色能源，规划并预留基于模块化、规范化、标准化的分布式电源、多样性负荷及储能等设备的交直流即插即用接

口，实现可利用资源的合理接入，体现环境影响绿色的示范意义。

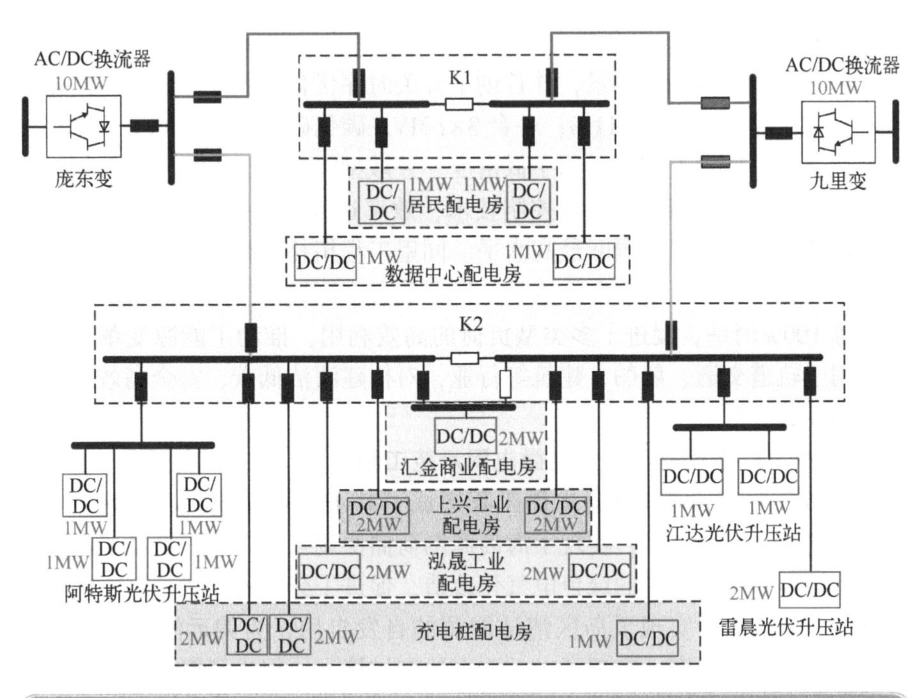

图 5-20　吴江中低压直流配用电系统示范工程

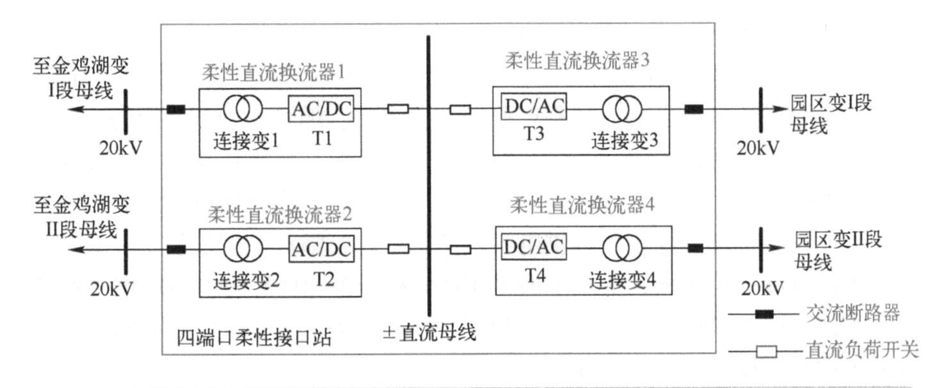

图 5-21　四端口柔性互联主动配电网

【案例4】同里综合能源小镇

同里综合能源小镇是江苏省政府和国家电网公司共同打造的未来城市能源示范园，两台3 MVA电力电子变压器（PET）灵活组网、高效运行。其中一台3 MVA硅基电力电子变压器采用大容量集中式技术方案，适用于高密度、集中型能量调配场景，并首创了开关时序优化、零序电压注入的损耗抑制技术，效率达到97.11%；一台3×1 MVA碳化硅电力电子变压器采用了小容量分体式技术方案，适用于低密度、分散型能量调配场景，并首创了分体式电力电子变压器高效运行控制技术，效率达到98.50%。两台电力电子变压器的效率均为目前国际最高水平。同里工程拓扑结构如图5-22所示。

同里工程提供了基于电力电子变压器的交直流灵活组网方案，实现了清洁能源100%消纳，促进了多类型负荷的高效利用，推动了能源变革，可广泛应用于轨道交通、船舶、建筑等行业，对构建清洁低碳、安全高效的现代能源体系具有重要价值。

【案例5】连岛交直流海岛微电网示范工程

2019年，连云港连岛微电网工程建成了基于四端口500 kVA电力电子变压器的交直流微电网，实现了海岛源网荷储协调互动。工程推动了沿海旅游、渔民等多应用场景的绿色电气化改造，促进了分布式光伏、潮汐能等多类型能源的接入，实现了岛区清洁能源的自发自用，为偏远海岛提供了经济、高效的供电方案，实现了电动汽车快充桩接入，促进了服务互动化、运营可视化、充电便利化，实现了经济效益和环境效益双赢，如图5-23所示。

【案例6】大江东三端口柔性互联工程

杭州市萧山区东北部的沿钱塘江区域，包括“三城一区”，总面积为500 km^2。大江东新城坐落于此，它是杭州市乃至浙江省实现产业转型升级、推进科学发展的重要平台，现有产业以工业为主。随着各种新能源的接入及各类大型工业园区的兴建，大江东新城对供电容量、供电可靠性、电能质量的需求不断上升。为综合提升该区域的供电可靠性、供电质量，解决产业升级、工业发展带来的存量配网供电容量不足问题，浙江电网建设了江东新城智能柔性直流示范工程，实现了两个10 kV和一个20 kV的中压配网系统柔性互联，如图5-24所示，解决了20 kV配网增容扩建难题，为不同电压等级的柔性互联提供了技术支撑。

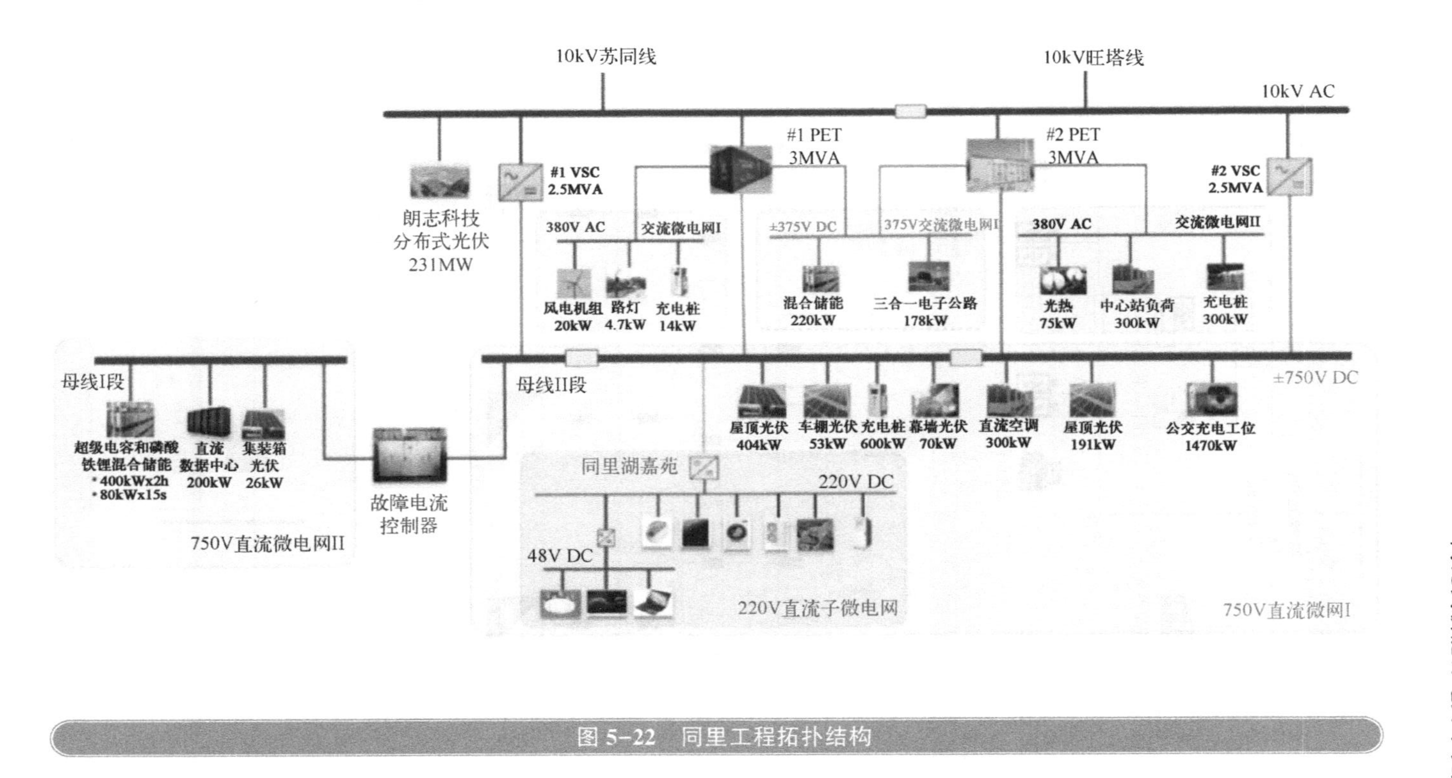

图5-22 同里工程拓扑结构

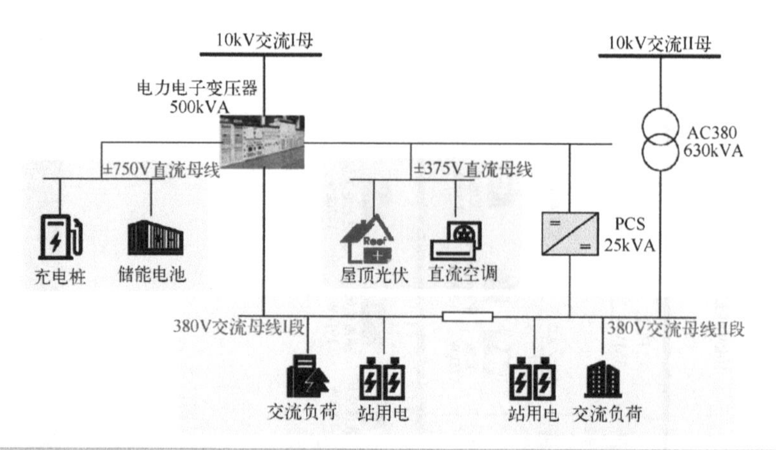

图 5-23　连岛工程拓扑结构

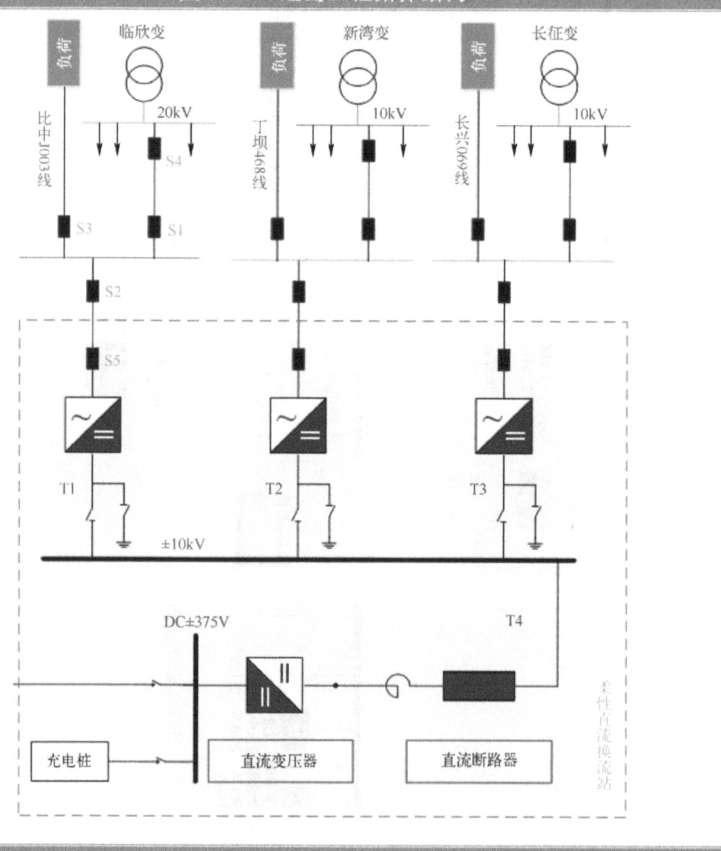

图 5-24　浙江跨电压等级柔性互联

柔性互联实现了三条存在电压差和相位差的供电区域互联互供，提高了20kV供区向高负荷率10kV供区的转供能力，通过与现有配网调控措施的有机结合，进一步实现了潮流的主动精准控制以及周边分布式光伏的最优利用。

5.4.2 全清洁能源供电实践案例

能源是经济社会发展的重要物质基础。进入21世纪以来，化石能源大量开发利用带来的资源紧张、环境污染、气候变化等问题日益突出，随着以清洁、低碳、高效为特征的新一轮能源革命蓬勃兴起，能源生产清洁化和终端消费电气化成为重要趋势。近年来，我国能源事业发展在取得举世瞩目成就的同时，也面临着传统能源产能过剩、能源开发利用效率不高等突出问题。随着能源生产与消费格局的深刻变化，资源和环境生态约束日益趋紧，控制以化石能源为主的能源消费，提高清洁能源在能源供给中的比重，实现2030年碳达峰、2060年碳中和目标，已成为国家中长期战略。习近平总书记在党的十九大报告中指出，推进能源生产和消费革命，构建清洁低碳、安全高效的能源体系。2016年8月，习近平总书记在视察青海时做出重要指示："使青海成为国家重要的新型能源产业基地"，为青海清洁能源产业发展指明了方向。2021年6月，习近平总书记再次视察青海时指出，保护好青海生态环境，是"国之大者"。为全面贯彻"四个革命、一个合作"能源战略，聚焦炭达峰、碳中和目标，深入探索和推进能源生产、消费革命实践路径，青海2017—2021年连续五年在全省范围内开展促进绿色发展的全清洁能源供电实践。青海基于能源大数据中心，创新引入实施新机制、深化应用新技术、突出市场化交易新模式，发挥大电网优势，实现全清洁能源供电的统一调度，为推进能源生产、消费能源技术革命、能源体制革命，助力青海实现"双碳"目标具有深远的现实意义，对于全国乃至全球清洁能源的持续发展都具有重要示范意义。

【案例1】清洁能源技术开发与应用

1. 多能互补协调控制技术

（1）技术介绍

以新能源和负荷短期、超短期功率预测为基础，实施水、风、光多能协调控制，水电快速跟踪响应，实现新能源优先发电。利用多能互补协调 AGC（自动发电控制）系统，通过对调度区域内发电机组有功出力的自动调节，使得系统频率和（或）联络线交换功率维持在一定的目标范围内，以满足电力供需的实时平衡。嵌套断面下的光伏有功控制策略根据大规模光伏送出断面的树状、多层嵌套和有功功率单向性的特点，在给定断面分层结构的条件下，采用广域分配光伏调节功率、深度优先搜索越限断面和发电能力转移的方法实现多层次断面调节功率的分配，根据电网的运行状态实时调节各个光伏电站的有功出力，使各个光伏断面功率维持在设定限值附近，不仅可以提升电网断面利用率和电网运行经济性，而且可以减轻实时调控压力。青海电网嵌套断面简要结构示意图如图 5-25 所示。

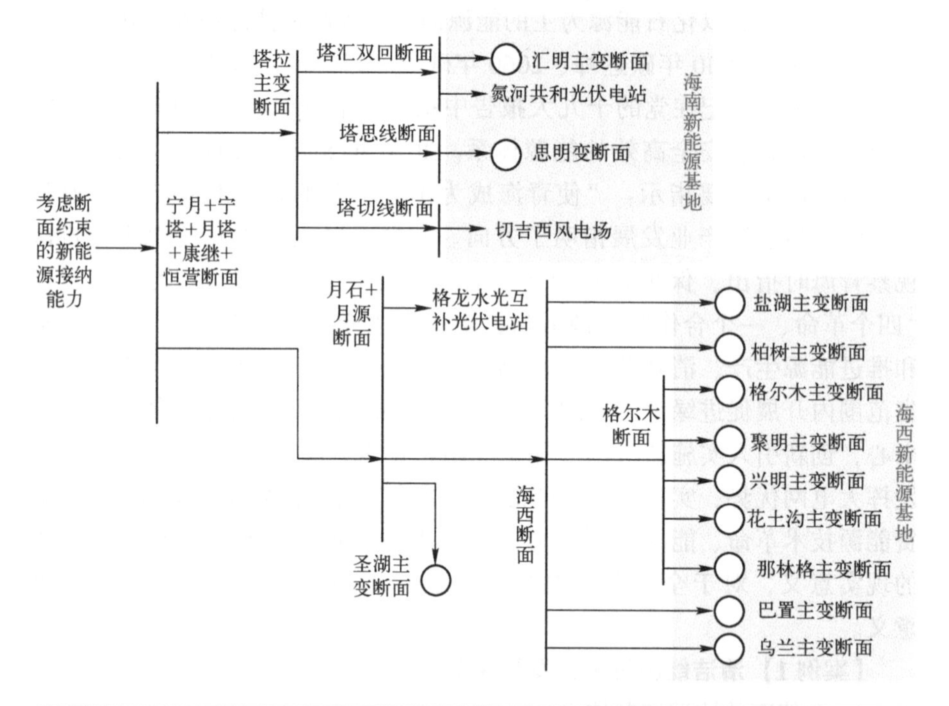

图 5-25 青海电网嵌套断面简要结构示意图

（2）实施方案

1）断面受限出力转移。当底层断面受限，而全网对新能源仍有接纳空间时，系统会将底层断面受限部分的调节量转移给全网其他有送出空间的断面，在保证各层断面均在安全限值内运行的同时，最大限度避免了不必要的限电。

2）场站发电能力转移。当某个场站不具备发电能力时，为充分利用断面裕度，应及时将其剩余调节空间转移给其他有能力的场站。系统在一个控制周期内会对各场站的指令进行多轮计算，保证最终的指令值既能满足所有相关断面的安全约束，又能使该场站的发电能力得以充分利用。

3）计算新能源接纳空间时还引入了西北分调机组的调频容量参数，实现了根据网调机组总有功及地理联络线计划实时调整新能源最大接纳能力的功能，确保新能源出力增加不会侵占网调的安全调频备用。

上述方案的控制策略通过发电能力转移、限电控制等方式保证了全省新能源的最大化消纳，极大提高了断面的功率利用率。图 5-26 所示为新能源控制策略框图。

实时柔性控制的突出特点是“实时”，实现对电网断面潮流、负荷、新能源出力的实时监控，根据各电站上送的最大发电能力，在满足电网安全稳定运行的前提下，在线实时评估各断面的传输裕度，优化调整新能源电站出力计划并实时执行，使得新能源出力最大化。

（3）效果分析

根据断面裕度实时调整光伏电站出力指令，使光况好的光伏电站尽量多发电，从而在保证断面潮流不越限的基础上尽可能多地接纳光伏，在新能源大发时段，省内及省间送出通道利用率达到 99.5%，同比提升 1.5 个百分点。

2. 市场化共享储能技术

（1）项目介绍

坚持以共享推动共建，以共建促进发展，以发展实现共赢，通过积极引导共享储能市场化交易模式，应用区块链技术，省内新能源企业和符合准入条件的储能电站可以参与市场化交易，在光伏超发即将产生弃电时进行储能，在用电高峰和新能源出力低谷时释放电能，提升新能源消纳能力和电网调峰能力，促进资源优化配置，图 5-27 所示为共享储能应用平台展示图。

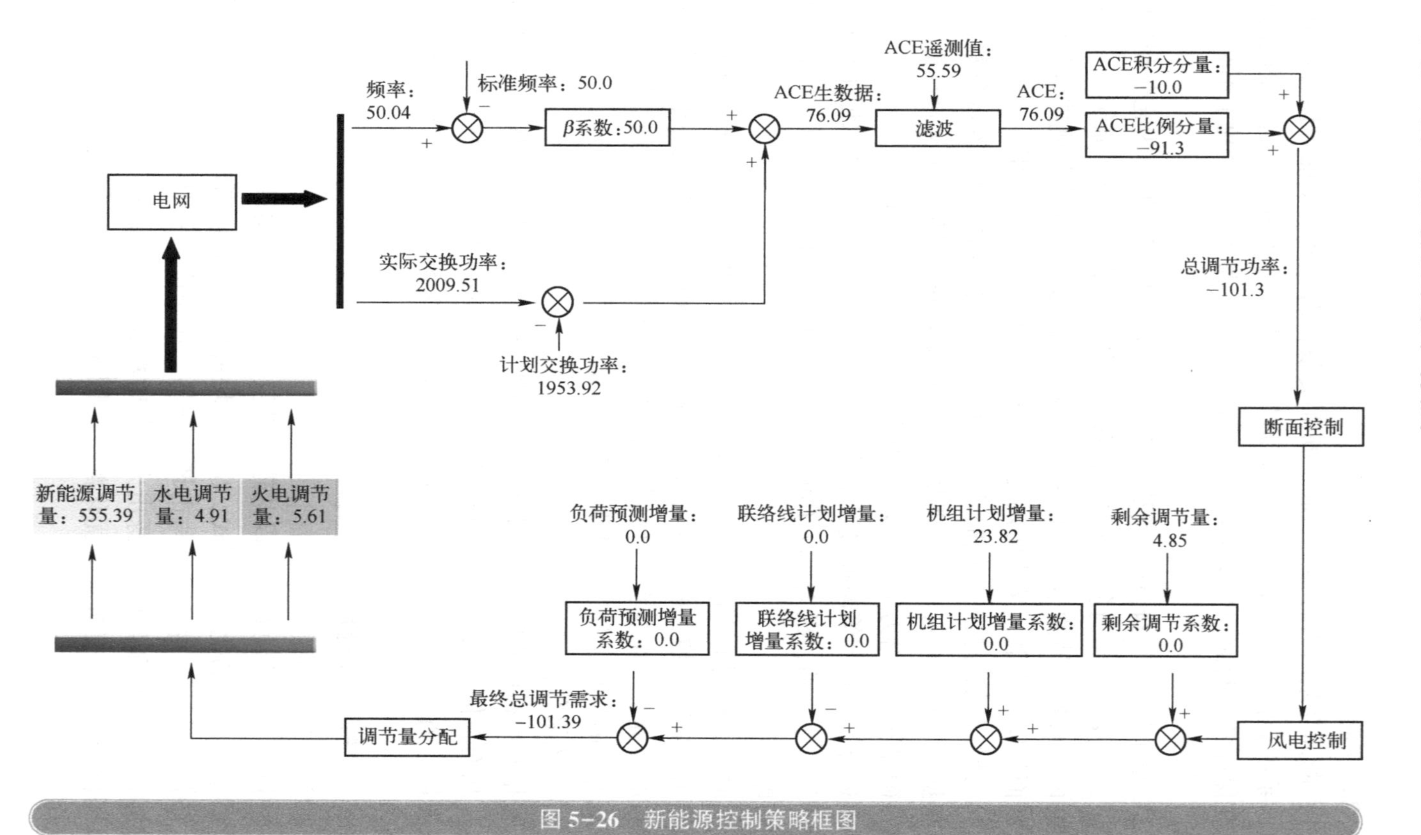

图 5-26　新能源控制策略框图

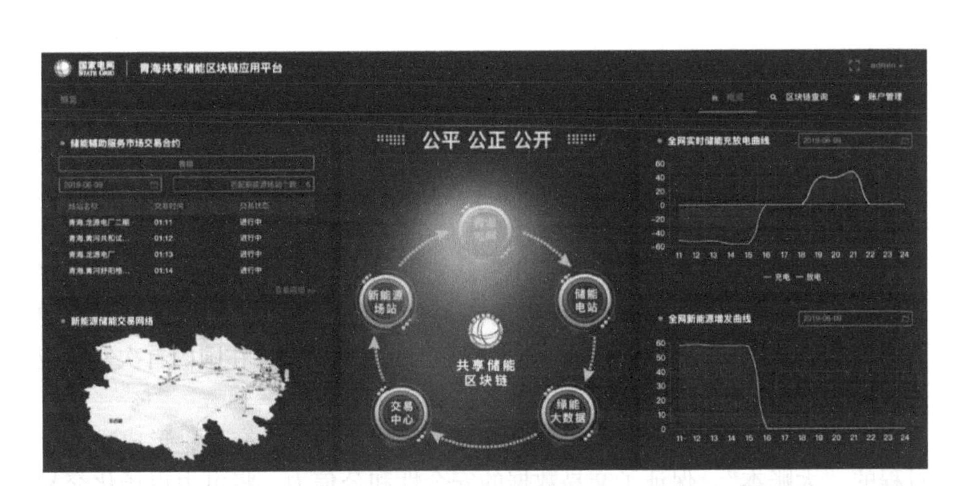

图 5-27 共享储能应用平台展示图

（2）实施方案

1）创新提出共享储能理念。秉持“开放共享、全员参与”理念，创新提出“共享储能”理念，将源、网、荷各端储能资源整合起来，以电网为枢纽进行全网配置，共同吸收弃风弃光电量，促进新能源消纳。

2）规范共享储能市场化运营机制。提出市场化交易和电网调峰调用两大运营模式，首次将共享储能作为主体纳入市场，在传统的网侧、发电侧和用户侧储能之外提出了一条储能参与辅助服务市场的全新路径。

其中，市场化交易指新能源和储能通过市场竞价形式达成交易时段、交易电力、电量及交易价格等交易意向。新能源批复电价为每度 1.15 元，储能按每度 0.8 元帮助其存储原本弃掉的电，新能源每度还可获得 0.35 元，在降低弃风弃光的同时，双方共同获利。电网调峰调用模式指当市场竞价交易未达成且新能源调峰受限时，电网直接对储能进行调用，在电网有接纳空间时释放，以增发新能源电量。按每度 0.7 元支付的储能费用由受益新能源分摊。在青海的积极推动下，两种运营模式均获得能源监管局批准，写入《青海电力辅助服务市场运营规则》并对外正式发布。

3）搭建共享储能市场化运营交易平台。交易平台运用区块链技术构筑能源公平交易与安全管控，通过市场化分配实现多方共赢。智能发电控制平台根据交易平台的出清结果实现储能和新能源点对点精准功率及电量交易控制。区块链平台针对共享储能交易数据、电量充放数据进行分布式存证，形成交易“大账本”，为交易结果的日清分、月结算提供安全可信的结算依据。

（3）效果分析

1）构建了国内首个完整的储能市场化运营体系。青海省调首创的储能辅助服务调峰市场化机制，为共享储能盈利奠定了坚实的政策基础，为未来储能运营和发展提供了政策支持。

2）首次在国网系统内实现了共享储能双边市场化交易实践应用。共享储能双边市场化交易，以及分钟级的市场化交易出清、点对点精准实时控制，为共享储能双边市场化交易提供了坚实的技术支撑，在国内首次实践应用。图 5-28 所示为共享储能双边市场化交易框图。

3）在国内首次将区块链技术引入共享储能辅助服务交易，形成交易全过程的"大账本"，保证了交易数据的安全性和公信力，将电力市场化交易推向更加安全、透明、共享、开放的市场环境。

4）自储能市场运行以来，截至 2021 年 2 月底，共享储能累计增发新能源电量已突破 1 亿 kW · h。

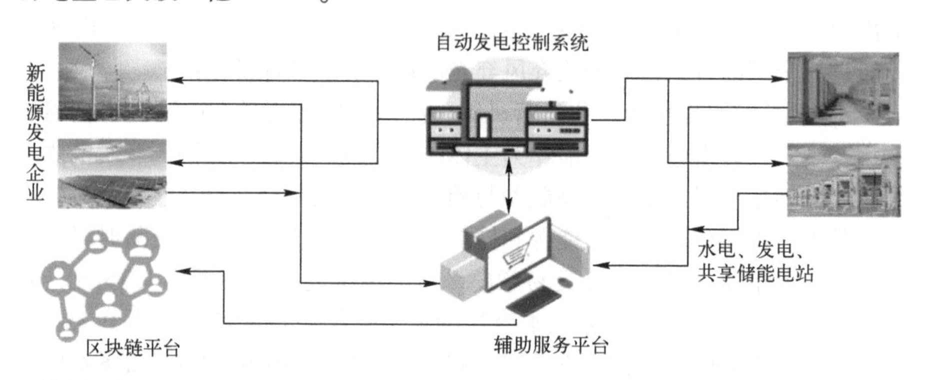

图 5-28　共享储能双边市场化交易框图

3. 双碳监测分析平台

（1）项目介绍

依托青海省能源大数据中心，发挥电力数据覆盖面广、实时性强、准确性高的优点，全面融合能源消费、行业产量、宏观经济等多源数据，首创基于高频电力数据的碳排放、碳减排测算模型，形成"助力政府看碳、服务居民识碳、量化能源降碳"的双碳监控体系，实现了全省地域、时域、产业、居民碳排放的高频测算和清洁能源碳减排贡献度量化分析，对内辅助电网进行低碳调度能源转型，对外为政府"双碳"精准决策提供有力支撑。

如图5-29所示。

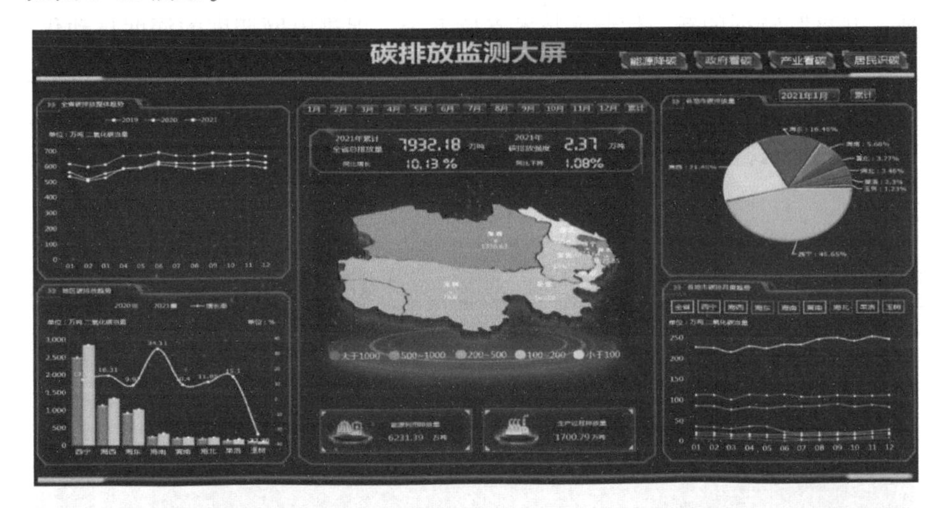

图5-29 碳排放监测展示图

(2) 实施方案

1) 企业碳排放监测分析。以用电数据为驱动，基于企业历史能耗和产能数据，面向重点企业构建专属电-碳模型，折算出企业在能源消耗与生产过程中的碳排放情况，形成工业企业的碳账户碳排放总量与强度指标体系，辅助政府、企业制定节能减排策略。

2) 绿电清洁能源碳减排分析。发挥省级碳排放监测平台的优势，围绕发电、输送、消费三个方面，深化碳减排监测分析模型，开展省域、地区碳减排监测，量化分析清洁能源碳减排成效，体现全清洁能源供电促进全省降碳减排的重要作用。

(3) 效果分析

利用高频数据碳排放智能监测分析平台，首次向社会发布《基于电力高频数据碳排放监测报告》，实现对青海全省重点行业、产业以及居民用户碳排放的日频度监测分析，打开了从能源数据看“双碳”目标的新视角，实现碳排放“全景看、一网控”，精准“导航”全省碳减排。

4. 新一代调度技术支持系统

(1) 项目介绍

为适应特高压交直流混联大电网一体化安全运行、大规模清洁能源高效消纳、电力市场化运营以及源网荷储协同互动等新形势，引入“互联网+”

理念和云计算、大数据、人工智能等新技术，建设具有“智能、安全、开放、共享”特征的新一代调度技术支持系统，促进电网调度的深度自动化、广泛智能化和全景可视化，支撑电网安全运行和电力生产组织。新一代调度技术支持系统的建成，全面服务“双高”电网一体化运行控制目标，有效支撑“绿色低碳、安全高效”的能源体系运转。系统预调度模块界面如图 5-30 所示。

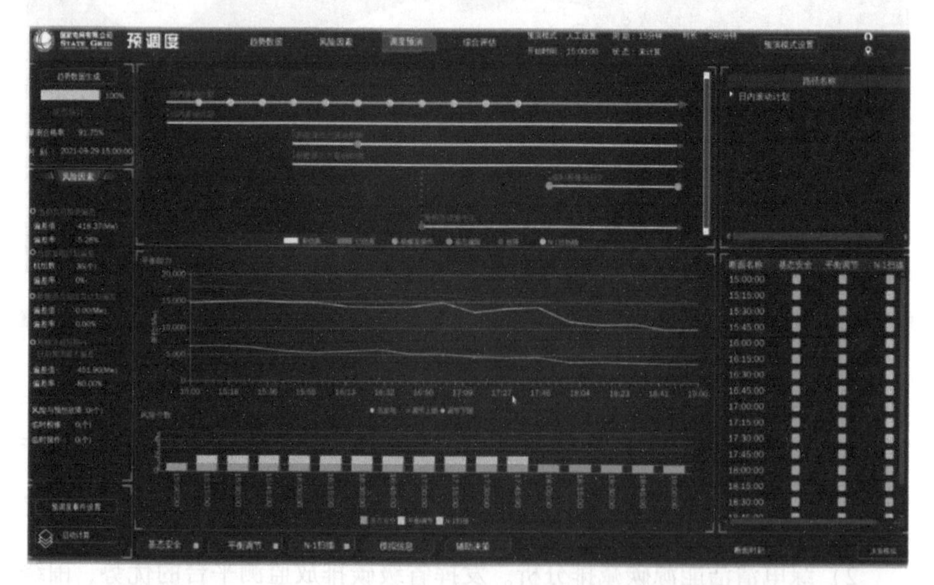

图 5-30 新一代调度技术支持系统预调度模块界面

（2）实施方案

1）建立支持多轨迹滚动推演的预调度应用。针对青海新能源强随机性和高波动性对调度运行的影响，通过 3 min 内完成电网未来 4 h 内多种可能运行方式的滚动决策推演与分析预警，实现电网未来演变轨迹的预测、分析、决策、推演、评估一体化在线集成。

2）建立重大天气预测手段。提出基于气象要素时空特征挖掘的重大天气辨识及重大天气过程中新能源出力量化分析方法，解决寒潮等极端天气过程新能源功率预测偏差大、准确率低，影响范围难以量化分析的难题。

3）建立考虑通道约束的分区预测应用。建立考虑通道约束、以集群为预报对象的新能源分区预测应用，实现青豫直流送端、海西、海北等新能源集中区域 13 个层级 90 个断面的新能源预测，解决青海省内断面多、嵌套

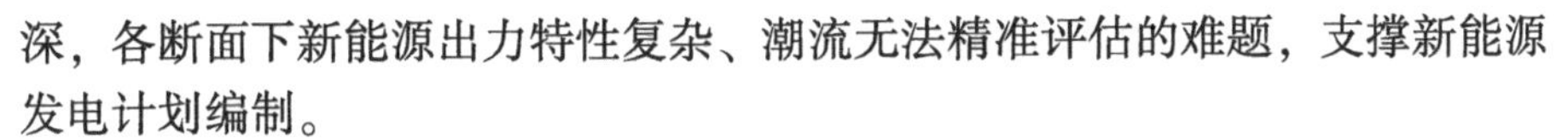

深，各断面下新能源出力特性复杂、潮流无法精准评估的难题，支撑新能源发电计划编制。

（3）效果分析

1）实现了支撑大规模新能源接入的对象化、层次化新能源监视。青海接入新能源场站多、断面多、嵌套深，现有 D5000 难以满足大规模新能源接入监视要求。新一代新能源监视通过自动生成新能源机组、厂站、层次化断面及接入路径等监视画面，极大地减轻了运维工作量，并使调度员更加清晰、直观、快速地掌控断面越限、路径受阻状况。

2）考虑预测误差分布的新能源预计划系统部署应用。利用基于预测误差分布的购售电交易决策方法，解决了青海电力电量“峰丰外送、谷枯外购”形势下的日前现货申报难度高、收益稳定性低等问题。基于 2021 年 12 月以来的运行数据，日间新能源送出电力提升幅度最大超过 50 万 kW。

3）应用了考虑气候变化的新能源中长期电量预测模型。实现了未来 12 个月电量的滚动预测，解决了青海电网跨省、跨区新能源交易计划编制困难、交易结果难以全量执行等难题。2021 年 9 月试运行以来，电量预测准确率达到 90%以上，支撑提升跨区新能源交易电量超过 18 亿 kW · h。

4）应用了基于误差条件概率分布的新能源概率预测功能。实现了不同概率置信度下的新能源出力水平预测，解决了新能源传统预测准确率不足、绝对偏差大及新能源纳入平衡困难的问题。基于 2021 年 12 月 7 日的概率预测结果评估，可减少西北为青海预留的开机备用 135 万 kW。

5）应用了多维度的新能源预测结果评价系统。将气象输入、预测算法与预测结果进行解耦，解决了海西、海南地区单场站预测误差大、成因定位不清晰、精度提升困难等问题。以华益紫薇锡铁山风电场为例，2021 年 12 月 7 日以来，预测精度平均提升超过 8 个百分点。

【案例 2】打造贯通源网荷的能源大数据平台

适应新形势下能源技术与数字技术深度融合的发展趋势，青海电网秉承“平台开放共享、生态共生共赢”的理念，发挥电网平台型、枢纽型、共享型的优势，充分挖掘电源侧、负荷侧等各方需求，坚持以数据为基础、以创新为驱动、以服务为载体，建设汇集源、网、荷、储数据，融合能源生产与消费全产业链的跨区域、跨产业能源大数据平台。

1. 集成融合多领域大数据实现信息共享

(1) 项目介绍

综合应用大数据、云计算、物联网等现代信息技术，集约整合数据资源，制定统一标准，规范涵盖光伏、风电、水电等电源侧新能源以及负荷侧数据接入，解决数据"汇聚、融通、分享、应用"难题。通过光纤和电力无线专网，提升各系统运行数据的采集和控制效率。变电站之间的通道基于光纤传输技术、采用双路由配置实现稳定可靠的通信传输；变电站与用户之间的通道综合运用无线和光纤通信技术，针对大型火电厂、清洁能源电厂等具备光纤通信条件的终端采用光纤专线通信方式，针对负荷、新能源电站、储能等用户提供专网通信方式，实现信息流互动的灵活泛在、安全高效，为能源大数据平台构建提供数据基础支撑。大数据平台示意图如图 5-31 所示。

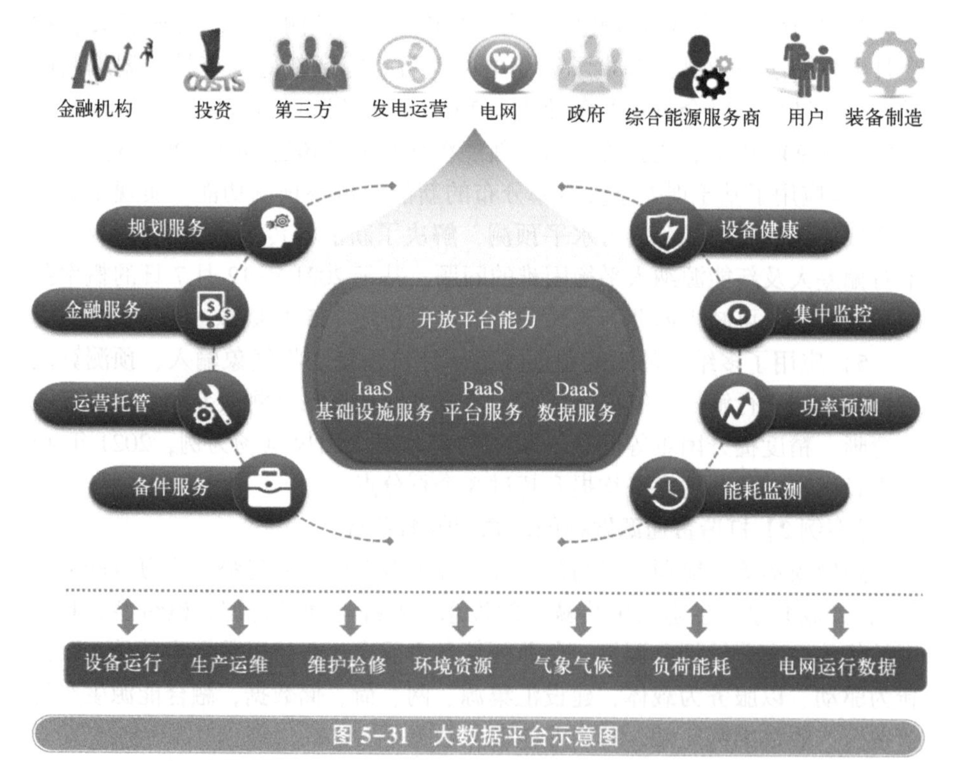

图 5-31 大数据平台示意图

(2) 实施方案

1) 打造相互促进、双向迭代的良性生态，激发各方创新活力，产生新

业务、新业态、新模式。

2）为包括发电企业、电网公司、装备制造企业、金融服务企业等在内的新能源产业链所有相关方提供服务。

3）打造开放的平台能力，支撑第三方研发团队挖掘数据价值，构建创新的应用和服务模式。

4）通过集中监控、能耗监测等各种服务形式，汇集包括设备运行、环境资源等各种类型的数据。

（3）效果分析

1）核心平台层方面，在网络资源、计算资源等基础设施服务的基础上，提供了以物联网技术为核心的数据采集服务。在物联接入部分，平台的数据接入速度可以达到每秒2500条左右，累积接入数据已经超过46亿条，每日接入的数据量超过60 GB。提供了92个计算节点的物理集群支撑。

2）基础设施服务（Iaas）方面，运行了14个虚拟计算节点。

3）通用平台服务（Paas）方面，运行了17个服务实例。

4）在数据服务（Daas）方面，运行了16个模型，平台预制了50种以上的主流算法。

5）服务提供是创新平台的基本业务形态。基于开放的平台支撑，大数据创新平台将聚集、转化甚至培育大量研发团队作为服务提供方，挖掘数据价值。平台目前提供了21类应用和服务。

6）生态层面，以海量数据和平台开放能力吸引更多的服务提供方，以更多有业务价值的服务吸引更多的服务使用方，积累更为海量的数据，目前已经聚集来自全国不同地区的开发团队超过10个，包括政府部门、发电集团、金融机构等不同类型的29家企业客户正在使用这些应用和服务。

2. 应用“大云物移智链”现代信息技术

（1）项目介绍

推进云平台运营机制建设，统筹业务系统迁移上云，构建云端大数据，形成绿色电力发展水平年度分析报告，如图5-32所示。

（2）实施方案

1）通过推进云平台运营机制建设，实现云端设备、上云系统的统一纳管，统筹开展业务系统迁移上云，构建云端大数据。

2）完善“绿电指数”内涵，用大数据感知、分析、评估青海清洁能源开发水平、利用效率、消纳能力、技术发展、节能减排和发展趋势，对青海绿色电力发展进行深度分析与评价。

3）打造扶贫监管、提高收益、风险防控的基础平台，实现光伏扶贫业务全链条政策文件、电量、资金等数据上链，深度挖掘海量电力用户用电消费数据和光伏扶贫项目数据潜在价值，精准评估光伏扶贫效果，为政府扶贫管理决策提供支撑。

图 5-32　青海绿色电力发展水平年度分析报告

（3）效果分析

应用大数据系统分析历年青海清洁能源从生产到消费的全产业链绿电发展程度，通过《青海绿色电力发展水平年度分析报告》客观反映了青海电网在清洁能源传输、转换、利用方面的努力与成果，为提升青海清洁能源发展水平而服务。

3. 建设网源协调互动智能管控系统

（1）项目介绍

青海电网已完成网源协调互动智能管控平台建设，其主要功能模块包括构建网源协调数据中心、流程管理、统计分析、厂网信息共享、可视化导航首页五大模块。目前，各项功能均已部署上线，并遵循实施性强、实用性高、用户操作方便的原则不断进行应用平台优化完善，如图 5-33 所示。

（2）实施方案

为推进青海电网网源协调管理工作更加科学、系统、高效地开展，保障电网的安全稳定运行，青海电网开展了网源协调互动智能管控系统建设。通过建设网源之间安全化、智能化以及双向交互的集中管控系统，动态建立网源基础数据和公共资源大数据中心，并实现数据的国、分、省、地、厂五级纵向贯通，各种调控应用系统间横向数据互联。通过多维度数据分析，指导、强化网源协调互动管理，有效提升对并网发电厂涉网相关业务的流程化、标准化、精细化管控能力，为提升新能源安全并网与消纳提供了技术支撑。

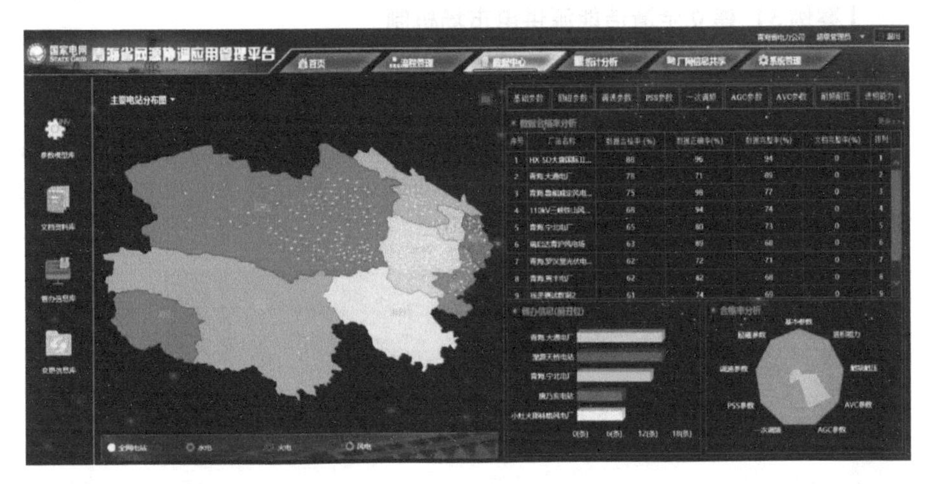

图 5-33　青海网源协调应用管理平台

（3）效果分析

1）通过源端化参数维护和精细化管理，确保了数据的正确性和实用性。平台数据管理以源端机组、场站精细化数据为主线，以标准规范为依据，形成了结构化场站参数模型库、非结构化文档资料库，做到了数据完整、资料齐全。

2）通过对业务流程的规范化闭环管理，实现了多业务、多单位的有序协同配合。建立了网源协调业务流程闭环管理机制，实现了所有业务流程在线流转存档，保证流程标准、多方监管。

3）以构建网源协调数据中心为基础，实现了对各专业数据的模块化统计分析。平台建立了网源协调大数据中心，创建了自定义条件的灵活统计分析模式，可以通过用户自定义的统计数据源和统计分析结果需求，实现各类用户统计分析结果的灵活展示和输出。

4）完善的网源协调管理机制，为电网安全智能运行提供了有力保障。加强了新机并网管理，通过对电厂参数和文档资料的源端维护和流程闭环控制以及建立排名机制，提高了各级调度机构以及电厂对涉网数据参数完整性的重视程度。

5）建立厂网信息共享机制，提高了厂网间的业务沟通效率。搭建了厂网信息共享平台，建立了厂网信息共享管理机制，实时更新网源协调信息并在平台中发布提示。

【案例3】建立全清洁能源供电市场机制

1. 完善需求侧响应机制

（1）项目介绍

落实蓄热式电锅炉与新能源发电联动的价格机制，按照“先试点、后推广”的总体思路优先在果洛玛多县启动试点，推进蓄热式电锅炉与新能源弃电交易，如图5-34所示。

图5-34　清洁取暖试点

（2）实施方案

遵循“清洁能源支持清洁取暖，清洁取暖助力清洁能源发展”的思路，根据气候特点、蓄热式电锅炉工艺，研究分时段蓄热式电锅炉与光伏直接交易方案，通过绿电实践，摸索出利于清洁能源供电的清洁取暖电能替代负荷发展直接交易新机制。利用价格杠杆促使蓄热式电锅炉主动参与电网调峰辅助服务，使负荷曲线与光伏发电曲线一致，解决夜间新能源供电不足问题。依托清洁取暖发展规划，推动用户侧储能技术应用新突破。通过客户精细管理，促请政府出台促进清洁能源稳定供电的铁合金峰谷时段电价调整政策，持续挖掘新能源供电水平。

（3）效果分析

优化了三江源及海西地区蓄热式电锅炉与新能源弃电交易方案，完成了玛查理镇二片区蓄热式电锅炉与新能源弃电交易，为玛多震后取暖提供保障，累计交易电量 18.1 万 kW · h，降低电采暖用电成本 1.45 万元。

2. 建立火电调峰补偿机制

（1）项目介绍

实施火电调峰补偿机制，开展发电权交易，推进辅助服务交易市场建设，使火电调峰由计划向市场方式转变，促成火电企业主动参与电网调峰，拓展新能源消纳空间 5%。

（2）实施方案

建立火电调峰补偿机制，推进辅助服务交易市场建设，组织在运火电机组参与深度调峰，加大火电机组调峰经济补偿力度，对停运火电机组按照发电权交易方式予以经济补偿。在实践中，补偿费用由新能源企业共同分摊，以市场化方式鼓励发电企业参与调峰，提升光伏发电能力。着眼挖掘省内用电市场，采用经济手段调整负荷曲线，刺激空闲产能和引导负荷错峰，增加电网白天时段的用电量，减少光伏调峰受限。制定全清洁能源供电期间火电调峰补偿专项方案，期间青海电网四个火电企业机组全停，由于电网安全运行约束，仅保留一定容量火电运行。为进一步实施节能减排和调峰，在全清洁能源供电期间，运行火电机组参与深度调峰，并网机组实施调峰补偿，推动火电调峰手段逐渐由计划方式向市场方式转变。

（3）效果分析

如图 5-35 所示，橙色曲线为 2017 年绿电 7 日期间火电上网出力平均值，紫色曲线为绿电 9 日期间火电上网平均出力，可以看出火电机组深度调峰后，出力下降最大 35 万 kW，提升了新能源消纳空间。

3. 建立负荷参与调峰机制

（1）项目介绍

采用经济手段调整负荷曲线，挖掘省内用电市场，刺激空闲产能和引导负荷错峰，增加电网白天时段的用电量，减少光伏调峰受限，提升光伏发电能力 5%。

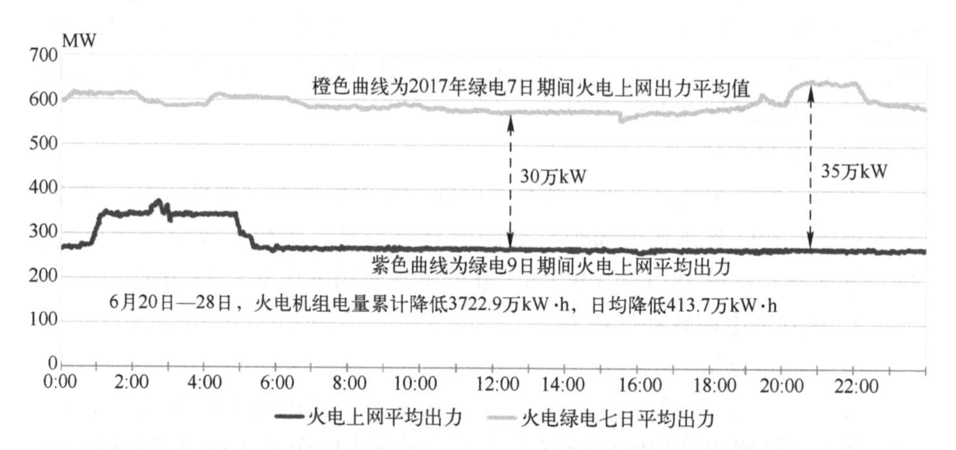

图 5-35 调峰补偿机制实施效果

（2）实施方案

充分挖掘市场交易客户调峰潜力，创新建立负荷参与调峰机制，探索互换新型制造企业峰谷时间段，实现用户负荷曲线与光伏发电曲线对应，增加光伏消纳，提高调峰灵活性，为消纳清洁能源腾出调峰空间。以铁合金企业为例，鉴于铁合金负荷具有可灵活中断调峰以及快速响应的特性，青海电力组织受限新能源（直购除外）与铁合金增量（直购除外）企业开展省内现货交易，对白天时段（8:00—20:00）铁合金用电电价进行大幅折让，引导企业调整负荷曲线，刺激白天铁合金负荷避峰或增加产能，参与电网调峰，扩大新能源消纳空间。在实践中，与 22 家新型制造企业签订用电峰谷时段调整协议，白天平均可增加负荷 30 万 kW，相当于白天增加光伏消纳空间 30 万 kW。通过源网荷协调友好互动，实现新能源、用户、电网三方共赢。

（3）效果分析

如图 5-36 所示，红色曲线为 2017 年 5 月 1 日—31 日新型制造业的负荷平均值，可以看出 5 月份正常生产负荷为 100 万 kW 左右，每天 9:00—21:00、18:00—23:00 避峰生产负荷降至 80 万 kW 以下。蓝色曲线为绿电 9 日新型制造业负荷平均值，通过对 22 家新型制造企业用电峰谷时段进行调整，避峰生产负荷恢复，全天总负荷电量基本不变，提升午间新能源消纳空间近 30 万 kW，负荷调峰效果明显。

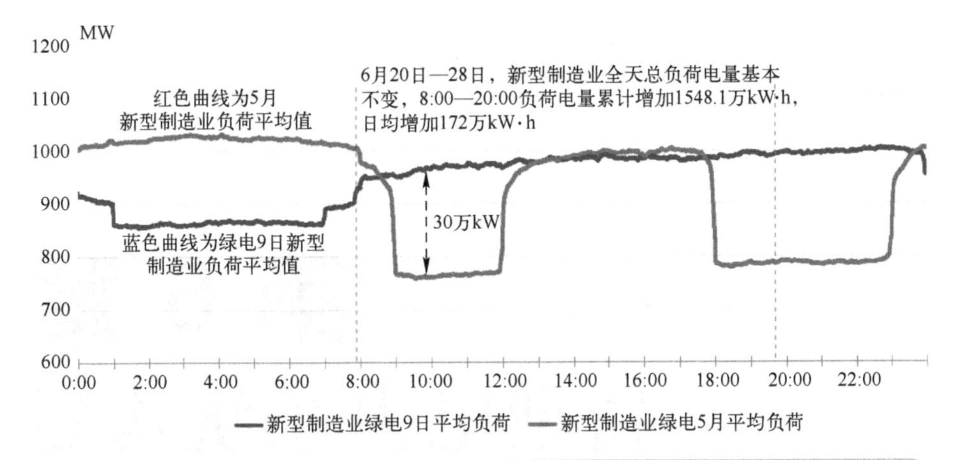

图 5-36　负荷参与调峰机制实施效果

第6章 新型电力系统构建展望与建议

6.1 新型电力系统构建展望

电力系统的建设和发展已有一百多年的历史，新型电力系统是国内外相继提出“智能电网”“三型两网”“能源互联网”等电力系统未来发展战略后，由国家层面提出的一个承载“双碳”目标实现的电力系统发展战略。与以往战略不同的是，新型电力系统不再局限于强调电网的技术特征，而是从未来电力系统的功能定位和服务宗旨这一更高站位出发，提出一个具备体系性变革的新系统，其变革涉及系统结构形态、供需特性、关键技术、体制机制、政策法规，以及与电力系统关联耦合的相关行业和用户等多元要素。电力系统包含的要素、要素的功能定位、要素之间的关系发生了显著变化，电力系统与工业、热力、交通等其他系统之间的耦合关系和交互方式也将发生显著变化，催生一系列价格机制、商业模式、管理体制的变革。中共中央政治局 2022 年 1 月 24 日就努力实现碳达峰碳中和目标进行第三十六次集体学习。习近平指出，要加大力度规划建设以大型风光电基地为基础、以其周边清洁高效先进节能的煤电为支撑、以稳定安全可靠的特高压输变电线路为载体的新能源供给消纳体系。一个“基础”、一个“支撑”、一个“载体”，共同组成的“新能源供给消纳体系”的核心，堪称新型电力系统的战略“铁三角”。

关于新型电力系统目前并没有一个明确的官方统一定义，本书根据业内对新型电力系统的普遍认知，提出了基本概念、主要特征和内涵。与传统电力系统的发展过程相比，新型电力系统有着本质性的变化，这也带来了系统特性、构建组网、机理认知、运行控制等各方面的挑战与技术需求，其核心在于新能源成为电力供给的主体电源。传统电力系统的演变规律是，伴随负荷增长，电压等级升高，同步电网规模增大，稳定可控的水火电等传统发电增加且单机容量增大。简而言之，电网规模和发电机组规模与能力是同步发展、同步增加的，呈现大负荷、大电网、高惯量、强耦合的特点，新能源发电单机容量小、抗扰能力差、系统支撑弱，呈现典型的杂、散、小的特征，使系统呈现大负荷、大电网、低惯量、弱支撑的特点，然而电网的规模和故障冲击却在日益增加，打破了传统电力系统的发展规律，因此对于这样一个新的电力系统，需要从认知、分析、控制、机制等多方面重新研究，采用新的研究手段、应用新的装备技术、制定新的体制机制，从而形成一个适应新能源快速发展的新型电力系统。

按照多方预测，2060年我国一次能源消费总量约为46亿tec（吨标煤），其中，非化石能源占比将达到80%以上，风、光成为主要能源，且主要转换成电能进行利用。终端能源消费方面，交通、建筑、工业等行业纷纷将电气化作为实现“双碳”目标的重要举措，2060年时电力占终端能源消费的比例将达70%~80%，因此，电力行业是实现“双碳”目标的主战场。新型电力系统是一个以电网为枢纽平台的综合能源系统。随着工业、交通、建筑的电能替代，电、热、冷、气等深度耦合，将实现多类型能源转化与互补，以及多种储能设备、用能负荷，乃至于多系统、多行业间的协调配合，以提高能源系统的安全性、灵活性和综合利用效率。不难看出，新型电力系统是未来我国能源系统的主体，电力系统和能源系统之间深度耦合、紧密交互，电力系统逐步向综合能源系统演进。新型电力系统横向需要跟其他能源供应体系协同，纵向存在着源网荷储之间的协同，再叠加多元化、多利益主体化的影响，将形成一个多时空尺度、多层级、多系统耦合的复杂巨系统。在这样一个复杂系统中，安全性、平衡性、经济性等问题交织，需要重点关注稳定可靠的电力供给、系统的平稳转型过渡以及行业的可持续发展等问题。

围绕电力系统的未来发展目标和发展场景，新型电力系统构建中有几方面需求要重点关注。

1）安全仍然是重中之重，而且其内涵和意义发生了根本性变化。为实现“双碳”目标，能源结构需要进行电能替代、清洁替代两个转型，电力将从过去的二次能源转变为其他行业事实上的基础能源，电网将成为能源供应、消费以及传输转换的关键环节，需要支撑高比例清洁能源的消纳，支撑和保障多种终端用能需求，形成可支撑多种能源品种交叉转换的能源互联网平台。电力在能源结构中的占比将不断提高，作为能源支柱的定位将持续强化，电力安全将成为能源安全的重要内涵和重要保障。除了系统本身的安全，还有网络安全和信息安全将成为新型电力系统安全面临的新的重大挑战。

2）电力电子技术是关键，在新型电力系统的构建中将发挥主导作用。高比例电力电子化给电力系统带来了系统性运行控制挑战，包括：电网惯量相对水平持续下降，频率稳定问题突出；电网无功调节能力不足，电压稳定问题凸显；接入设备缺乏系统性设计，连锁故障风险加剧。但对应的电力电子化电力系统的分析方法和分析工具滞后，须尽快研究系统动态特性与稳定性分析所需要的理论、方法和工具，继而研究并网变流器以及大规模电力电子化电力系统的动态行为特性及其稳定性。此外，应开展标准规范的制定，尤其是电力电子装置接入电力系统的相关标准和运行规程非常重要，这是系统电力电子化的关键一步。高比例电力电子化也将根本性改变系统的原有特性。随着并网逆变器渗透率的飞速提升，变流器与电网之间的“器-网”交互作用以及变流器与变流器之间的交互作用越来越强烈、越来越频繁、越来越复杂。把电网视为理想电压源的假设已经不再成立了，电力电子变流器已经不再是电网中的小角色。电力电子设备的模块化设计也存在潜在威胁，系统可靠性降低，尤其是故障条件下的冗余控制执行不当时特别容易导致整个系统的失效。变流器网络还有个非常大的问题，那就是容易发生谐振现象，尤其是并联于同一母线的多个变流器，经常因为前端的无源滤波器而发生谐振。系统谐振时，变流器的动态过程及其控制策略非常复杂，系统容易失稳。此外，还需关注电力电子设备引发的谐波、三相不平衡等电能质量问题。

3）数字化兼具方向、挑战与措施等多重属性，新型电力系统的构建离不开数字化、信息化、网络化、智能化等特点。数字化是未来电力系统发展的重要方向，系统仿真分析、规划设计、建设运维、运行控制等各个业务，都在积极开展数字化转型，特别是数字孪生、人工智能等技术的快速发展和应用将进一步推动电网数字化升级的进程。对于新兴电力系统来说，数字化也是一个重要的核心特征。数字化本身是解决电力系统发展和建设过程中所面临的各种问题，实现电力系统可观、可测、可控等目标的重要措施和手段，使得电力系统中的海量设备和信息通过数字化方式进行认知和掌握，进而分析处理，实现对电力系统的驾驭和掌控。但数字化本身也为电力系统运行带来了无时延传输、海量数据处理、快速分析决策等大数据方面的挑战，以及网络安全、信息安全等新的安全挑战，因此在新型电力系统数字化进程中，应重视其带来的各种挑战与问题，并充分利用数字化工具来认知、驾驭系统。

4）构建新型电力系统，应优先重视市场法规与标准规范研究。在我国电力发展过程中，包括新能源发电在内，多次因标准规范研究滞后而导致无序发展引发的各种运行安全问题。因此，对于新型电力系统构建，应该同步开展配套市场法规和标准规范的研究，保障系统建设和相关技术的健康发展。新型电力系统构建是一个长期、渐变的过程，在相当长一段时期内，新、旧系统并存，政策、法规、技术需要支撑模式转换升级，还要具备过程适应性。面对新能源装机和电量占比将持续、快速提升的发展趋势，需要超前研究并着力构建新能源利用成本传导机制，明确界定新能源参与电力市场的权利与义务，合理评估高比例新能源系统成本水平，以市场化手段推动辅助服务费用由电源侧向用户侧转变，使得终端用电价格充分体现新能源消纳成本，还原电力的商品属性，引导新能源有序发展和优化布局。

6.2 新型电力系统发展建议

新型电力系统最突出的物理变化是新能源电力和电量的大幅增加，在发展高比例新能源的过程中，国内外不同程度地遇到了“安全、经济、清洁”这一矛盾三角形的挑战，面临难以破解的“既要、又要、还要”的三难乃至多难问题。由于新能源利用小时数低，建立高比例新能源电量场景需要数倍于负荷的新能源装机容量予以支撑。系统的规划设计、生产管理、运行控制将发生一系列革命性变化，需要从以下几个方面开展探索和研究。

（1）机理认知

由于新能源的强不确定性和低保障性，要重新审视系统安全的定义和理论，包括供给安全（总量、结构、分区）、运行安全、生命线安全（极端条件下的安全）；高比例新能源电力系统中多状态变量耦合、多时间尺度交织、非线性特征明显、动态特性复杂多变，故需要加大对稳定基础理论的研究。

（2）系统构建

新能源高占比的电力系统中，新能源须实现从“并网”到“组网”的角色转变。新能源发电机组要实现频率、电压、惯量等主动支撑，对新能源设备-运行-控制的标准体系以及新能源电力系统的构建技术条件提出了新要求，是未来要重点解决的问题。

（3）电网规划

规划方面，必须强化国家层面的规划及其强制性作用，业主方可以采用市场手段选择。确定性规划要向概率性规划转型，难点是统计数据和标准。规划阶段必须加入市场规则（辅助服务能力提供者和生产电量者都要获利）。亟须研究适应能源转型的法律法规以及相应的技术规范，面向系统的普遍技术要求须与接入系统所有利益主体的普遍强制性要求相匹配（电源布局、负荷耐受水平等)，用户的特殊要求应采用特殊电价或自我保障。

（4）稳定控制

运行控制方面，按预案运行和防御需要向基于状态感知、趋势分析的自适应和分区层次化主动防御转型。为克服设备数量多、分布广、可控性差、不确定性强等难题，需要清晰的电网结构、安全稳定控制的思路和理论、“大云物移智链”等新技术，加强源网荷储特性的动态匹配和协同及预防性控制。

高比例新能源电力系统的供需匹配须考虑供需双侧的不确定性，高比例新能源下供需双侧的不确定性具有决策依赖性，在新能源发电功率预测技术研究的基础上，还需研究考虑决策依赖的新能源发电不确定性评估方法，支撑系统安全运行。

（5）标准规范

为解决调节能力不足的问题，需要通过对源、网、荷侧进行改造提升和协调优化，增加系统内的灵活调节资源、发挥互联电网对新能源出力的尺度平滑作用，促进新能源发电的高效消纳。为实现源网荷协调，除了需要克服技术难题外，还需要完善标准规范、政策机制。

（6）电力市场与政策机制

新能源发电的不确定性、低边际成本特性，使得新能源高占比场景中，电力、电量总量充盈与时空不平衡的矛盾突出。丰饶的市场形态将催生商业模式以及物质链、信息链和价值链重塑。市场和政策机制设计需要考虑新能源与常规电源以及用户的配合机制，协调市场内多利益主体，实现价值提升和价值创造。

高比例新能源的并网，增加了电力系统对备用、调频、无功等辅助服务的需求，考虑建设容量市场鼓励常规电源承担辅助服务、补偿其利用小时降低的损失。此外，在市场设计中需要研究考虑新能源接入的辅助服务需求计算方法，合理界定新能源应该承担的辅助服务义务，并在规划设计阶段加以考虑。

热、冷、气等能源深度耦合和工业、交通、建筑的深化电能替代，使系统呈现多利益主体关联、多环节/多过程耦合、多能源共存的特征，需要构建以电网为枢纽核心的综合能源系统，系统性应对和协调解决各种技术/机制问题，包括管理机制、技术需求、市场模式等多方面的挑战。

（7）跨学科融合与新技术应用

数字孪生和人工智能为高比例新能源系统的认知和控制提供了新的手段。利用数字孪生构建与物理能源电力系统实时联动的数字运行体系，通过数字系统提升对物理系统的认知、诊断、预测、决策和管理。人工智能可应用于能源电力的各个领域，以应对复杂性和不确定性，提升系统的智能化水平。

系统动态平衡将更多引入基于信息交互的协同平衡机制。电力系统的网络化和信息化使信息系统和物理系统进一步融合，开放性与多元化使其与人类社会活动和外部环境交织耦合，呈现社会信息物理系统（CPSS）特性。除了通过监测感知系统环境及变量变化、信息物理系统的安全风险和运行态势外，还需关注社会经济、人类行为等对系统的影响。

高比例新能源系统的运行控制高度依赖低延时、高可靠的信息通信网络，但其网络终端多、网络结构复杂、业务开放广泛、信息内容多样、网络暴露面广，为系统网络安全防御带来极大技术挑战。网络战已经成为未来国家之间战略威慑和战争冲突的重要表现形式，能源互联网作为国家关键基础设施，其网络安全关系能源电力安全，乃至社会稳定和国家安全。

随着新能源发电的技术进步、成本降低，可以预期新能源必将迎来较长时间的高速发展期，将从局部地区开始逐渐形成一个新能源电力和电量高占比的电力系统，该系统不确定性增大、非线性和复杂性增加、动态过程加快、多时间尺度耦合、可控性变差，新能源消纳和电力系统安全的矛盾突出。新能源成为能源转型的中坚力量，需要承担相应的责任和义务，构建以新能源为主力电源/能源的新能源电力系统/新型电力系统。

构建新型电力系统，是党中央基于保障国家能源安全、实现可持续发展、推动“双碳”目标实施做出的重大决策部署，为新时期能源行业以及相关产业发展提供了重要战略指引。完成这一时代赋予的责任和使命，需要电源、电网、用户等产业链各方的共同努力，要以大力发展新能源为基础，以增加系统灵活性资源为保障，推动分布式、配电网与大电网融合发展，构筑坚强智能电网，加强技术创新和推广应用，实现发、输、变、配、用、储乃至能源系统间的协同融合、共同发展，加强产业链上下游衔接与升级，助力“双碳”目标实现。

参考文献

[1] 杨雷．能源的未来——数字化与金融重塑［M］. 北京：石油工业出版社，2020.

[2] 金之钧，白振瑞，杨雷．能源发展趋势与能源科技发展方向的几点思考［J］. 中国科学院院刊，2020，35（5）：576-581.

[3] 林卫斌，吴嘉仪．碳中和目标下中国能源转型框架路线图探讨［J］. 价格理论与实践，2021（6）：9-12.

[4] 杰里米·里夫金．第三次工业革命：新经济模式如何改变世界［M］. 张体伟，孙豫宁，译．北京：中信出版社，2012.

[5] 舒印彪，张智刚，郭剑波，等．新能源消纳关键因素分析及解决措施研究［J］. 中国电机工程学报，2017，37（1）：1-8.

[6] 衣立冬，朱敏奕，戴磊，等．风电并网后西北电网调峰能力的计算方法［J］. 电网技术，2010，34（2）：129-132.

[7] 姚金雄，张世强．基于调峰能力分析的电网风电接纳能力研究［J］. 电网与清洁能源，2010，26（7）：25-28.

[8] 王克，何翔，陈艺，等．亚临界燃煤机组节能改造技术路线分析［J］. 能源工程，2022，42（1）：62-67.

[9] 潘尔生，田雪沁，徐彤，等．火电灵活性改造的现状、关键问题与发展前景［J］. 电力建设，2020，41（9）：58-68.

[10] 许俊锋，王奕龙．新时代“双碳”背景下燃煤机组灵活性改造研究与实践［J］. 内蒙古科技与经济，2022（6）：102-103.

[11] 科学技术部社会发展科技司，科学技术部中国21世纪议程管理中心．中国碳捕集利用与封存技术发展路线图（2019）［M］. 北京：科学出版社，2019.

[12] 中国电机工程学会．中国电机工程学会专业发展报告（2017—2018）［M］. 北京：中国电力出版社，2018.

[13] 曾平良，鲁宗相，王秀丽，等．大规模新能源并网规划［M］. 北京：中国电力出版社，2014.

[14] 周孝信，陈树勇，鲁宗相．电网和电网技术发展的回顾与展望——试论三代电网［J］. 电网技术，2013，33（22）：1-11.

[15] 李明节. 大规模特高压交直流混联电网特性分析与运行控制 [J]. 电网技术. 2016 (4)：985-991.

[16] 周孝信，陈树勇，鲁宗相，等. 能源转型中我国新一代电力系统的技术特征 [J]. 中国电机工程学报，2018，38 (7)：1893-1904，2205.

[17] 卫志农，余爽，孙国强，等. 虚拟电厂的概念与发展 [J] 电力系统自动化，2013，37 (13)：1-9.

[18] 李昭昱，艾芊，张宇帆，等. 数据驱动技术在虚拟电厂中的应用综述 [J] 电网技术，2020，44 (7)：2411-2419.

[19] 刘吉臻，李明扬，房方，等. 虚拟发电厂研究综述 [J] 中国电机工程学报. 2014，34 (29)：5103-5111.

[20] 田立亭，程林，郭剑波，等. 虚拟电厂对分布式能源的管理和互动机制研究综述 [J]. 2020，44 (6)：2097-2108.

[21] 栾文鹏，王冠，徐大青. 支持多种服务和业务融合的高级量测体系架构 [J] 中国电机工程学报，2014，34 (29)：5088-5095.

[22] 陈思捷，王浩然，严正，等. 区块链价值思辨：应用方向与边界 [J]. 中国电机工程学报，2020，40 (7)：2123-2132.

[23] 贺兴，艾芊，朱天怡，等. 数字孪生在电力系统应用中的机遇和挑战 [J]. 电网技术，2020，44 (6)：2009-2019.

[24] 吕军，栾文鹏，刘日亮，等. 基于全面感知和软件定义的配电物联网体系架构 [J]. 电网技术，2018，42 (10)：3108-3115.

[25] 盛戈皞，钱勇，罗林根，等. 面向新型电力系统的电力设备运行维护关键技术及其应用展望 [J]. 高电压技术，2021，47 (9)：3072-3084.

[26] 蔡博峰，李琦，张贤，等. 中国二氧化碳捕集利用与封存 (CCUS) 年度报告 (2021)——中国 CCUS 路径研究 [R]. 生态环境部环境规划院，中国科学院武汉岩土力学研究所，中国 21 世纪议程管理中心. 2021.

[27] 蔡博峰，李琦，林千果，等. 中国二氧化碳捕集、利用与封存 (CCUS) 报告 (2019) [R]. 生态环境部环境规划院气候变化与环境政策研究中心. 2020.

[28] 周天睿，康重庆，徐乾耀，等. 电力系统碳排放流分析理论初探 [J]. 电力系统自动化，2012，36 (7)：38-43.

[29] 国际碳行动伙伴组织 (ICAP). 全球碳市场进展：2021 年度报告执行摘要 [R]. 柏林，2021.

[30] 综合能源服务网. 德国"E-Energy"灯塔项目 [EB/OL]. (2020-03-01) [2021-12-30]. https://iesplaza.com/article-126-1. html.

[31] 黎宾. 德国分布式新能源利用对我国新能源发展的启示 [J]. 红水河，2017，36

(3)：25-27.
[32] 尹晨晖，杨德昌，耿光飞，等．德国能源互联网项目总结及其对我国的启示［J］．电网技术，2015，39（11）：3040-3049.
[33] 兰莉．德国高比例可再生能源发电转型中保障电力安全供应的经验和启示［J］．上海节能，2022（2）：159-163.
[34] 杨宇，宋天琦．德国综合能源服务模式与案例研究［J］．上海节能，2020（2）：101-103.
[35] 李可舒，王冬容．欧洲虚拟电厂发展对我国的启示［J］．中国电力企业管理，2020(25)：93-95.
[36] 宋安琪，武利会，刘成，等．分布式储能发展的国际政策与市场规则分析［J］．储能科学与技术，2020，9（1）：306-316.
[37] 陈豪，张伟华，石磊，等．国内外用户侧光储系统发展应用研究［J］．发电技术，2020，41（2）：110-117.
[38] 熊华文，符冠云．全球氢能发展的四种典型模式及对我国的启示［J］．环境保护，2021，49（1）：52-55.
[39] 陆颖．德欧氢能发展规划新动向［J］．科技中国，2020（12）：99-104.
[40] 于琳娜．氢能发展的德国经验［N］．中国电力报，2021（12）.
[41] 陈大宇．电力现货市场配套容量机制的国际实践比较分析［J］．中国电力企业管理，2020（1）：30-35.
[42] 万楚林．国外电力市场借鉴与南方区域市场体系设计研究［D］．广州：华南理工大学，2017.
[43] 董超，黄筱婴．美国 PJM 电力市场及对广东电力改革的启示［J］．云南电力技术，2017，45（1）：16-20.
[44] 王馨尉，龚雁峰．美国电力系统组织架构综述［J］．吉林电力，2017，45（2）：30-33.
[45] 胡朝阳，王亮，韩祯祥．美国东部 PJM 电力市场的特点分析［J］．农电管理，2004（2）：40-42.
[46] 王冬明，李道强．美国 PJM 电力容量市场分析［J］．浙江电力，2010，29（10）：50-53.
[47] 郭剑波．以新能源为主体的新型电力系统面临的挑战［C］．2021 能源电力转型国际论坛，2021.
[48] 工业和信息化部产业发展促进中心．新型电力系统技术研究报告［M］．北京：人民日报出版社，2022.
[49] 国家市场监督管理总局，国家标准化管理委员会．GB 38755—2019 电力系统安全稳

定导则［S］. 北京：中国标准出版社，2020.
[50] PJM Interconnection. Reliability in PJM : Today and Tomorrow [R] . Delaware: PJM Interconnection, 2021.
[51] PJM Interconnection. Energy Transition in PJM : Frameworks for Analysis [R]. Delaware: PJM Interconnection, 2021.
[52] PJM Interconnection. 2020 PJM Annual Report: Forward Together [R]. Delaware: PJM Interconnection, 2020.